节能建筑设计图集

主　编　韩喜林

中国建材工业出版社

图书在版编目（CIP）数据

节能建筑设计图集/韩喜林主编 . —北京：中国建材工业出版社，2009.11

ISBN 978-7-80227-613-0

Ⅰ. 节… Ⅱ. 韩… Ⅲ. 节能—建筑设计—图集 Ⅳ. TU201. 5-64

中国版本图书馆 CIP 数据核字（2009）第 193385 号

内 容 简 介

本书依据国家节能的有关政策、规范、标准进行编写。

内容包括：节能型建筑材料的性能；外墙外保温系统构造；外墙中保温系统构造；外墙内保温系统构造；屋面保温系统构造；钢结构保温系统构造；低温地面供暖系统构造；太阳能集热系统构造等。

本书可供建筑设计人员、施工人员、监理人员及管理人员阅读参考。

节能建筑设计图集

主编　韩喜林

出版发行：中国建材工业出版社

地　　址：北京市西城区车公庄大街 6 号

邮　　编：100044

经　　销：全国各地新华书店

印　　刷：北京鑫正大印刷有限公司

开　　本：880mm×1230mm　横　1/16

印　　张：23

字　　数：725 千字

版　　次：2010 年 1 月 第 1 版

印　　次：2010 年 1 月 第 1 次

书　　号：ISBN 978-7-80227-613-0

定　　价：65. 00 元

本社网址：www. jccbs. com. cn

本书如出现印装质量问题，由我社发行部负责调换。联系电话：（010）88386906

编委会名单

主　　编：韩喜林

副 主 编：刘　钢　沙　丰

参编人员（排名不分先后）：

王　辛　王　博　陈德龙　刘　策　包淑兰

康玉范　于丽华　李长彦　郭学成　魏毅新

韩　硕　孟令霁　朱敬东　林万鑫

主　　审：赵亚明

编 写 说 明

一、编写依据

1. 国家现行有关标准、规范内容。

2. 有关省、市地方标准（施工技术操作规程），以及有关企业成套成熟的施工技术。

二、适用范围

1. 本《节能建筑设计图集》适用于全国各地区新建、改建、扩建及既有建筑按国家现行规定需要进行保温隔热的节能围护结构构造。

2. 抗震设防烈度不大于 8 度的地区。

3. 适用低层、多层及高层民用、公共建筑的外墙外保温（外墙外保温浆料系统用在 50% 节能率的地区）。

4. 基层为混凝土空心砌块、灰砂砖、黏土多孔砖、实心黏土砖（仅限既有建筑）砌体墙和钢筋混凝土墙体、幕墙等。

三、内容

1. 节能保温材料和配套材料、构件的性能。

2. 节能保温系统构造。

（1）外墙外保温系统构造。

（2）夹芯保温墙系统（中保温）构造。

（3）外墙内保温系统构造。

（4）屋面防水隔热保温系统构造。

（5）钢结构保温系统构造。

（6）低温地面辐射供暖系统构造。

（7）太阳能集热节能系统。

四、材料

1. 各系统材料由供应商成套供应，应提供合格证、法定检测部门的检测报告，材料进场后，应按有关规定进行抽样复检。

2. 各系统材料必须达到国家现行有关产品标准，不合格材料严禁使用。

五、设计与施工

1. 按当地节能率和建筑类别要求，根据全国各地区居住建筑和公共建筑节能设计标准、不同基层墙体（屋面）的不同传热系数进行热工计算，选择外围护保温材料类型和最小经济厚度，以满足全国不同气候区建筑外围护节能要求。

2. 在高层建筑（或 20m 以上）和地震区、常年超过 6 级大风地区、严寒地区慎用面砖饰面。用面砖饰面时，严格执行面砖及各种配套材料的技术性能和施工技术要求，必须达到安全可靠。

3. 作业基层有关附属设施安装验收完毕。应由具有施工资质的专业队伍进行施工，并按具体施工系统制订相应施工方案。

4. 各类型系统技术除符合本《节能建筑设计图集》各系统说明和编写说明要求外，尚应遵守国家现行有关规程、标准。

目　录

1

第一章　建筑外围护保温系统性能

一、外墙外保温系统性能

EPS 板等外墙外保温系统性能应符合表 1-1 的要求。

表 1-1　EPS 板等外墙外保温系统性能

序号	检测项目	性能要求	检测方法
1	抗风荷载性能	系统抗风压值 R_d 不小于风荷载设计值。EPS 板薄抹灰系统、胶粉 EPS 颗粒保温浆料外墙外保温系统、EPS 板现浇混凝土外墙外保温系统和 EPS 钢丝网架板现浇混凝土外墙外保温系统安全系数 K 应不小于 1.5，机械固定 EPS 钢丝网架板外墙外保温系统安全系数 K 应不小于 2.0	JGJ 144—2004 附录 A.3 节；由设计要求值降低 1kPa 作为试验起始点
2	抗冲击性	建筑物首层墙面以及门窗口等易受碰撞部位：10J 级；建筑物二层以上墙面等不易受碰撞部位：3J 级	JGJ 144—2004 附录 A.5 节
3	吸水量	水中浸泡 1h，只有抹面层和带有全部保护层系统的吸水量应 ≤1.0kg/m²	JGJ 144—2004 附录 A.6 节
4	耐冻融性	30 次冻融循环后：保护层无空鼓、脱落，无渗水裂缝；保护层与保温层的拉伸粘结强度 ≥0.1MPa，破坏部位应位于保温层	JGJ 144—2004 附录 A.4 节
5	热阻	复合墙体热阻符合设计要求	JGJ 144—2004 附录 A.9 节
6	抹面层不透水性	2h，不透水	JGJ 144—2004 附录 A.10 节
7	保护层水蒸气渗透阻	符合设计要求	JGJ 144—2004 附录 A.11 节

注：水中浸泡 24h，只带有抹面和带有全部保护层的系统的吸水量均小于 0.5kg/m² 时，不检验耐冻融性能。

二、聚氨酯硬泡外墙外保温系统性能

（一）聚氨酯硬泡外墙外保温系统整体性能（摘自《聚氨酯硬泡外墙外保温工程技术导则》，2006）应符合表 1-2 要求。

表 1-2　聚氨酯硬质泡沫外墙外保温系统性能

序号	项目		指标要求		检测方法
1	抗风荷载性能		系统抗风压值 R_d 不小于风荷载设计值。对于饰面层粘结于保温层的外保温系统，系统的安全系数 K 应不小于 1.5；对于饰面层干挂的外保温系统，系统的安全系数 K 应不小于 2		JGJ 144—2004 附录 A.3 节
2	抗冲击性（J）	普通型	3J 级，适用于建筑物二层及以上墙面等不易碰撞部位	>3.0	JGJ 144—2004 附录 A.5 节
		加强型	10J 级，适用于建筑物首层墙面以及门窗口等易受碰撞部位	>10	
3	吸水量（kg/m²）		水中浸泡 1h，系统的吸水量	<1.0	JGJ 144—2004 附录 A.6 节
4	耐冻融性		对于饰面层粘结于保温层的外保温系统，30 次冻融循环后，保护层无空鼓、脱落，无渗水裂缝；保护层与保温层的拉伸粘结强度不小于 0.1MPa，破坏部位应位于保温层。对于饰面层干挂的外保温系统，30 次冻融循环后，系统各部分外观无明显变化		JGJ 144—2004 附录 A.4 节
5	热阻		系统热阻应符合设计要求	≥设计值	GB/T 13475
6	抹面层不透水性		浸水 2h	不透水	JGJ 144—2004 附录 A.10 节
7	水蒸气渗透阻		水蒸气湿流密度 ≥0.85g/（m²·h），符合设计要求		JGJ 144—2004 附录 A.11 节，GB/T 17146

序号	项目	指标要求	检测方法
8	燃烧性能	热释放速率峰值≤10kW/m²，总放热量≤5MJ/m²	GB/T 16172
9	系统耐候性	对于饰面层粘结于保温层表面的外保温系统，经过耐候性试验后，系统不得出现饰面层起泡或剥落、保护层空鼓或脱落等破坏，不得产生渗水裂缝；具有抹面层的系统，抹面层与保温层的拉伸粘结强度不得小于0.1MPa，且破坏部位应位于保温层。对于饰面层干挂的外保温系统，经过耐候性试验后，系统外观不得出现明显变化	JGJ 144—2004 附录 A.2 节

注：水中浸泡24h，若只带有抹面和带有全部保护层的系统吸水量均小于0.5kg/m²时，可不检验耐冻融性能。

（二）聚氨酯硬泡外墙外保温系统性能［摘自《硬泡聚氨酯保温防水工程技术规范》（GB 50404—2007）］应符合表1-3要求。

表1-3 硬泡聚氨酯外墙外保温系统性能

序号	项目		性能要求	检测方法
1	耐候性		80次热/雨循环和5次热/冷循环后，表面无裂纹、粉化、剥落现象	JGJ 144—2004
2	抗风压值（kPa）		不小于工程项目的风荷载设计值	
3	耐冻融性		30次冻融循环后，保护层（抹面层、饰面层）无空鼓、脱落，无渗水裂缝；保护层（抹面层、饰面层）与保温层的拉伸粘结强度不小于0.1MPa，破坏部位应位于保温层	
4	抗冲击强度（J）	普通型	≥3.0，适用于建筑物二层以上墙面等不易受碰撞部位	
		加强型	≥10.0，适用于建筑物首层以及门窗洞口等易受碰撞部位	
5	吸水量		水中浸泡1h，只带有抹面层和带有饰面层的系统，吸水量均不得大于或等于1000g/m²	

序号	项目	性能要求		检测方法
6	热阻	复合墙体热阻符合设计要求		JGJ 144—2004
7	抹面层不透水性	抹面层2h不透水		
8	水蒸气湿流密度（g/(m²·h)）	≥0.85		

注：水中浸泡24h后，对只带有抹面层和带有抹面层及饰面层的系统，吸水量均小于500g/m²时，不检验耐冻融性能。

（三）燕尾槽XPS板薄抹灰系统性能应符合表1-4要求。

表1-4 燕尾槽XPS板薄抹灰系统性能

序号	项目		指标	检测方法
1	水平抗拉强度（MPa）		≥0.09	
2	耐冻融性后的水平抗拉强度（MPa）		≥0.09	
3	耐冻融性后的抗剪切强度（MPa）		≥0.10	
4	吸水量（kg/m²）	水中浸泡1h	≤1.0	JGJ 144—2004 第 A.6 节
5	抗冲击性（J）	二层以上墙面	＞3.0	JGJ 144—2004 第 A.5 节
		二层以下及门窗口	＞10.0	
6	抗风性能	工程抗风压值	系统抗风压值 R_d≥风荷设计值。安全系数 K≥2	JGJ 144—2004 第 A.3 节，由设计值降低1kPa试验
7	耐冻融性	30次冻融循环后的保护层	无空鼓、脱落、渗水裂缝；与保温层的拉伸粘结强度≥0.10MPa	破坏部位应位于燕尾槽XPS板的凸榫根部
8	热阻	应符合设计要求	≥设计值	JGJ 144—2004 第 A.9 节
9	抹面层不透水性	浸水2h	不透水	JGJ 144—2004 第 A.10 节
10	保护层水蒸气渗透性	符合设计要求		JGJ 144—2004 第 A.11 节
11	系统耐候性	对于饰面层粘结于保温层表面的外保温系统，经过耐候性试验后，系统不得出现饰面层起泡或剥落、保护层空鼓或脱落等破坏，不得产生渗水裂缝；具有抹面层的系统，抹面层与保温层的拉伸粘结强度不得小于0.1MPa，且破坏部位应位于保温层。对于饰面层干挂的外保温系统，经过耐候性试验后，系统外观不得出现明显变化		JGJ 144—2004 第 A.2 节

注：水中浸泡24h，若只带有抹面和带有全部保护层的系统吸水量均小于0.5kg/m²时，可不检验耐冻融性能。

三、外墙外保温、地面辐射供暖和屋面防水使用年限

（一）外墙外保温系统，在正确使用和正常维护的条件下，使用年限应不少于 25 年。

（二）低温地面辐射供暖系统应满足至少 50 年的非连续正常使用寿命。

（三）屋面防水工程应根据建筑的性质、重要程度、使用功能要求防水层合理使用年限，按不同防水等级进行设防。Ⅰ级、Ⅱ级、Ⅲ级防水层合理使用年限分别不得少于 25 年、15 年和 10 年。

第二章　节能建筑系统材料要求

第一节　外墙外保温系统材料性能

一、喷涂、浇注聚氨酯硬泡系统材料性能

（一）聚氨酯硬泡原料质量及其硬泡产品性能

1. 喷涂、浇注聚氨酯硬泡原料质量

现场喷涂、浇注聚氨酯硬泡，是由 A 组分料与 B 组分料混合而成。A、B 组分料混合后，乳白、发泡、固化应控制在最佳工艺时间之内。

（1）A 组分料（组合料）质量

A 组分料由硬泡用聚醚（或与聚酯适量混合）、发泡剂、催化剂、匀泡剂和阻燃剂等组合而成，其组分应符合环保要求，不含对大气臭氧层起破坏作用的 CFC 产品。外观淡黄色，均匀不分层，在标准温度条件下，贮存稳定性不宜低于 3 个月。

（2）B 组分料（聚合 MDI）质量

聚合 MDI 质量应符合表 2-1 要求。

表 2-1　聚合 MDI 质量

指标　　项目	外观	NCO 含量（%）	黏度（25℃）（mPa·s）	密度（g/m³）	水解氯含量（%）
聚合 MDI	褐色透明液体	30~32	150~250	1.22~1.25	≤0.2

2. 喷涂聚氨酯硬泡性能

（1）喷涂聚氨酯硬泡物理力学性能（JC/T 998—2006）应符合表 2-2 要求。

表 2-2　物理力学性能

顺次	项　目		指　标		
			Ⅰ（1）	Ⅱ-A（2）	Ⅱ-B（3）
1	密度（kg/m³）	≥	30	35	50
2	导热系数［W/（m·K）］	≤	0.024		
3	粘结强度（kPa）	≥	100		
4	尺寸稳定性（70℃，48h）（%）	≤	1		
5	抗压强度（kPa）	≥	150	200	300
6	拉伸强度（kPa）	≥	250	—	—
7	断裂伸长率（%）	≥	10		
8	闭孔率（%）	≥	92		95
9	吸水率（%）	≤	3		
10	水蒸气渗透性［ng/（Pa·m·s）］	≤	5		
11	抗渗性（mm）（1000mm 水柱×24h 静水压）	≤	5		
12	阻燃性能		B2 级（离火 3s 自熄）		

注：（1）用于墙体；（2）用于非上人屋面；（3）用于上人屋面。

（2）外墙用（Ⅰ型）喷涂硬泡聚氨酯物理性能［《硬泡聚氨酯保温防水工程技术规范》（GB 50204—2007）］应符合表 2-3 要求。

表 2-3　外墙用喷涂硬泡聚氨酯物理性能

项　目	单位	指标
密度	kg/m³	≥35
导热系数	W/（m·K）	≤0.024

项 目	单 位	指 标
压缩性能（形变10%）	kPa	≥150
尺寸稳定性（70℃，48h）	%	≤1.5
拉伸粘结强度（与水泥砂浆，常温）	MPa	≥0.10并且破坏部位不得位于粘结界面
吸水率	%	≤3
氧指数	%	≥26

（3）外墙用喷涂硬质聚氨酯物理性能应符合表2-4要求。

表2-4　硬质聚氨酯泡沫塑料性能

项 目	单 位	指 标
喷涂效果	—	无流挂、塌泡、破泡、烧芯等不良现象，泡孔均匀、细腻，24h后无明显收缩
密 度	kg/m³	30～50
导热系数	W/（m·K）	≤0.025
吸水率（体积分数）	%（V/V）	≤3
压缩强度	kPa	≥150
抗拉强度	kPa	≥150
水蒸气透湿系数（温度23±2℃）（相对湿度0%～85%）	ng/（Pa·m·s）	≤6.5
尺寸稳定性（70℃·48h）	%	≤5
燃烧性（垂直燃烧法） 平均燃烧时间	s	≤30
燃烧性（垂直燃烧法） 平均燃烧高度	mm	≤250

3. 模浇聚氨酯硬泡性能要求

模浇聚氨酯硬泡物理性能应符合表2-5要求。

表2-5　模浇聚氨酯硬泡性能

项 目	单 位	指 标
密 度	kg/m³	≥30
导热系数	W/（m·K）	≤0.024
抗拉强度	MPa	≥0.15

项 目	单 位	指 标
压缩强度（变形10%）	MPa	≥0.15
尺寸稳定性	%	≤4
闭孔率	%	≥90
吸水率（体积分数）	%（V/V）	≤3
水蒸气透过率	ng/（Pa·m·s）	≤5
燃烧性		B2
断裂伸长率	%	≥5

4. 聚氨酯硬泡性能和保温装饰复合板偏差

聚氨酯硬泡性能应符合表2-6要求，保温装饰复合板允许尺寸偏差应符合表2-7要求。

表2-6　聚氨酯硬泡性能

序号	项 目	单 位	指 标 喷涂法	指 标 浇注法	指 标 粘贴法或干挂法
1	表观密度	kg/m³	≥35	≥38	≥40
2	导热系数［（23±2）℃］	W/（m·K）	≤0.023		
3	拉伸粘结强度	kPa	≥150①	≥100②	≥150③
4	拉伸强度	kPa	≥200④	≥200⑤	≥200
5	断裂延伸率	%	≥7	≥5	≥5
6	吸水率	%	≤4		
7	尺寸稳定性（48h）	%	80℃ ≤2.0		
7	尺寸稳定性（48h）	%	-30℃ ≤1.0		
8	阻燃性能 平均燃烧时间	s	≤70		
8	阻燃性能 平均燃烧范围	mm	≤40		
8	阻燃性能 烟密度等级	SDR	≤75		

注：①是指与水泥基材料之间的拉伸粘结强度。

②是指与水泥基材料之间的拉伸粘结强度。

③是指聚氨酯硬泡材料与其表面的面层材料之间的拉伸粘结强度。

④拉伸方向平行于喷涂基层表面（即拉伸受力面垂直于喷涂基层表面）。

⑤拉伸方向垂直于浇注模腔厚度方向（即拉伸受力面平行于浇注模腔厚度方向）。

表 2-7　聚氨酯硬泡保温复合板允许尺寸偏差

项　目	允许偏差（mm）
厚　度	厚度≥50mm 时：0～+2.0；厚度<50mm 时：0～+1.5
长　度	长度≥1.2m 时：±4.0；长度<1.2m 时：±3.0
宽　度	宽度≥600mm 时：±2.0；宽度<600mm 时：±1.5
对角线差	长度≥1.2m 时：±3.0；长度<1.2m 时：±2.0
板边平直	±2.0
板面平整度①	1.0

注：①只针对于板材长度≤1.5m。

（二）聚氨酯硬泡配套用辅助材料技术性能

1. 基层界面剂（防潮底漆）技术性能

基层界面剂（防潮底漆）技术性能[《外墙外保温建筑构造》（06J121-3）]应符合表 2-8 要求。

表 2-8　聚氨酯硬泡防潮底漆性能

项　目		指　标
原漆外观		浅黄至棕黄色液体，无机械杂质
施工性		涂刷无困难
干燥时间（h）	表干	≤4
	实干	≤4
涂层脱离的抗性（干湿基层）（级）		≤1
耐碱性		48h 不起泡、不起皱、不脱落

2. 粘贴聚氨酯硬泡预制件用胶粘剂技术性能

粘贴聚氨酯硬泡预制件用胶粘剂性能[《外墙外保温建筑构造》（06J121-3）]应符合表 2-9 要求。

表 2-9　粘贴聚氨酯硬泡预制件用胶粘剂性能

项　目		单　位	指　标
容器中状态	A 组分	—	均匀膏状物，无结块、凝胶、结皮或不易分散的固体团块
	B 组分		均匀棕黄色胶状物

续表

项　目		单　位	指　标
干燥时间	表干	h	≤4
	实干		≤24
拉伸粘结强度（与水泥砂浆试块）	标准状态	MPa	≥0.50
	浸水后		≥0.30
拉伸粘结强度（与 PU 硬泡）	标准状态	MPa	≥0.15 或 PU 硬泡试块破坏
	浸水后		≥0.15 或 PU 硬泡试块破坏

3. 聚氨酯硬泡界面剂技术性能

聚氨酯硬泡界面剂以合成树脂乳液为主体材料，填加助剂、填料配制而成。在应用前，与水泥、砂按比例混合均匀后，涂覆在聚氨酯硬泡表面。聚氨酯硬泡界面剂性能[《外墙外保温建筑构造》（06J121-3）]应符合表 2-10 要求。

表 2-10　聚氨酯硬泡界面剂性能

项　目	单　位	指　标
容器中状态	—	搅拌后无结块，呈均匀状态
施工性	—	涂刷无困难
低温贮存稳定性	—	3 次试验后，无结块、凝聚及组成物的变化
拉伸粘结强度（与水泥砂浆试块）	MPa	常温状态 ≥0.70
		浸水 7d ≥0.50
拉伸粘结强度（与 PU 硬泡）	MPa	常温状态 ≥0.15 或 PU 硬泡试块破坏
		浸水 7d ≥0.15 或 PU 硬泡试块破坏

4. 胶粉聚苯颗粒浆料

与聚氨酯硬泡复合的胶粉聚苯颗粒浆料性能（DB21/T1707）应符合表 2-11 要求。

表 2-11　胶粉聚苯颗粒浆料性能

项　目	单　位	指　标	
		保温浆料	粘结找平浆料
浆料外观	—	色泽均匀	
湿表观密度	kg/m³	≤420	≤600
干表观密度		180～250	≤350

项 目		单 位	指标	
			保温浆料	粘结找平浆料
导热系数（常温）		W/（m·K）	≤0.06	≤0.08
抗压强度（56d）		MPa	≥0.2	≥0.3
燃烧性能		—	难燃 B1 级	
拉伸粘结强度（56d）	干燥状态（56d）	MPa	≥0.1	
	浸水48h，取出干燥7d			
线性收缩率		%	≤0.3	
软化系数（养护28d）			≥0.5	

注：拉伸粘结强度的破坏界面应在保温材料层。

5. 聚合物水泥抗裂砂浆技术性能

聚合物水泥抗裂剂及抗裂砂浆性能［《外墙外保温建筑构造》（06J121-3）］应符合表2-12要求。

表2-12　抗裂剂及抗裂砂浆性能

项 目		指 标
抗裂剂	不挥发物含量（%）	≥20
	贮存稳定性［（20±5）℃］	6个月，试样无结块凝聚及发霉现象，拉伸粘结强度满足抗裂砂浆指标要求
	可操作时间（h）	≥1.5
抗裂砂浆	拉伸粘结强度（常温28d）（MPa）	≥0.7
	浸水拉伸粘结强度（常温28d，浸水7d）（MPa）	≥0.5
	压折比	≤3

注：水泥应采用强度等级为42.5级的普通硅酸盐水泥，砂应筛除大于2.5mm颗粒，含泥量小于3%。

6. 耐碱玻纤网布技术性能

（1）耐碱玻纤网布技术性能［《外墙外保温建筑构造》（06J121-3）］应符合表2-13要求。

表2-13　耐碱玻纤网布技术性能

项 目	单 位	指标
单位面积质量	g/m²	≥160
断裂强力（经、纬向）	N/50mm	≥1250
耐碱强力保留率（经、纬向）	%	≥90
断裂应变（经、纬向）	%	≤5.0
涂塑量	g/m²	≥20

（2）耐碱玻纤网布技术性能［《硬泡聚氨酯保温防水工程技术规范》（GB 50404—2007）］应符合表2-14要求。

表2-14　耐碱玻纤网布技术性能

项 目	单 位	指 标	
		标准网布	加强网布
单位面积质量	g/m²	≥160	≥280
耐碱拉伸断裂强力（经、纬向）	N/50mm	≥750	≥1500
耐碱拉伸断裂强力保留率（经、纬向）	%	≥50	≥50
断裂应变（经、纬向）	%	≤5.0	≤5.0

7. 弹性底层涂料技术性能

弹性底层涂料技术性能应符合表2-15要求。

表2-15　弹性底层涂料技术性能

项 目		单 位	指标
干燥时间	表干	h	≤4
	实干	h	≤8
断裂伸长率		%	≥100
表面憎水率		%	≥98

8. 柔性耐水腻子技术性能

柔性耐水腻子（简称耐水腻子）是由弹性乳液、助剂和粉料制成，具有一定柔韧性和耐水性，其技术性能［《外墙外保温建筑构造》（06J121-3）］应符合表2-16要求。

表 2-16　柔性耐水腻子性能

项　目		单位	指　标
容器中状态		—	无结块，呈均匀状态
施工性		—	涂刷无困难
干燥时间（表干）		h	≤5
耐水性（96h）		—	无异常
耐碱性（48h）		—	无异常
粘结强度	标准状态	MPa	≥0.60
	冻融循环（5 次）		≥0.40
低温贮存稳定性		—	−5℃冷冻 4h 无变化，刮涂无困难
打磨性		—	手工可打磨
柔韧性		—	直径 50mm，无裂纹

9. 饰面涂料的抗裂技术性能

（1）饰面涂料的抗裂技术性能［《外墙外保温建筑构造》（06J121-3）］应符合表 2-17 要求。

表 2-17　饰面涂料的抗裂技术性能

项　目		指　标
抗裂性	断裂伸长率（平涂用涂料）（%）	≥150
	主涂层的断裂伸长率（连续性复层建筑涂料）（%）	≥100
	浮雕类非连续性复层建筑涂料	主涂层初期干燥抗裂性满足要求

（2）抹面胶浆物理性能［《硬泡聚氨酯保温防水工程技术规范》（GB 50404—2007）］应符合表 2-18 要求。

表 2-18　抹面胶浆物理性能

		指　标
可操作时间（h）		1.5～4.0
拉伸粘结强度（MPa）（与聚氨酯硬泡）	原强度	≥0.10，且破坏部位不得位于粘结界面
	耐水性	
	耐冻融性能	
开裂应变（非水泥基）（%）		≥1.5
压折比（水泥基）		≤3.0

10. 面砖粘结砂浆技术性能

面砖粘结砂浆技术性能［《外墙外保温建筑构造》（06J121-3）］应符合表 2-19 要求。

表 2-19　粘结面砖砂浆技术性能

项　目		单位	指标
拉伸粘结强度		MPa	≥0.60
压折比		—	≤3.0
压剪胶结强度	原强度	MPa	≥0.60
	耐温 7d	MPa	≥0.50
	耐水 7d	MPa	≥0.50
	耐冻融 30 次	MPa	≥0.50
线性收缩率		%	≤0.3

11. 面砖技术性能

面砖应采用粘贴面带有燕尾槽的产品，并不得带有脱模剂，其性能［《外墙外保温建筑构造》（06J121-3）］应符合表 2-20 要求。

表 2-20　面砖技术性能

项　目		单位	指标
尺寸	6m 以下墙面　表面面积	cm²	≤410
	6m 以下墙面　厚度	cm	≤1.0
	6m 及以上墙面　表面面积	cm²	≤190
	6m 及以上墙面　厚度	cm	≤0.75
单位面积质量		kg/m²	≤20
吸水率	Ⅰ、Ⅵ、Ⅶ气候区	%	≤3
	Ⅱ、Ⅲ、Ⅳ、Ⅴ气候区		≤6
抗冻性	Ⅰ、Ⅵ、Ⅶ气候区	—	50 次冻融循环无破坏
	Ⅱ气候区		40 次冻融循环无破坏
	Ⅲ、Ⅳ、Ⅴ气候区		10 次冻融循环无破坏

注：1. 气候区划分级按《建筑气候区划分标准》GB 50178—1993 中一级区划的Ⅰ～Ⅶ执行。
　　2. 吸水率大于 1% 的面砖，在粘贴前应浸水 2h 以上，晾干后再用。

12. 面砖勾缝粉技术性能

面砖勾缝粉技术性能［《外墙外保温建筑构造》（06J121-3）］应符合表

2-21 要求。

表 4-21　面砖勾缝粉技术性能

项　目		单　位	指　标
外观		—	均匀一致
颜色		—	与标准样一致
凝结时间		h	大于 2h，小于 24h
拉伸粘结强度	常温常态 14d	MPa	≥0.60
	耐水（常温常态 14d，浸水 48h，放置 24h）	MPa	≥0.50
压折比		—	≤3.0
透水性（24h）		ml	≤3.0

13. 热镀锌钢丝网技术性能要求

热镀锌钢丝网技术性能［《外墙外保温建筑构造》（06J121-3）］应符合表 2-22 要求。

表 2-22　热镀锌钢丝网技术性能

项　目	指　标
丝径（mm）	0.9±0.04
网孔（mm）	12.7×12.7
焊点抗拉力（N）	>65
镀锌层质量（g/m²）	≥122

14. 塑料锚栓技术性能要求

普通塑料锚栓（固定件）是由螺钉（塑料钉或具有防腐性能的金属钉）和带圆盘的塑料膨胀套管构成，用于将热镀锌钢丝网固定于基层的专用连接件，承受该系统负载的辅助作用。其中膨胀套管采用聚酰胺树脂、聚乙烯树脂或聚丙烯树脂等材质制成，在工程上不得采用再生材料生产的塑料钉和塑料膨胀套。

锚栓（固定件）不仅有固定作用，并能避免热桥产生。当外墙为空心砌块墙体、空心砖砌体或加气块墙体结构时，应采用回拉紧固型塑料锚栓。在使用锚栓时应根据墙体（钢结构、龙骨）类型对应选择不同规格和类型的锚栓，不能一律照搬使用。

（1）普通塑料锚栓规格和技术性能［《外墙外保温建筑构造》（06J121-3）］应符合表 2-23 要求。

表 2-23　普通塑料锚栓规格和技术性能

项　目	单　位	指　标
有效锚固深度	mm	>25
塑料圆盘直径	mm	>50
套管外径	mm	7~10
单个锚栓抗拉承载力标准值（C25 混凝土基层）	kN	≥0.8

（2）锚栓技术性能［《硬泡聚氨酯保温防水工程技术规范》（GB 50404—2007）］应符合表 2-24 要求。

表 2-24　锚栓技术性能

项　目	单　位	指　标
单个锚栓抗拉承载力标准值	kN	≥0.3
单个锚栓对系统传热增加值	W/（m²·K）	≤0.004

二、聚苯板保温系统材料性能

（一）聚苯板性能要求

1. 模塑聚苯乙烯泡沫（EPS）板主要技术性能

（1）普通型模塑聚苯乙烯泡沫（EPS）板主要技术性能符合表 2-25 要求。

表 2-25　EPS 板主要技术性能

项　目	单　位	指　标
表观密度	kg/m³	18~22
压缩强度（即在 10%形变下的压缩应力）	MPa	≥0.10
导热系数	W/（m·K）	≤0.041
吸水率（V/V）	%	≤4.0
尺寸稳定性	%	≤0.6
水蒸气渗透系数	ng/（Pa·m·s）	≤4.5

续表

项 目		单 位	指 标
垂直于板面方向的抗拉强度		MPa	≥0.10
氧指数		%	>30（阻燃型）
燃烧分级			达到 B2 级
陈化时间	自然条件	d	≥42
	蒸汽（60℃）	d	≥5

注：低密度聚苯板表观密度为15kg/m³。

（2）EPS 板的尺寸及允许偏差应符合表 2-26 要求。

表 2-26　EPS 板的尺寸及允许偏差　　　　　　（mm）

项 目		允许偏差	项 目		允许偏差
长度宽度	<1000	±2.0	厚度	<50	±1.5
	1000～<2000	±5.0		50～100	±2.0
	2000～4000	±8.0		>100	±3.0
	>4000	正偏不限，－10.0		两对角线差	≤5.0
板边平直		±2.0	板面平整度		±1.0

（3）用于现浇混凝土燕尾槽 EPS 板的质量应符合表 2-27 要求。

表 2-27　燕尾槽 EPS 板的质量要求

项 目	质 量 要 求
燕尾槽	槽角为 60°±10°，槽上口 30mm，下口 50mm，槽中距 80mm，槽深 8±2mm
企口	EPS 板边设高低槽，宽 20～25mm，深 1/2 板厚

（4）燕尾槽 EPS 板的规格尺寸应符合表 2-28 要求。

表 2-28　燕尾槽 EPS 板的规格尺寸　　　　　　（mm）

层高	长	宽	厚
2800	2825～2850		
2900	2925～2950	1200～1220	符合热工设计要求
3000	3025～3050		
其他	根据实际层高协商确定		

（5）用于贴砌外保温的梯形槽 EPS 板的规格和梯形槽质量应符合表 2-29 要求。

表 2-29　梯形槽 EPS 板的规格和梯形槽质量要求

项 目	质 量 要 求
梯形	槽宽 30～60mm，槽中距 90±5mm，槽深 5±1mm
规格	板长 600mm，板宽 450mm，板厚 30～150mm

（6）钢丝网架 EPS 板的质量 [（DB21/T 1707—2008）] 应符合表 2-30 要求。

表 2-30　钢丝网架 EPS 板的质量要求

项 目	质 量 要 求
EPS 板凹凸槽	钢丝网片一侧的 EPS 板面上凹凸槽宽 20～30mm，槽深 8±2mm，槽中距 50mm
EPS 板企口	EPS 板两长边设高低槽，宽 20～25mm，深 1/2 板厚
EPS 板对接（每块网架板）	板长≤3000mm 时，EPS 板对接不应多于两处，且对接处需用胶粘剂粘牢
钢丝网焊点拉力	抗拉力≥330N，且无过烧现象
钢丝网镀锌低碳钢丝	用于钢丝网片的镀锌低碳钢丝直径为 2.0mm、2.2mm；用于斜插丝的镀锌低碳钢丝直径为 2.2mm、2.5mm，允许偏差均为±0.05mm；其性能指标应符合《钢丝网架夹芯板用钢丝》YB/T126 的要求
钢丝网焊点质量	网片漏焊、脱焊点不超过焊点数的 0.8%，连续脱焊点不应多于 2 点，板端 200mm 区段内的焊点不允许脱焊、虚焊，斜插丝脱焊点不应超过 3%
斜插钢丝（腹丝）数量	10～150 根/m²
斜插钢丝与钢丝网片夹角	60°±5°
钢丝挑头	网边挑头长度≤6mm，钢丝网面的斜插钢丝挑头≤5mm
穿透 EPS 板的钢丝挑头（无钢丝网面）	穿透 EPS 板挑头离板面垂直长度应≥40mm

注：钢丝网的横向钢丝网应对准 EPS 板横向凹槽中心；执行标准 JC 623。

2. 挤塑聚苯乙烯泡沫（XPS）板主要技术性能

（1）普通形挤塑聚苯乙烯泡沫（XPS）板主要技术性能应符合表 2-31 要求。

表 2-31　XPS 板主要技术性能

项　目	单　位	指标
表观密度	kg/m³	25 ~ 32
压缩强度（即在 10% 形变下的压缩应力）	MPa	> 0.15
导热系数	W/ (m·K)	≤ 0.03
吸水率（V/V）	%	≤ 1.5
尺寸稳定性	%	≤ 2.0
水蒸气透过系数	ng/ (Pa·m·s)	≤ 3.5
蓄热系数	W/ (m²·K)	≥ 0.32
氧指数	%	> 30
燃烧分级		达到 B2 级
陈化时间　自然条件		≥ 42d
60℃蒸汽养护		≥ 5d

注：因 XPS 板强度较高，可用于建筑物外墙首层易撞击的部位。

（2）燕尾槽 XPS 板包括燕尾槽 XPS 保温装饰复合板（即单面燕尾槽 XPS 保温装饰板）、双面燕尾槽 XPS 板及单面燕尾槽 XPS 板保温板（即单面燕尾槽无装饰板）。

1）燕尾槽 XPS 板的外观质量：应无裂口、变形等缺陷，燕尾槽应顺直，不得有明显的缺陷；燕尾槽 XPS 板，槽内的表面应进行增强处理。

2）燕尾槽 XPS 板技术性能应符合表 2-32 要求。

表 2-32　燕尾槽 XPS 板技术性能指标

项　目	单　位	指标
表观密度	kg/m³	35 ± 3
压缩强度（即在 10% 形变下的压缩应力）	kPa	≥ 200
导热系数（25℃）	W/ (m·K)	≤ 0.03
体积吸水率（浸水 96h）（V/V）	%	≤ 2.5
尺寸稳定性（72℃ ±2℃，18h）	%	≤ 1.5
透湿系数（23℃ ±1℃，RH50% ±5%）	ng/ (Pa·m·s)	≤ 3.5
燃烧性能（GB 8624）	—	达到 B2 级要求

3）燕尾槽 XPS 板的规格、尺寸和允许偏差应符合表 2-33 要求。

表 2-33　燕尾槽 XPS 板的规格、尺寸和允许偏差

项　目		规格、尺寸	允许偏差	注
燕尾槽 XPS 板的长×宽（mm）		600×600，600×450，1200×600，1800×600，2400×600，3000×600	±1.0	对角线差 < 3
燕尾槽 XPS 板的厚度 d（mm）		30，35，45，50，55，60，65，70，75，80，85，100	±1.0	—
开槽规格（mm）	燕尾槽上口（梯形上底）	8.5	-1.0	
	燕尾槽下口（梯形下底）	11.5	+1.0	
	燕尾槽深（梯形的高）	5.0	±0.5	
	燕尾槽间的中心距	31.0	±3.0	

注：1. 燕尾槽 XPS 板厚度 d（mm）是指其表观尺寸的厚度。当饰面为面砖时，应采用双面燕尾槽 XPS 板；饰面为涂料时，宜采用单面燕尾槽 XPS 板，无槽面 XPS 应为毛面。

2. 双面燕尾槽 XPS 板的两个表面的燕尾槽应相对错位，即一个面的凹槽应正对另一个面的凸榫。

3. 单面燕尾槽 XPS 板的保温计算厚度应为（d - 2）mm；双面燕尾槽 XPS 板的保温计算厚度应为（d - 4）mm；d 为燕尾槽 XPS 板的表观厚度。

4. 燕尾槽 XPS 板常温条件下的修正系数为 1.2。

（二）聚苯板配套用辅助材料的技术性能

1. 聚苯板薄抹灰系统配套用辅助材料的技术性能

（1）粘贴聚苯板用胶粘剂性能 [《外墙外保温建筑构造》（02J121-1）] 应符合表 2-34 要求。

表 2-34　粘贴聚苯板用胶粘剂性能

项　目		单　位	指　标
拉伸粘结强度	与水泥砂浆　原强度	MPa	≥ 1.0
	与水泥砂浆　耐水强度	MPa	≥ 0.6
	与聚苯板（18kg/m³）　原强度	MPa	≥ 0.10 且聚苯板破坏
	与聚苯板（18kg/m³）　耐水强度	MPa	≥ 0.10 且聚苯板破坏
可操作时间		h	≥ 2

（2）聚合物抗裂砂浆的性能［《外墙外保温建筑构造》（02J121-1）］应符合表2-35要求。

表2-35　聚合物抗裂砂浆的性能

<table>
<tr><th colspan="2">项　目</th><th>单　位</th><th>指　标</th></tr>
<tr><td rowspan="6">拉伸粘结强度</td><td rowspan="3">与水泥砂浆</td><td>标准状态28d</td><td>MPa</td><td>≥0.7</td></tr>
<tr><td>耐水7d</td><td>MPa</td><td>≥0.5</td></tr>
<tr><td>耐冻融25次</td><td>MPa</td><td>≥0.5</td></tr>
<tr><td rowspan="3">与聚苯板
（18kg/m³）</td><td>标准状态28d</td><td>MPa</td><td>≥0.10且聚苯板破坏</td></tr>
<tr><td>耐水7d</td><td>MPa</td><td>≥0.10且聚苯板破坏</td></tr>
<tr><td>耐冻融25次</td><td>MPa</td><td>≥0.10且聚苯板破坏</td></tr>
<tr><td colspan="2">可操作时间</td><td>h</td><td>≥2</td></tr>
<tr><td colspan="2">吸水量（浸水24h）</td><td>g/m²</td><td>≤1000</td></tr>
<tr><td colspan="2">渗透压力比</td><td>%</td><td>≥200</td></tr>
<tr><td rowspan="2">柔韧性</td><td>水泥基：28d压折比</td><td>—</td><td>≤3</td></tr>
<tr><td>非水泥基：开裂应变</td><td>%</td><td>1.5</td></tr>
</table>

2. 燕尾槽XPS板配套用辅助材料的技术性能

（1）粘贴燕尾槽XPS板的水泥砂浆性能应符合表2-36要求。

表2-36　粘贴燕尾槽XPS板用水泥砂浆性能指标

<table>
<tr><th colspan="2">项　目</th><th>指　标</th><th colspan="2">备　注</th></tr>
<tr><td rowspan="4">粘结抗拉强度（MPa）</td><td>原强度</td><td>≥0.50</td><td rowspan="4">JC/T 547</td><td rowspan="4">—</td></tr>
<tr><td>耐水强度</td><td>≥0.50</td></tr>
<tr><td>耐温强度</td><td>≥0.50</td></tr>
<tr><td>耐冻融强度</td><td>≥0.50</td></tr>
<tr><td rowspan="2">与燕尾槽XPS板粘结的
拉伸粘结强度（MPa）</td><td>原强度</td><td>≥0.10</td><td rowspan="2">JG149</td><td rowspan="2">XPS板破坏</td></tr>
<tr><td>耐水强度</td><td>≥0.10</td></tr>
<tr><td colspan="2">可操作时间（h）</td><td>1.5～3.0</td><td></td><td></td></tr>
<tr><td colspan="2">线性收缩率（%）</td><td>≤0.3</td><td></td><td></td></tr>
</table>

（2）混凝土界面剂的性能应符合表2-37要求。

表2-37　混凝土界面剂的性能指标

<table>
<tr><th colspan="3">项　目</th><th>指　标</th><th>注</th></tr>
<tr><td rowspan="2" colspan="2">剪切粘结强度
（MPa）</td><td>7d</td><td>≥0.7</td><td rowspan="10">JC/T 907</td></tr>
<tr><td>14d</td><td>≥1.0</td></tr>
<tr><td rowspan="6">拉伸粘结强度
（MPa）</td><td rowspan="2">未处理</td><td>7d</td><td>≥0.3</td></tr>
<tr><td>14d</td><td>≥0.5</td></tr>
<tr><td colspan="2">浸水处理</td><td rowspan="4">≥0.3</td></tr>
<tr><td colspan="2">热处理</td></tr>
<tr><td colspan="2">冻融循环处理</td></tr>
<tr><td colspan="2">碱处理</td></tr>
<tr><td colspan="3">晾置时间（min）</td><td>≥10</td></tr>
</table>

3. 聚苯板配套用辅助锚栓、耐碱玻纤网布、胶粉聚苯颗粒浆料和饰面材料性能

见本节一、（二）中有关材料的性能要求。

三、保温浆料及复合保温系统材料性能

（一）保温浆料

1. 保温浆料适用范围

（1）保温浆料（如胶粉聚苯颗粒浆料、无机活性保温材料、硅酸盐浆料及其他轻质浆料）单独用于外墙外保温时，仅限于应用在节能率为50%以下和抗震设防烈度≤7度地区的建筑节能构造。在我国北方地区主要用于新建建筑和既有建筑的不采暖楼梯间、分户隔墙和地下室顶棚保温工程。

（2）保温浆料可与有机保温材料（如聚氨酯硬泡、EPS、XPS各类可燃保温材质）复合使用，浆料保温层可作为基层找平层、有机保温材料层的找平层或防火层，以及用于热桥部位处理。

为提高保温层耐火性能，可采用措施有：在有机保温层中设置防火分仓，将有机保温材料六面用保温浆料涂抹，能更有效提高有机保温材料的防火等级；在保温层外表面设置20～40mm厚的防火保护层；采用无空腔构造。

保温浆料与有机保温材料复合应用在节能率为65%以上的屋面和外墙（如钢筋混凝土、小型混凝土空心砌块、黏土多孔砖、灰砂砖、蒸压粉煤灰

砖、加气混凝土砌块等多种外墙保温工程；新建、扩建、改建和既有工业和民用建筑的承重或非承重外墙）外保温工程。

2. 无机轻质保温材料性能

无机轻质保温干粉料及浆料的技术性能［（DB21/T 1708—2008）］应符合表2-38、表2-39要求。

表2-38 无机轻质保温干粉料性能

项　目		单　位	指　标		试验方法
			双组分	单组分	
密度（堆积）		kg/m³	150～200	300～350	
外观		—	色泽均匀		
粒度（3.5mm筛孔筛余量）		%	≤1.0		GB/T 20473
放射性	内照射指数 IRa	—	≤1.0		
	内照射指数 Ir	—	≤1.0		

注：双组分的轻质保温料在拌制浆料时，需在施工现场加入水泥和水；单组分的轻质保温料在拌制浆料时，只需在施工现场加水。

表2-39 无机轻质保温浆料性能

项　目		单　位	指　标
浆料	加水后拌合物的分层度	mm	≤20
	浆体密度	kg/m³	≤800
浆料硬化后的物理力学性能	表观密度	kg/m³	300～400
	线收缩率	%	≤0.3
	压缩（10%）强度		≥0.4
	抗拉强度	MPa	≥0.1
	粘结强度		≥0.1
	软化系数		≥0.5
	导热系数	W/（m·K）	≤0.08
	耐冻性	外观	—	表面无裂纹、空鼓、起泡、剥离现象
		质量损失率	%	≤5
		压缩强度损失率	%	≤25
	燃烧性能等级		A 级（不燃）
	放射性	内照射指数 IRa	—	≤1.0
		内照射指数 Ir	—	≤1.0

注：用于外墙复合外保温、不采暖楼梯间墙保温及防火找平层时，导热系数的修正系数应取1.1；用于外墙内侧的保温时，导热系数的修正系数应取1.2。

3. 硅酸盐复合保温材料技术性能

硅酸盐复合保温材料技术性能应符合表2-40要求。

表2-40 硅酸盐复合保温材料技术性能指标

项　目		指　标	
		外墙内保温材料	外墙外保温材料
密度（kg/m³）	膏体	<800	<900
	干体	≤200	≤280
抗压强度（MPa）		≥0.3	≥0.5
粘结强度（kPa）		≥25	≥45
导热系数［W/（m·K）］		≤0.058	≤0.058
不燃性		不燃	不燃
耐碱性（0.12% NaOH）		无变化	无变化
耐酸性（0.1% HCl）		无变化	无变化
耐油性（油）		无变化	无变化
最低使用温度（-40℃）		—	无变化
pH 值		7～9	7～9
冻融循环试验（15 次循环）		—	无开裂、无掉渣

4. 胶粉聚苯颗粒浆料技术性能

参见本节一、（二）中，表2-11。

5. 建筑保温砂浆硬化后的物理力学性能

建筑保温砂浆硬化后的物理力学性能应符合表2-41要求。

表2-41 硬化后的物理力学性能

项　目	单　位	指　标	
		Ⅰ 型	Ⅱ 型
干密度	kg/m³	240～300	301～400
抗压强度	MPa	≥0.20	≥0.40
导热系数（平均25℃）	W/（m·K）	≤0.070	≤0.089
线收缩率	%	≤0.30	≤0.30
压剪粘结强度	kPa	≥50	≥50
燃烧性能级别		应符合 GB 8624 规定的 A 级要求	

（二）配套及复合保温系统材料性能

无机保温浆料配套用锚栓、耐碱玻纤网布、热镀锌钢丝网和饰面材料等性能，见本节一、（二）中有关材料的性能要求。

与有机保温材料复合用聚氨酯硬泡、EPS、XPS保温材料各系列产品性能，见本节一（一）、二（一）中有关材料的性能要求。

四、保温装饰复合板保温系统材料性能

（一）保温装饰复合板技术性能

保温装饰复合板由饰面板、保温层（或有背板材料）复合而成。饰面板有金属（压花）彩色饰面板（涂层钢板、涂层铝板）、树脂板、超薄石板材、陶瓷砖、陶土砖、清水混凝土板、铝塑板、仿砂岩瓷砖、玻化砖、铝单板、水泥纤维板等多种材质的板材和涂层（如耐候聚酯涂料、氟碳涂料等）构成；保温层可采用聚氨酯硬泡、EPS板、XPS板、酚醛树脂泡沫板和岩棉（玻璃棉）等。

根据基层结构和保温装饰复合板规格（构造）不同，分别有穿透式、角片式、搭接式、挂钩式、锚粘、粘扣结合式等连接方法。

保温装饰复合板在工厂机械化生产，不但材料质量稳定、品种多样，而且安装简捷、工期短、安装质量易保证。

1. 外保温装饰复合板的外观质量

外保温装饰复合板的外观质量应符合表2-42要求；尺寸允许偏差应符合表2-43要求。

表2-42　外保温装饰复合板的外观质量

项　目	板　面	表　面	外　观	聚氨酯硬泡保温层
质量要求	板面平整，色泽均匀，无明显凹凸翘曲、变形	表面清洁，保护膜完整	板面无明显划痕、磕碰、伤痕	保温层无成块剥落

表2-43　外保温装饰复合板的尺寸允许偏差　　　　（mm）

项　目	长　度	宽　度	厚　度	对角线差
允许偏差	±3	±2	±2	≤3

（1）聚氨酯硬泡装饰复合板与发泡聚氨酯硬泡间的粘结强度不小于0.15MPa（破坏界面应在聚氨酯硬泡体上）。

（2）粘结式聚氨酯硬泡外墙外保温装饰复合板的面层涂覆氟碳树脂涂料。

（3）氟碳树脂涂层应符合下列规定：

1）氟碳树脂含量不应低于70%，沿海及酸雨严重的地区可采用三道或四道氟碳树脂涂层，其厚度应大于40μm；其他地区可采用两道氟碳树脂涂层，其厚度应大于20μm；

2）氟碳树脂涂层应无起泡、裂纹、剥落等现象。

2. 聚氨酯硬泡保温装饰复合板技术性能

聚氨酯硬泡保温装饰复合板技术性能应符合表2-44要求。

表2-44　聚氨酯硬泡保温装饰复合板技术性能

项　　目	指　　标
面吸水率　（%）	≤0.3（涂料饰面后）
复合界面拉伸粘结强度（kPa）	≥150且破坏在保温内部
复合界面浸水拉伸粘结强度（kPa）	≥150且破坏在保温内部
阻燃性能	B1
耐冻融（5次循环）	无开裂、空鼓、起泡、剥离
水蒸气渗透阻 [g/（m²·h）]	≥0.85

3. 金属压花面复合保温板相关材料性能

金属压花面复合保温板由金属面板饰面、粘结层、保温层及背衬材料（铝箔）组成，其中保温层材料可以是挤塑聚苯板（XPS）、模塑聚苯板（EPS）和聚氨酯硬泡。

（1）金属压花面板

1）金属压花（饰面）板

彩涂钢板采用热镀锌薄钢板，镀层双面质量≥100g/m²，基板厚度0.3～0.6mm，性能指标符合GB/T 12754的要求；彩涂铝板采用铝-锰系合金板，基板厚度为0.3～0.6mm，性能指标符合YS//T431的要求。

2）金属压花面板性能

金属压花面板性能应符合表2-45要求。

表 2-45　主要性能

序号	检测项目	检验值
1	耐酸性（5% HCl）	浸泡 168h 无变化
2	耐碱性（5% NaOH）	浸泡 96h 无变化
3	铅笔硬度	4H
4	甲醛	0.1mg/L
5	耐人工老化	2000h 无气泡、开裂及剥落
6	粘结强度	>0.1MPa

（2）金属面压花复合保温板

1）板材规格：长度 1200mm，宽度 383mm、483mm，厚度 25～100mm；厚度（d）根据热工设计选用，长度根据外墙立面设计排板裁切。

2）外墙立面复杂时，可以同其他外墙保温体系的混合配套设计使用。

（二）保温装饰复合板系统配套材料、构件性能

1. 胶粘剂性能

粘贴聚氨酯硬泡保温装饰复合板所用胶粘剂的性能，应符合表 2-46 要求。

表 2-46　胶粘剂性能指标

项　目		指　标
可操作时间（h）		1.5～4.0
拉伸粘结原强度（与水泥砂浆）（kPa）	原强度	≥600
	耐水性	≥400
拉伸粘结原强度（与 PU 硬泡板）（kPa）	原强度	≥150，且破坏界面在 PU 硬泡板上
	耐水性	≥100，且破坏界面在 PU 硬泡板上
	耐冻融性	≥100，且破坏界面在 PU 硬泡板上

2. 挂件（连接件）材料性能

包括干挂装饰板材和干挂聚氨酯硬泡保温复合板挂件。

挂件材料性能指标要求，参考《金属与石材幕墙工程技术规范》JGJ 133 中的相关规定。

3. 复合材料龙骨性能

保温装饰复合板（简称复合板），用复合材料龙骨（简称复合龙骨）固定在外墙面上。龙骨分为复合材料龙骨和木龙骨（经防火、防腐及防虫蛀处理）两种，矩形截面尺寸为 50mm×25mm。

复合材料龙骨是用无机胶凝材料与植物纤维、轻质矿石粉等按一定比例复合而成，用玻纤网布增强。具有强度高、防虫蛀、耐火和耐久性好等特点，其性能应符合表 2-47 要求。

表 2-47　复合材料龙骨性能

项　目		单　位	指　标
密　度		kg/m³	≤1080
抗压强度	原强度	MPa	≥22.0
	浸水后		≥17.0
抗折强度	原强度	MPa	≥18.0
	浸水后		≥32.0
螺钉拔出力		N/mm	≥147.0
挠度值		mm	抗弯承载力 400N 时，挠度值 0.32
			抗弯承载力 500N 时，挠度值 0.42
导热系数		W/(m·K)	≤0.280
湿胀率		%	≤0.27

4. 聚氨酯泡沫填缝剂物理性能

聚氨酯泡沫填缝剂物理性能应符合表 2-48 要求。

表 2-48　聚氨酯泡沫填缝剂物理性能

项　目		单　位	指　标
密度		kg/m³	10～20
导热系数（35℃）		W/(m·K)	≤0.050
尺寸稳定性（23℃±2℃，48h）		%	≤5
防火等级		—	B2 级
剪切强度		kPa	≥80
拉伸粘结强度	铝板	标准条件，7d	≥80
		浸水，7d	≥60
	PVC 塑料	标准条件，7d	≥80
		浸水，7d	≥60
	水泥砂浆板	标准条件，7d	≥60

5. 嵌缝填充用聚乙烯泡沫棒的密度

其密度不应大于 $37kg/m^3$。

6. 嵌缝用中性硅酮耐候密封胶性能

硅酮耐候密封胶性能应符合表2-49要求。

表2-49　硅酮耐候密封胶的性能

项　目	技术要求	项　目	技术要求
表干时间	1～1.5h	邵氏硬度	20～30
流淌性	无流淌	极限拉伸强度	0.11～0.14MPa
初期固化时间（≥25℃）	3d	完全固化时间（相对湿度≥50%，温度25℃±2℃）	7～14d
撕裂强度	3.8N/mm	污染性	无污染
施工温度	5～48℃	固化后的变位承受能力	25%≤δ≤50%
贮存期	9～12个月		

五、纤维（棉）保温系统材料性能

（一）节能防水透汽膜和隔汽膜技术性能

（1）节能防水透汽膜和隔汽膜技术性能（DB21/T 1561—2007）应符合表2-50要求。

表2-50　节能防水透汽膜和隔汽膜技术性能

项目＼指标		标准型		反射膜	隔汽膜	检验方法
		墙体	坡屋面	墙体	坡屋面	
外　观		无孔洞、边缘整齐				观察
面密度（g/m²）		≥60	≥140	≥60	≥100	天平称
厚度（mm）		≥0.15	≥0.45	≥0.20	≤0.25	尺量
透水蒸气性（g/m²·24h）		≥130	≥130	≥130	≤25	GB/T 1037—1988
不透水性（水柱高度，m）		≥1.0	≥1.2	≥1.2	≥1.2	GB/T 328.10—2007
拉力（N/50mm）	纵　向	≥100	≥130	≥100	≥100	GB/T 328.9—2007
	横　向	≥100	≥130	≥100	≥100	
撕裂力（N）	纵　向	≥40	≥50	≥50	≥100	GB/T 328.18—2007
	横　向	≥40	≥50	≥50	≥100	

（2）凡是与防水透汽膜配套使用的密封材料、柔性泛水材料质量应满足工程设计、施工要求。

（3）金属固定件（钉、螺栓）、钢筋网片应做防腐处理，单个固定件拔出力和基层力学性能应符合设计要求。

（二）玻璃棉、岩棉技术性能

1. 玻璃棉制品技术性能

（1）离心玻璃棉制品性能及产品选型应符合表2-51、表2-52要求。

表2-51　离心玻璃棉制品性能

性　能	单　位	指　标
纤维直径	μm	5.0～7.0
渣球含量	%	0
燃烧性能级别	—	A级（不燃）
含水率	%	0.4
导热系数（平均测试温度25℃）	W/(m·K)	12kg/m³　0.044 16kg/m³　0.040 24kg/m³　0.033 32kg/m³　0.032 48kg/m³　0.031
降噪系数	NRC	24kg/m³　32kg/m³　50kg/m³　64kg/m³ 0.75　　0.80　　0.80　　0.70

表2-52　产品选型

外墙外保温						
密度（kg/m³）	12	16	20	24	32	48
厚度（mm）	40～100					
宽度（mm）	1200　600　400					
长度（mm）	任　选					
外墙内保温						
密度（kg/m³）	12	16	20	24	32	48
厚度（mm）	30～100					
宽度（mm）	1200　600　400					

外墙内保温	
长度（mm）	任　选
隔　墙	
密度（kg/m³）	12　16　20　24　32
厚度（mm）	25　30　40　45　50～100
宽度（mm）	1200　600　400
长度（mm）	任　选
地　板	
密度（kg/m³）	96　80　64　24　20　16
厚度（mm）	15　20　25　30～100
宽度（mm）	1200　600　400
长度（mm）	任　选
轻钢结构/木制结构别墅	
密度（kg/m³）	10　12　16　20　24
厚度（mm）	50～220
宽度（mm）	1200　600　400
长度（mm）	任　选

（2）钢结构用玻璃棉基本性能应符合表2-53要求。

表2-53　钢结构用玻璃棉基本性能指标

钢结构用玻璃棉 M10							
性　能	单　位	指　标					
表观密度	kg/m³	≥10					
纤维平均直径	μm	≤7.0					
渣球含量	%	0					
燃烧性能	—	A级					
热荷重收缩温度	℃	≥250					
导热系数（平均测试25℃）	W/（m·K）	≤0.048					
憎水率	%	≥98					
不同厚度热阻	厚度	（mm）	50	75	100	120	150	200
	热阻	（K/W）	1.1	1.6	2.1	2.6	3.2	4.3

钢结构用玻璃棉 M12							
性　能	单　位	指　标					
表观密度	kg/m³	≥12					
纤维平均直径	μm	≤7.0					
渣球含量	%	0					
燃烧性能	—	A级 0级（不燃材料）					
热荷重收缩温度	℃	≥300					
导热系数（平均测试25℃）	W/（m·K）	≤0.044					
憎水率	%	≥98					
不同厚度热阻	厚度	（mm）	50	75	100	120	150	200
	热阻	（K/W）	1.2	1.7	2.3	2.8	3.5	4.7

钢结构用玻璃棉 M14							
性　能	单　位	指　标					
表观密度	kg/m³	≥14					
纤维平均直径	μm	≤7.0					
渣球含量	%	0					
燃烧性能	—	A级 0级（不燃材料）					
热荷重收缩温度	℃	≥300					
导热系数（平均测试25℃）	W/（m·K）	≤0.041					
憎水率	%	≥98					
不同厚度热阻	厚度	（mm）	50	75	100	120	150	200
	热阻	（m²·K/W）	1.1	1.9	2.5	3.0	3.8	5.0

钢结构用玻璃棉 M16		
性　能	单　位	指　标
表观密度	kg/m³	≥16
纤维平均直径	μm	≤7.0
渣球含量	%	0
燃烧性能	—	A级 0级（不燃材料）

钢结构用玻璃棉 M16								
热荷重收缩温度	℃	≥300						
导热系数（平均测试25℃）	W/（m·K）	≤0.044						
不同厚度热阻	厚度	（mm）	50	75	100	120	150	200
	热阻	（K/W）	1.3	1.9	2.6	3.1	3.8	5.0

2. 岩棉板技术性能

岩棉板技术性能（02J121-1）应符合表2-54要求。

第二节 夹芯保温墙系统材料性能

一、砌块、砖和拉结（钢筋网片）件技术要求

1. 小砌块

190mm 厚普通小砌块，主要用于夹芯墙的内叶墙，强度等级不应低于 MU10；90mm 厚普通小砌块（或装饰砌块），主要用于夹芯墙的外叶墙，强度等级不应低于 MU10，清水墙时应满足抗渗要求。

2. 烧结多孔砖

黏土、页岩、煤矸石、粉煤灰为主要原料的多孔砖，强度等级不应低于 MU10。

3. 拉结钢筋网片、拉结件

拉结钢筋网片、拉结件应根据使用条件或年限选用无污染、耐久防腐材料进行防腐处理。使用年限大于 50 年的房屋，拉结钢筋网片、拉结件应采用不锈钢制作。

二、保温隔热材料性能

模塑聚苯板（EPS）性能指标应符合表2-25要求。挤塑聚苯板（XPS）泡沫性能指标应符合表2-31要求。

氨脲素泡沫性能应符合表2-55要求。

表 2-54 岩棉板技术性能

项 目	单 位	指 标
密度	kg/m³	≥150
导热系数	W/（m·K）	≤0.045
渣球含量（颗粒直径＞0.25mm）	%	≤6.0

表 2-55 氨脲素泡沫性能

项 目		单 位	指 标
外 观		—	白 色
密 度	湿密度	kg/m³	45～60
	干密度	kg/m³	10～15
憎水率		%	≥95
热稳定性		%	≤4
冷稳定性		%	≤2
导热系数		W/（m·K）	0.0298～0.034
阻燃性		级	B1（难燃级）

三、水泥聚苯模壳格构式混凝土墙体材料性能（CECS173：2004）

1. 水泥聚苯颗粒性能

（1）水泥聚苯颗粒是由聚苯颗粒、水泥、外加剂和水配制成。其主要性能应满足下列要求：

1）力学性能

干密度：350kg/m³（允许偏差±10%）；

抗压强度：不小于 0.4N/mm²；

抗拉强度：不小于 0.3N/mm²。

2）物理性能

导热系数：不大于 0.083W/（m·K）

抗冻性：－20～100℃，循环 50 次，无损坏；

质量吸水率不大于 34.5%。

（2）聚苯乙烯泡沫塑料颗粒的粒径宜采用 2～6mm，堆积密度应为 12～21kg/m³。

（3）聚苯乙烯泡沫塑料颗粒应采取防止虫蛀和鼠啃的有效措施。

2. 混凝土

（1）楼板、圈梁应采用普通混凝土浇筑。普通混凝土的轴心抗压强度标准值和轴心抗拉强度标准值应按表 2-56 采用。

表 2-56　混凝土强度标准值　　　　　　　（N/mm²）

强度种类	混凝土强度等级					
	C20	C25	C30	C30	C40	C50
轴心抗压强度标准值	13.4	16.7	20.1	23.4	26.8	32.4
轴心抗拉强度标准值	1.54	1.78	2.01	2.2	2.39	2.64

（2）混凝土的轴心抗压强度设计值和轴心抗拉强度设计值应按表 2-57 采用。

表 2-57　混凝土强度设计值　　　　　　　（N/mm²）

强度种类	混凝土强度等级					
	C20	C25	C30	C30	C40	C50
轴心抗压强度标准值	9.6	11.9	14.3	16.7	19.1	23.1
轴心抗拉强度标准值	1.10	1.27	1.43	1.57	1.71	1.89

（3）混凝土的受压、受拉弹性模量应按表 2-58 采用。

表 2-58　混凝土弹性模量　　　　　　　（×10⁴MPa）

混凝土强度等级	C20	C25	C30	C30	C40	C50
受压、受拉弹性模量	2.55	2.80	3.00	3.15	3.25	3.45

（4）水泥聚苯模壳格构式混凝土墙体的芯孔内应采用自密实混凝土浇筑。自密实混凝土的轴心抗压、抗拉强度标准值、强度设计值和混凝土的受

压、受拉弹性模量分别按表表 2-56、表 2-57 和表 2-58 采用。

（5）水泥聚苯模壳构件尺寸参见表 2-59。

表 2-59　水泥聚苯模壳构件尺寸

名称 \ 尺寸	标准尺寸（mm）			用　途
	长	宽	厚	
标准构件	900	600	250	承重墙体墙端柱、门框、窗框及天花板
实心平板	2000	1000	50～150	内墙板、隔板、屋顶（均无孔）

3. 钢筋

（1）水泥聚苯模壳格构式混凝土墙体结构宜采用 HPB235 级、HRB400 级普通钢筋。

（2）普通钢筋的强度标准值应按表 2-60 采用。

表 2-60　普通钢筋的强度标准值　　　　（N/mm²）

种　类		直径 d（mm）	强度标准值
热扎钢筋	HRB235（Q235）	8～20	235
	HRB335（20MnSi）	6～50	335
	HRB400（20MnSiV、20MnSiNb、20MnTi）	6～50	400

（3）普通钢筋的抗拉强度设计值和抗压强度设计值应按表 2-61 采用。

表 2-61　普通钢筋强度设计值　　　　（N/mm²）

种　类		抗拉强度设计值	抗压强度设计值
热扎钢筋	HRB235（Q235）	210	210
	HRB335（20MnSi）	300	300
	HRB400（20MnSiV、20MnSiNb、20MnTi）	360	360

（4）普通钢筋的弹性模量应按表 2-62 采用。

表 2-62　普通钢筋的弹性模量　　　　（×10⁵MPa）

种　类	弹性模量
HRB235	2.1
HRB335、HRB400	2.0

第三节 外墙内保温系统材料性能

一、复合板的物理力学性能

复合板的物理力学性能应符合表 2-63 的要求。

表 2-63 复合板的物理力学性能

项目	增强石膏聚苯复合板	增强水泥聚苯复合板	增强（聚合物）水泥聚苯复合板
面密度（kg/m^2）	≤25	≤30	≤25
含水率（%）	≤5	≤5	≤5
抗弯荷载（N）	≥1.0G	≥1.0G	≥1.0G
抗冲击性（次）	≥10	≥10	≥10
燃烧性能（级）	B1	B1	B1
面板收缩率（%）	≤0.08	≤0.08	≤0.08

二、胶粉聚苯颗粒保温浆料系统材料性能

胶粉聚苯颗粒保温浆料系统性能，见第一节中有关材料性能。

三、增强粉刷石膏聚苯板保温系统材料性能

1. 粘结石膏

粘结石膏材料性能见表 2-64。

表 2-64 粘结石膏材料性能

项目	指标
细度（2.5mm 方孔筛筛余%）	0
可操作时间（min）	≥50
保水率（%）	≥70
抗裂性	24h 无裂纹

续表

项 目		指 标
凝结时间（min）	初凝时间	≥60
	终凝时间	≤120
强度（MPa）	绝干抗折强度	≥3.0
	绝干抗压强度	≥6.0
	剪切粘结强度	≥0.5
收缩率（%）		≤0.06

2. 自熄型聚苯板

推荐规格：600mm × 900mm，具体规格按设计施工要求，厚度按节能要求。

3. 粉刷石膏

粉刷石膏材料性能见表 2-65。

表 2-65 粉刷石膏材料性能

项 目		指 标
可操作时间（min）		≥50
凝结时间（min）	初凝时间	≥75
	终凝时间	≤240
保水率（%）		≥65
抗裂性		24h 无裂纹
强度（MPa）	绝干抗折强度	≥2.0
	绝干抗压强度	≥4.0
	剪切粘结强度	≥0.4
收缩率（%）		≤0.05

4. 耐水型粉刷石膏

耐水型粉刷石膏材料性能见表 2-66。

表 2-66　耐水型粉刷石膏材料性能

项目		指标
可操作时间（min）		≥50
凝结时间（min）	初凝时间	≥75
	终凝时间	≤240
保水率（%）		≥75
抗裂性		24h 无裂纹
强度（MPa）	绝干抗折强度	≥3.5
	绝干抗压强度	≥7.0
	剪切粘结强度	≥0.4
收缩率（%）		≤0.06
软化系数		≥0.6

5. 中碱网布

中碱网布材料性能见表 2-67。

表 2-67　中碱网布材料性能

项目	指标	
	A 型玻纤布（被覆用）	B 型玻纤布（粘贴用）
布重	≥80g/m²	≥45g/m²
含胶量	≥10%	≥8%

续表

项目	指标	
	A 型玻纤布（被覆用）	B 型玻纤布（粘贴用）
抗拉断裂荷载	经向≥600N/50mm	经向≥300N/50mm
	纬向≥400N/50mm	纬向≥200N/50mm
网孔尺寸	5mm×5mm 或 6mm×6mm	2.5mm×2.5mm

6. 砂

细度模数为 2.3~3.0 的建筑中砂。

7. 耐水腻子

耐水腻子性能见表 2-68。

表 2-68　耐水腻子性能

项目	指标	
	Ⅰ 型	Ⅱ 型
浆料可用时间（h）	≥2	
干燥时间（h）	≤5	
打磨性	手指干擦不掉，砂纸易打磨	
软化系数	≥0.70	≥0.50
粘结强度（MPa）	标准状态 > 0.60	> 0.50
	浸水以后 > 0.35	> 0.30

第四节　屋面隔热保温系统材料性能

一、保温材料性能

1. 屋面板状保温材料质量

屋面板状保温材料质量（GB 50345—2004）应符合表 2-69 要求。

表 2-69　板状保温材料质量要求

项目	质量要求				
	聚苯乙烯泡沫塑料		硬质聚氨酯泡沫塑料	泡沫玻璃	加气混凝土	膨胀珍珠岩
	挤压	模压				
表观密度（kg/m³）	—	15~30	≥30	≥150	400~600	200~350

续表

项目	质量要求				
	聚苯乙烯泡沫塑料		硬质聚氨酯泡沫塑料	泡沫玻璃	加气混凝土	膨胀珍珠岩
	挤压	模压				
压缩强度（kPa）	≥250	60~150	≥150	—	—	—
抗压强度（MPa）	—	—	—	≥0.4	≥2.0	≥0.3
导热系数 [W/（m·K）]	≤0.030	≤0.041	≤0.027	≤0.062	≤0.220	≤0.087
70℃，48h 后尺寸变化率（%）	≤2.0	≤4.0	≤5.0	—	—	—
吸水率（V/V，%）	≤1.5	≤6.0	≤3.0	≤0.5	—	—
外观	板面表面基本平整，无严重凹凸不平					

2. 屋面喷涂聚氨酯硬泡技术性能

喷涂聚氨酯硬泡技术性能（GB 50404—2007）应符合表2-70要求。

表2-70 喷涂聚氨酯硬泡技术性能

项目	单位	指标		
		Ⅰ型	Ⅱ型	Ⅲ型
密度	kg/m³	≥35	≥45	≥55
导热系数	W/（m·K）	≤0.024	≤0.024	≤0.024
压缩性能（形变10%）	kPa	≥150	≥200	≥300
不透水性（无结皮）0.2MPa，30min		—	不透水	不透水
尺寸稳定性（70℃，48h）	%	≤1.5	≤1.5	≤1.0
闭孔率	%	≥90	≥92	≥95
吸水率	%	≤3	≤2	≤1

注：1. Ⅰ型用于屋面和外墙外保温层。
  2. Ⅱ型用于屋面复合保温防水层。
  3. Ⅲ型用于屋面保温防水层。

二、喷涂聚氨酯硬泡配套用辅助材料技术性能

（一）防水涂膜技术性能

1. 丙烯酸酯防水涂膜技术性能

丙烯酸酯防水涂膜技术性能（JC/T 864—2000）应符合表2-71要求。

表2-71 丙烯酸酯防水涂膜技术性能

项目		单位	指标
固体含量		%	≥65
干燥时间	表干	h	≤4
	实干	h	≤8
拉伸强度	无处理	MPa	≥1.2
	加热处理后保持率	%	≥80
	碱处理后保持率	%	≥70
	紫外线处理后保持率	%	≥80
断裂伸长率	无处理	%	≥200
	加热处理	%	≥150
	碱处理	%	≥140
	紫外线处理	%	≥150

续表

项目	单位	指标
低温柔性	φ10mm棒	−10℃无裂纹
不透水性	0.3MPa，30min	不透水
潮湿基面粘结强度	MPa	≥0.5

注：在增强抗裂腻子与聚氨酯硬泡间作界面应用时，可在浆料中加入适量细砂，以增加其粗糙度。

2. 喷涂聚脲防水涂料技术性能

喷涂聚脲防水涂料技术性能应符合表2-72要求。

表2-72 喷涂聚脲防水涂料技术性能

序号	项目			技术指标	
				Ⅰ型	Ⅱ型
1	拉伸强度（MPa）		≥	10	16
2	断裂伸长率（%）		≥	300	450
3	撕裂强度（N/mm）		≥	40	50
4	低温弯折性（℃）		≤	−35	−40
5	不透水性（0.4MPa，2h）			不透水	
6	固体含量（%）		≥	96	98
7	凝胶时间（s）		≤	45	
8	表干时间（s）		≤	120	
9	加热伸缩率（%）	伸长	≤	1.0	
		收缩	≤	1.0	
10	粘结强度（MPa）		≥	2.0 或底材破坏	
11	定伸时老化	加热老化		无裂纹及变形	
		人工气候老化		无裂纹及变形	
12	热处理	拉伸强度保持率（%）		80~150	
		断裂伸长率（%）	≥	250	400
		低温弯折性（℃）	≤	−30	−35
13	碱处理	拉伸强度保持率（%）		80~150	
		断裂伸长率（%）	≥	250	400
		低温弯折性（℃）	≤	−30	−35
14	酸处理	拉伸强度保持率（%）		80~150	
		断裂伸长率（%）	≥	250	400
		低温弯折性（℃）	≤	−30	−35

序号	项 目		技术指标	
			I型	II型
15	盐处理	拉伸强度保持率（%）	80～150	
		断裂伸长率（%） ≥	250	400
		低温弯折性（℃） ≤	-30	-35
16	人工气候老化①	拉伸强度保持率（%）	80～150	
		断裂伸长率（%） ≥	250	400
		低温弯折性（℃） ≤	-30	-35
17	邵氏硬度②	≥	70	80
18	耐磨性（750g/500r）（mg）②	≤	40	30
19	耐冲击性（kg·m）②	≥	0.6	1.0
20	吸水率（%）	≤	5	

注：①用于长期外露使用人工气候老化累计辐照能量至少为3150MJ/m²（约1512h），否则表面需加保护层。

②仅对通行用途时，或根据工程和用户要求时测定。

3. 聚氨酯防水涂料技术性能

聚氨酯防水涂料包括单组分和多组分（或双组分）。

（1）单组分聚氨酯防水涂料物理力学性能（GB 19250—2003）应符合表2-73要求。

表2-73 单组分聚氨酯防水涂料物理力学性能

序号	项 目		I	II
1	拉伸强度（MPa） ≥		1.90	2.45
2	断裂伸长率（%） ≥		550	450
3	撕裂强度（N/mm） ≥		12	14
4	低温弯折性（℃） ≤		-40	
5	不透水性（0.3MPa 30min）		不透水	
6	固体含量（%） ≥		80	
7	表干时间（h） ≤		12	
8	实干时间（h） ≤		24	
9	加热伸缩率（%）	伸长 ≤	1.0	
		收缩 ≥	-4.0	
10	潮湿基面粘结强度①（MPa） ≥		0.50	

序号	项 目		I	II
11	定伸时老化	加热老化	无裂纹及变形	
		人工气候老化②	无裂纹及变形	
12	热处理	拉伸强度保持率（%）	80～150	
		断裂伸长率（%） ≥	500	400
		低温弯折性（℃） ≤	-35	
13	碱处理	拉伸强度保持率（%）	60～150	
		断裂伸长率（%） ≥	500	400
		低温弯折性（℃） ≤	-35	
14	酸处理	拉伸强度保持率（%）	80～150	
		断裂伸长率（%） ≥	500	400
		低温弯折性（℃） ≤	-35	
15	人工气候老化②	拉伸强度保持率（%）	80～150	
		断裂伸长率（%） ≥	500	400
		低温弯折性（℃） ≤	-35	

注：①仅用于潮湿基面时要求。

②仅用于外露使用的产品。

（2）多组分聚氨酯防水涂料物理力学性能（GB 19250—2003）应符合表2-74要求。

表2-74 多组分聚氨酯防水涂料物理力学性能

序号	项 目		I	II
1	拉伸强度（MPa） ≥		1.90	2.45
2	断裂伸长率（%） ≥		450	450
3	撕裂强度（N/mm） ≥		12	14
4	低温弯折性（℃） ≤		-40	
5	不透水性（0.3MPa 30min）		不透水	
6	固体含量（%） ≥		92	
7	表干时间（h） ≤		8	
8	实干时间（h） ≤		24	
9	加热伸缩率（%）	伸长 ≤	1.0	
		收缩 ≥	-4.0	

序号	项目		I	II
10	潮湿基面粘结强度① （MPa）	≥	0.50	
11	定伸时老化	加热老化	无裂纹及变形	
		人工气候老化②	无裂纹及变形	
12	热处理	拉伸强度保持率（%）	80～150	
		断裂伸长率（%） ≥	400	
		低温弯折性（℃） ≤	－30	
13	碱处理	拉伸强度保持率（%）	60～150	
		断裂伸长率（%） ≥	400	
		低温弯折性（℃） ≤	－30	
14	酸处理	拉伸强度保持率（%）	80～150	
		断裂伸长率（%） ≥	400	
		低温弯折性（℃） ≤	－30	
15	人工气候老化②	拉伸强度保持率（%）	80～150	
		断裂伸长率（%） ≥	400	
		低温弯折性（℃） ≤	－30	

注：①仅用于潮湿基面时要求。

②仅用于外露使用的产品。

（3）合成高分子防水涂料（挥发固化型）质量（GB 50345—2004）应符合表2-75要求。

表 2-75　合成高分子防水涂料（挥发固化型）质量要求

项　目		质量要求
拉伸强度（MPa）		≥1.5
断裂伸长率（%）		≥300
低温柔性（℃，2h）		－20，绕直径10mm圆棒无裂纹
固体含量（%）		≥65
不透水性	压力（MPa）	≥0.3
	保持时间（min）	≥30

（二）纤维增强抗裂腻子技术性能

纤维增强抗裂腻子技术性能应符合表2-76的要求。

表 2-76　纤维增强抗裂腻子技术性能

项　目			指标
可操作时间（h）			≤4
拉伸粘结强度（MPa）	与水泥砂浆	原强度	≥0.6
		耐水	≥0.4
	与硬质聚氨酯泡沫	原强度	≥0.2
		耐水	≥0.2

注：1. 增强抗裂腻子与硬质聚氨酯泡沫塑料之间有涂膜稀浆（如丙烯酸酯防水涂膜稀浆）作界面处理。

2. 用刮刀批刮，当设计要求加耐碱玻纤网布时，应分两次批刮纤维增强抗裂腻子，中间铺嵌耐碱玻纤网布。

第五节　低温地面辐射供暖系统材料技术性能

一、绝热材料技术性能

绝热材料应采用导热系数小、难燃或不燃，具有足够承载能力的材料，且不宜含有殖菌源，不得有散发异味及可能危害健康的挥发物。

1. 发泡水泥绝热层的技术性能和表面质量

（1）发泡水泥绝热层技术性能应符合表2-77要求。

表 2-77　发泡水泥绝热层技术性能

干体密度（kg/m³）	抗压强度（MPa）		导热系数 [W/（m·K）]	线性收缩率（%）
	3d	28d		
300±50	≥03	≥0.6	≤0.07	≤1.0
400±50	≥0.4	≥1.0	≤0.09	≤1.0
500±50	≥0.5	≥1.2	≤0.12	≤1.0

（2）发泡水泥绝热层表面质量应符合表2-78的要求。

表2-78　发泡水泥绝热层表面质量

项目	要求
裂纹	3d养护期内，不允许有宽度大于2.0mm的线性裂缝
疏松	允许有不大于单个房间总面积1/15或单块面积不大于0.25m² 的疏松
平整度	整体地面的平整度不大于10mm

2. 聚苯乙烯泡沫塑料绝热层技术性能

聚苯乙烯泡沫塑料绝热层主要技术性能（JGJ 142—2004）应符合表2-79的要求。

表2-79　聚苯乙烯泡珠塑料主要技术性能

项目	单位	指标
表观密度	kg/m³	≥20.0
压缩强度（即在10%形变下的压缩应力）	kPa	≥100
导热系数	W/（m·K）	≤0.041
吸水率（体积分数）	%（V/V）	≤4
尺寸稳定性	%	≤3
水蒸气渗透系数	ng/（Pa·m·s）	≤4.5
熔结性（弯曲变形）	mm	≥20
氧指数	%	≥30
燃烧分级		达到B2级

二、塑料加热管、面层材料技术性能

1. 塑料加热管的尺寸要求

塑料加热管的公称外径、壁厚与偏差（JGJ 142—2004）应符合表2-80的要求。

表2-80　塑料管公称外径、最小与最大平均外径　　　　（mm）

塑料管材	公称外径	最小平均外径	最大平均外径
PE-X、PB管、	16	16.0	16.3
PE-RT、PP-R	20	20.0	20.3
管、PP-B管	25	25.0	25.3

2. 塑料加热管的物理力学性能

塑料加热管的物理力学性能（JGJ 142—2004）应符合表2-81的要求。

表2-81　塑料加热管的物理力学性能

项目	PE-X管	PE-RT管	PP-R管	PB管	PP-B管
20℃、1h液压试验环应力（MPa）	12.00	10.00	16.00	15.50	16.00
95℃、1h液压试验环应力（MPa）	4.80	—	—	—	—
95℃、22h液压试验环应力（MPa）	4.70	—	4.20	6.50	3.40
95℃、165h液压试验环应力（MPa）	4.60	3.55	3.80	6.20	3.00
95℃、1000h液压试验环应力（MPa）	4.40	3.50	3.50	6.00	2.60
110℃、8760h热稳定性试验环应力（MPa）	2.50	1.90	1.90	2.40	1.40
纵向尺寸收缩率（%）	≤3	<3	≤2	≤2	≤2
交联度（%）	见注	—	—	—	—
0℃耐冲击	—	—	破损率<试样的10%	—	破损率<试样的10%
管材与混配料熔体流动速率之差	—	变化率≤原料的30%（在190℃、2.16kg的条件下）	变化率≤原料的30%（在230℃、2.16kg的条件下）	≤30%/10min（在190℃、5kg的条件下）	变化率≤原料的30%（在230℃、2.16kg的条件下）

注：交联度要求：过氧化物交联大于或等于70%，硅烷交联大于或等于65%，辐照交联大于或等于60%，偶氮交联大于或等于60%。

3. 面层（含填充层）材料质量要求

（1）宜选用体积比为1:2~1:3的水泥砂浆，强度等级不应小于M10。

（2）豆石混凝土填充层的材料宜选用C15细石混凝土，豆石粒径宜为5~12mm。

第三章　外墙外保温建筑构造

第一节　喷涂聚氨酯硬泡外墙外保温系统

一、说明

聚氨酯硬泡喷涂外墙外保温系统，由防潮底漆层、聚氨酯硬泡保温层、聚氨酯硬泡界面层、保温浆料找平层和饰面层（涂料或面砖）组成。该系统考虑了影响高层建筑外墙外保温热应力、水、风压及地震等自然界影响因素，满足我国不同气候区对建筑墙体保温、隔热、饰面多样化要求。

适用于全国各地区的低层、多层及高层的新建采暖居住建筑及既有建筑节能改造的民用建筑和其他建筑的外墙外保温工程；抗震设防烈度≤8度的地区；基层墙体为混凝土空心砌块、灰砂砖、黏土多孔砖、实心黏土砖（仅限既有建筑）等砌体墙和钢筋混凝土墙的外墙外保温工程。

1. 热工计算参数

保温材料的热工计算参数参见表3-1。

表3-1　保温材料的热工计算参数

材料名称	导热系数 [W/(m·K)]	蓄热系数 [W/(m².K)]	修正系数	导热系数计算值 [W/(m·K)]	蓄热系数计算值 [W/(m²·K)]
聚氨酯硬泡	0.025	0.27	1.1	0.025×1.1=0.028	0.027×1.1=0.30
胶粉聚苯颗粒浆料	0.07	0.95	1.2	0.07×1.2=0.084	0.95×1.2=1.14
低密度聚苯乙烯泡沫（变形缝用）	0.042	0.36	1.2	0.042×1.2=0.050	0.36×1.2=0.432

2. 施工工艺流程

聚氨酯硬泡涂料饰面及面砖饰面系统的施工工艺流程如图3-1所示。

基层墙体清理
↓
吊大墙垂直线
（垂直偏差大于10mm时用1:3水泥砂浆找平）
↓
拉水平线
↓
涂刷墙体基层聚氨酯防潮底漆
↓
预制PU硬泡件 → 粘贴PU硬泡预制件 ← 配制PU硬泡预制件胶粘剂
↓
遮挡保护门、窗、脚手架等非涂物
↓
墙面喷涂聚氨酯硬泡
（厚度控制在5～10mm范围）
↓
插入厚度控制标杆
（按500mm间距、梅花状分布垂直插入）
↓
再喷涂聚氨酯硬泡
（喷涂至刚好覆盖厚度控制标杆，即设计厚度）
↓
清理、修整遮挡、保护部位
（20min后开始清理、修整遮挡、保护部位以及超过规定厚度10mm的凸出部分）
↓
表面满涂PU硬泡界面剂（砂将）
（在1h后）
↓
抹胶粉聚苯颗粒保温浆料并找平、女儿墙护顶找坡
（采用鱼鳞状舔抹，阴角部位由外向内舔抹，表面用手按不动时施工第二遍）
↓

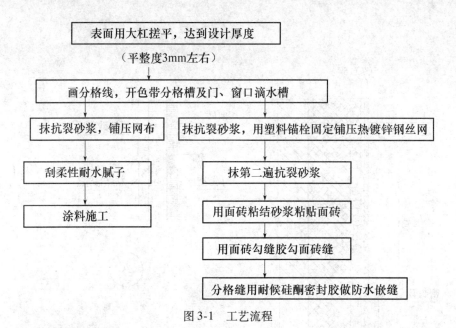

表面用大杠搓平，达到设计厚度

（平整度3mm左右）

画分格线，开色带分格槽及门、窗口滴水槽

抹抗裂砂浆，铺压网布 | 抹抗裂砂浆，用塑料锚栓固定铺压热镀锌钢丝网

刮柔性耐水腻子 | 抹第二遍抗裂砂浆

涂料施工 | 用面砖粘结砂浆粘贴面砖

用面砖勾缝胶勾面砖缝

分格缝用耐候硅酮密封胶做防水嵌缝

图 3-1 工艺流程

3. 操作工艺要点

（1）基层处理

在基层（基层应干净，无油污、涂料）吊大墙垂直线，墙体（阴阳角）垂直偏差大于 10mm 及孔洞部位，用 1：3 水泥砂浆找平，干燥后涂刷聚氨酯防潮底漆；垂直偏差小于 10mm 时，直接涂刷聚氨酯防潮底漆。涂刷聚氨酯防潮底漆应均匀、无漏刷。

（2）粘聚氨酯硬泡预制件

墙（阴阳）角、洞口满粘牢聚氨酯硬泡预制件，粘结层厚度不大于 3mm。

（3）喷涂聚氨酯硬泡保温层

在墙面均匀喷涂 5～10mm 厚聚氨酯硬泡保温层，按双向 500mm 间距、梅花状分布垂直插入聚氨酯硬泡厚度控制标杆，多遍喷涂完成最终厚度，对超过 10mm 厚的局部处理平整。

（4）抹聚氨酯硬泡界面剂（砂浆）

在喷涂聚氨酯硬泡保温层表面（包括聚氨酯硬泡预制件表面）均匀、满涂聚氨酯硬泡界面剂（砂浆）。

（5）抹保温浆料找平层（或称防火找平层）

在墙体顶部和墙体底部预埋膨胀螺栓，作为墙面挂钢垂线的垂挂点，安装钢垂线。贴保温浆料厚度控制灰饼，抹保温浆料，厚度以略高于厚度控制灰饼为宜，用大杠刮平；画分格线，开分格槽及门、窗滴水槽。

（6）细部构造处理及要求

1）面砖饰面门窗洞口四角的外表面处应各加盖一块钢丝网，钢丝网与窗角平分线成 90° 放置，贴在最外侧。窗洞口阴角处加盖一块钢丝网，其宽度应贴至窗框外边缘，在窗洞口阴角处形成等边增强角网。

2）涂料饰面应在墙面玻纤网布铺贴前，沿 45° 方向附加一层玻纤网布。窗洞口阴角处应加盖一块标准玻纤网布，在窗洞口阴角处形成等边增强角网。

3）阳台、过街楼顶板、雨篷、女儿墙、挑檐、伸缩缝、凸出墙面的混凝土构件及装饰线等保温细部构造的端部及转角处宜分别设置附加钢丝网或玻纤网布。

（7）抗裂砂浆和饰面层

1）涂料饰面

将抗裂砂浆均匀抹在找平层表面，厚度 3～4mm，立即将裁好的玻纤网布用铁抹子压入抗裂砂浆内。首层室外自然地面 +2.0m 范围内的墙面，铺贴双层玻纤网布之间的抗裂砂浆必须饱满。首层墙面阳角专用金属护角应夹在两层玻纤网布之间。

各层阳角处两侧的玻纤网布双向绕角相互搭接，阴角玻纤网布可在阴角的一侧搭接，各侧搭接宽度不小于 150mm。

饰面为平涂时，墙面满刮两遍柔性耐水腻子（采用浮雕涂料，不必刮腻子）。

2）面砖饰面

面砖饰面的抗裂砂浆内铺设热镀锌钢丝网，用双向间距 500mm 的塑料锚栓固定在基层（每平方米不少于 4 个），相邻网的搭接宽度应大于 40mm，相邻搭接处不得超过 3 层，搭接部位按间距 500mm 与基层固定。在阴阳角、窗口、女儿墙、墙身变形缝等特殊部位的收头处均应固定。

钢丝网应在抗裂砂浆层内，既不贴靠找平层（保温浆料），也不露出抗裂砂浆表面。

粘贴面砖前先对基层喷水润湿，粘贴面砖的砂浆厚度为 5～8mm，面砖缝宽不小于 5mm。用面砖勾缝胶先勾水平缝，后勾竖缝。口角砖交接处呈 45°，勾缝面应凹进面砖表面 2mm。

二、喷涂聚氨酯硬泡外墙外保温墙体构造

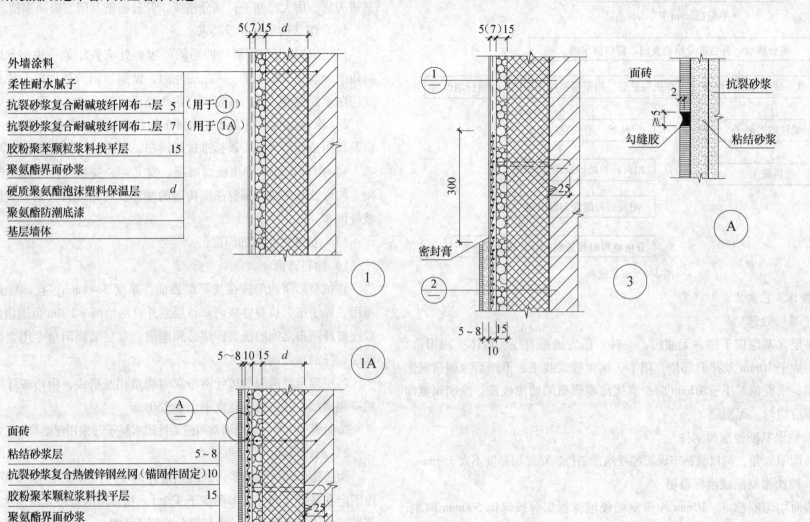

外墙涂料
柔性耐水腻子
抗裂砂浆复合耐碱玻纤网布一层 5 （用于 ①）
抗裂砂浆复合耐碱玻纤网布二层 7 （用于 ①A）
胶粉聚苯颗粒浆料找平层 15
聚氨酯界面砂浆
硬质聚氨酯泡沫塑料保温层 d
聚氨酯防潮底漆
基层墙体

5(7)15 d

①

5(7)15

①

300

25

密封膏

②

5～8 15
10

③

面砖
2
勾缝胶

抗裂砂浆

≤5
粘结砂浆

A

5～8 10 15 d

①A

A

面砖
粘结砂浆层 5～8
抗裂砂浆复合热镀锌钢丝网（锚固件固定）10
胶粉聚苯颗粒浆料找平层 15
聚氨酯界面砂浆
硬质聚氨酯泡沫塑料保温层 d
聚氨酯防潮底漆
基层墙体

25

②

注：图中1A用于首层和楼梯间保温隔墙；图中③用于外墙面砖和涂料饰面的交接部位。

三、墙角（涂料饰面）

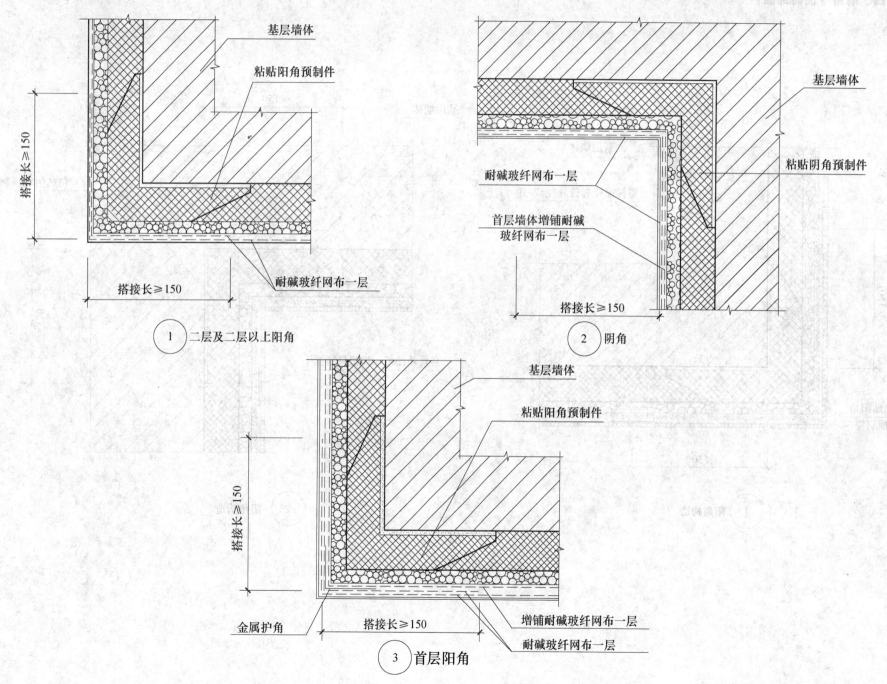

基层墙体

粘贴阳角预制件

搭接长≥150

搭接长≥150

耐碱玻纤网布一层

① 二层及二层以上阳角

基层墙体

粘贴阴角预制件

耐碱玻纤网布一层

首层墙体增铺耐碱玻纤网布一层

搭接长≥150

② 阴角

基层墙体

粘贴阳角预制件

搭接长≥150

金属护角

搭接长≥150

增铺耐碱玻纤网布一层

耐碱玻纤网布一层

③ 首层阳角

29

四、墙角（面砖饰面）

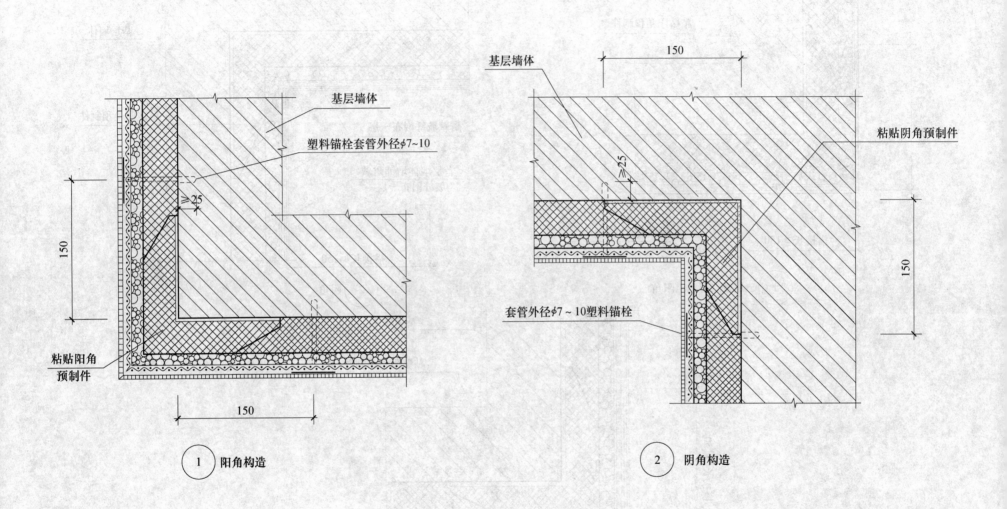

基层墙体

塑料锚栓套管外径φ7~10

≥25

150

粘贴阳角
预制件

150

① 阳角构造

基层墙体

150

粘贴阴角预制件

≥25

150

套管外径φ7~10塑料锚栓

② 阴角构造

五、勒脚构造（涂料饰面）

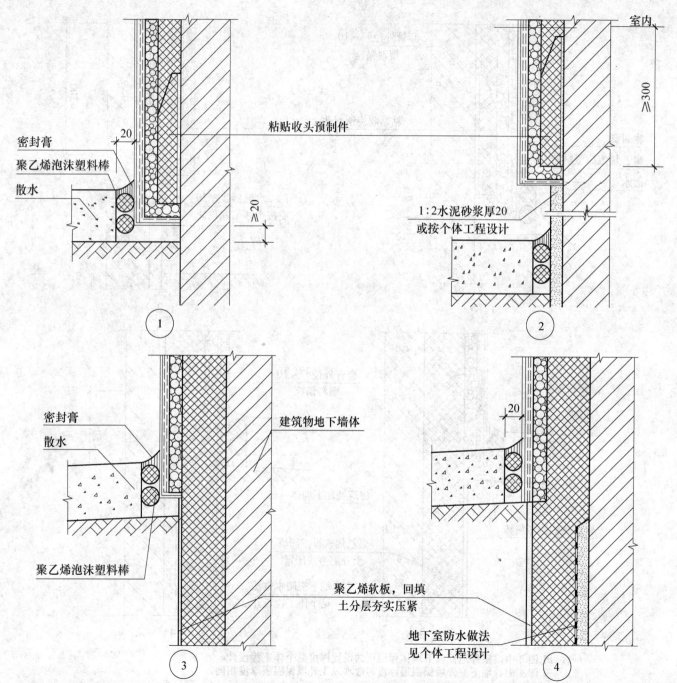

密封膏
聚乙烯泡沫塑料棒
散水

20

粘贴收头预制件

≥20

1

室内

≥300

1:2水泥砂浆厚20
或按个体工程设计

2

密封膏
散水

建筑物地下墙体

聚乙烯泡沫塑料棒

3

20

聚乙烯软板，回填
土分层夯实压紧

地下室防水做法
见个体工程设计

4

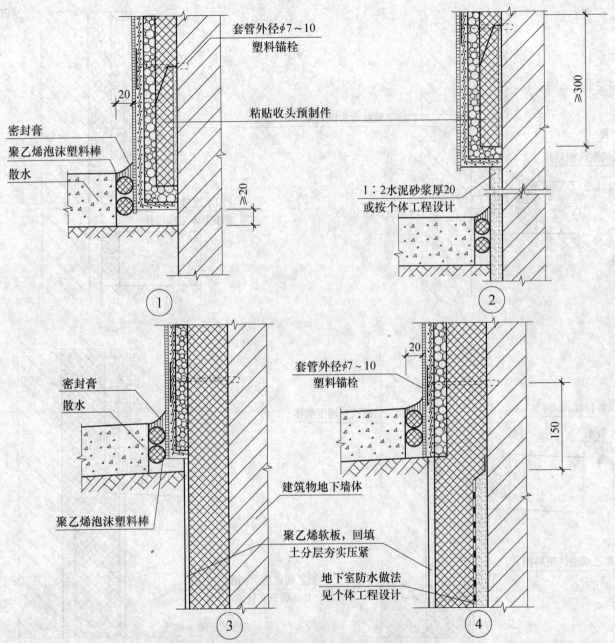

套管外径φ7～10
塑料锚栓

粘贴收头预制件

密封膏
聚乙烯泡沫塑料棒
散水

20

≥20

① ②

1：2水泥砂浆厚20
或按个体工程设计

≥300

密封膏
散水

套管外径φ7～10
塑料锚栓

20

聚乙烯泡沫塑料棒

建筑物地下墙体

聚乙烯软板，回填
土分层夯实压紧

地下室防水做法
见个体工程设计

150

③ ④

注：1.图③中，室外地面以下墙体保温层的设置深度见个体工程设计。
　　2.图④中，地下室外墙保温层厚度与散水以上外墙保温层厚度相同。

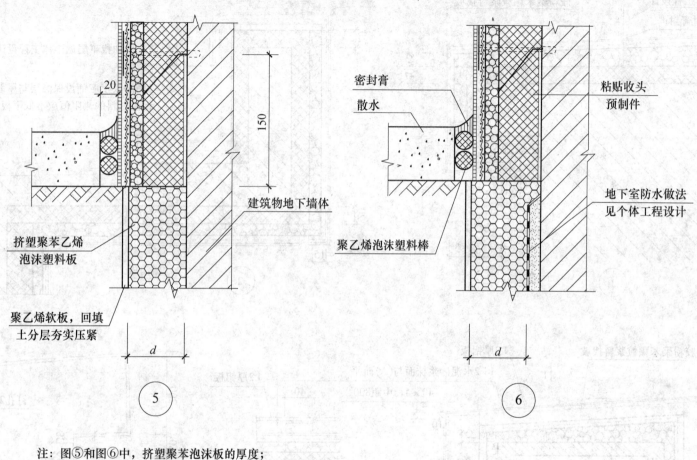

20

150

建筑物地下墙体

挤塑聚苯乙烯
泡沫塑料板

聚乙烯软板，回填
土分层夯实压紧

密封膏

散水

聚乙烯泡沫塑料棒

粘贴收头
预制件

地下室防水做法
见个体工程设计

d

d

⑤

⑥

注：图⑤和图⑥中，挤塑聚苯泡沫板的厚度；
　　严寒地区A区采暖地下室或居住建筑的地下墙体d=70；
　　严寒地区B区采暖地下室或居住建筑的地下墙体d=60；
　　寒冷地区采暖空调地下室d=50；
　　夏热冬冷地区地下室d=40；
　　夏热冬暖地区地下室d=35。

七、女儿墙和檐沟（涂料饰面）

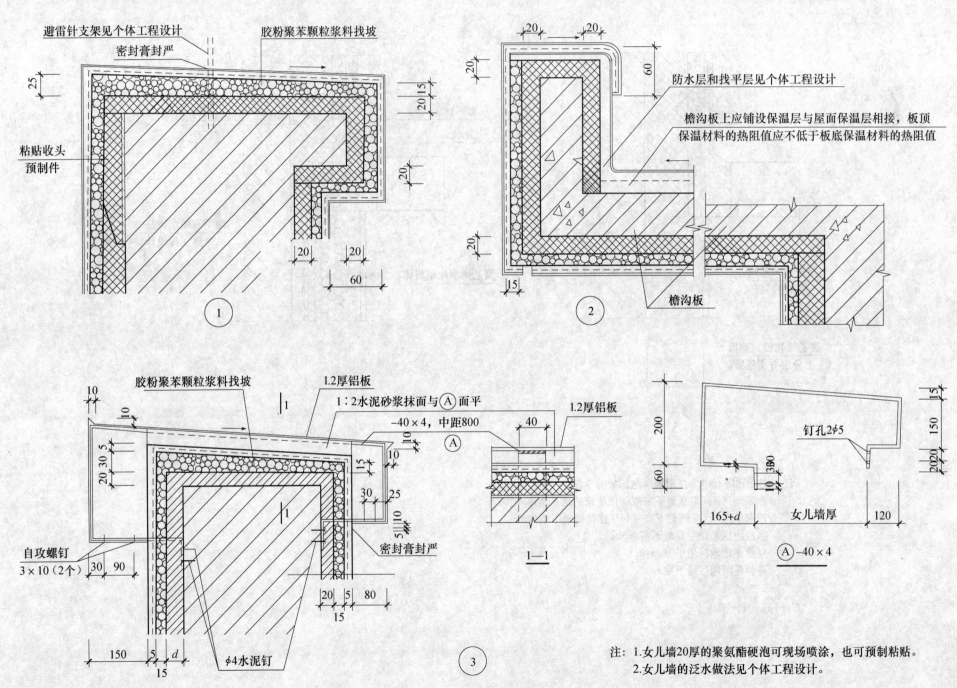

避雷针支架见个体工程设计
密封膏封严
胶粉聚苯颗粒浆料找坡
粘贴收头预制件

①

防水层和找平层见个体工程设计

檐沟板上应铺设保温层与屋面保温层相接，板顶保温材料的热阻值应不低于板底保温材料的热阻值

檐沟板

②

胶粉聚苯颗粒浆料找坡
1.2厚铝板
1：2水泥砂浆抹面与Ⓐ面平
−40×4，中距800
Ⓐ
1.2厚铝板
自攻螺钉 3×10（2个）
密封膏封严
φ4水泥钉

③

1—1

钉孔2φ5

165+d　女儿墙厚　120

Ⓐ −40×4

注：1.女儿墙20厚的聚氨酯硬泡可现场喷涂，也可预制粘贴。
2.女儿墙的泛水做法见个体工程设计。

八、女儿墙和檐沟（面砖饰面）

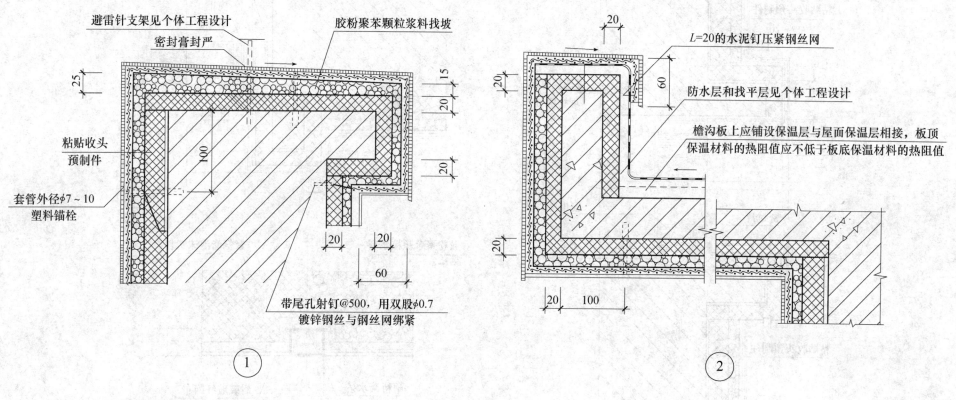

避雷针支架见个体工程设计
密封膏封严
胶粉聚苯颗粒浆料找坡
粘贴收头预制件
套管外径φ7～10塑料锚栓
带尾孔射钉@500，用双股φ0.7镀锌钢丝与钢丝网绑紧

L=20的水泥钉压紧钢丝网
防水层和找平层见个体工程设计
檐沟板上应铺设保温层与屋面保温层相接，板顶保温材料的热阻值应不低于板底保温材料的热阻值

① ②

注：1.女儿墙的泛水做法见个体工程设计。
　　2.图中20厚的聚氨酯硬泡可现场喷涂，也可预制粘贴。

九、带窗套窗口（涂料饰面）

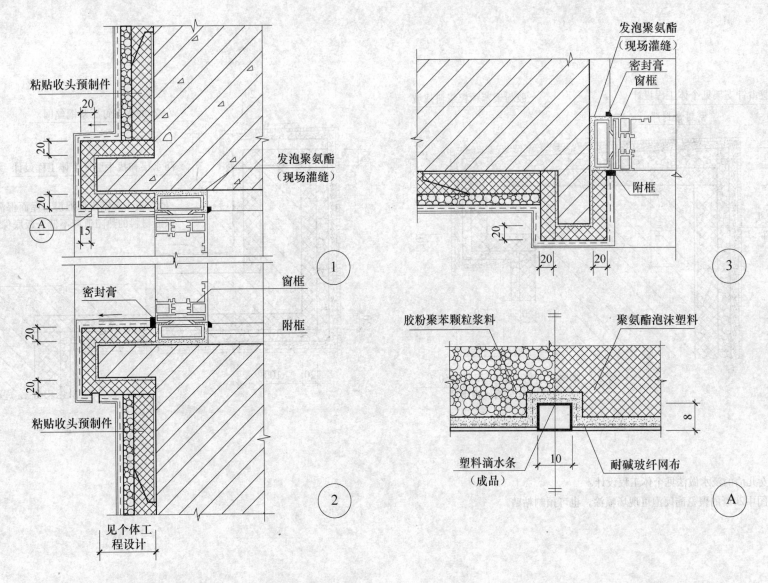

注：1.窗框与基层墙体墙边的距离不应大于60，严寒地区窗框宜与基层墙体齐平。
2.窗套周边均粘贴20厚的聚氨酯硬泡预制件。
3.外窗台排水坡顶应高出附框顶10，用于推拉窗时尚应低于窗框的泄水孔。

十、窗口（面砖饰面）

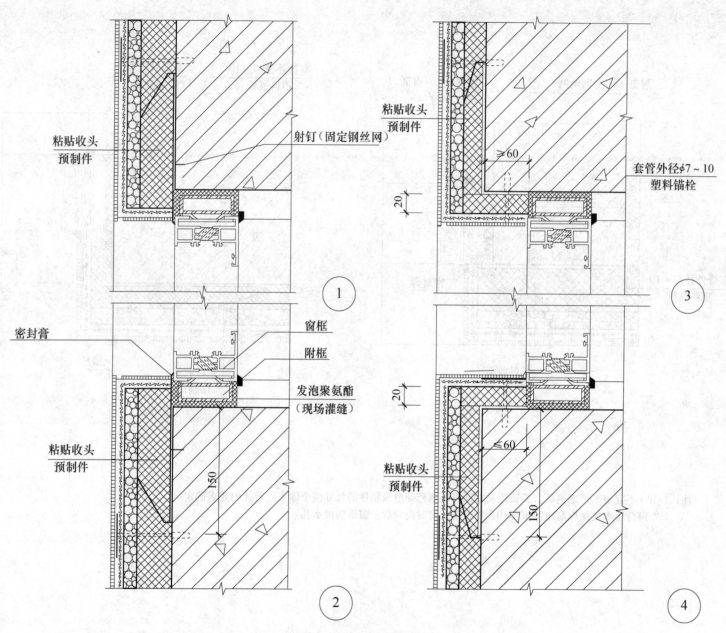

粘贴收头
预制件

射钉（固定钢丝网）

粘贴收头
预制件

套管外径φ7～10
塑料锚栓

≥60

20

① ③

密封膏

窗框

附框

发泡聚氨酯
（现场灌缝）

粘贴收头
预制件

150

20

≤60

粘贴收头
预制件

150

② ④

注：1.图③、图④不宜用于严寒地区，其窗边粘贴20厚聚氨酯硬泡预制件的尺寸按个体工程设计的要求确定。
　　2.外窗台排水坡顶应高出附框顶10，用于推拉窗时尚应低于窗框的泄水孔。

37

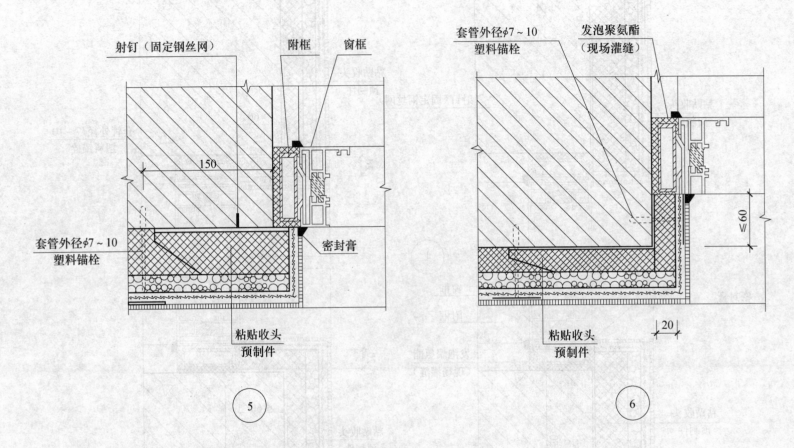

射钉（固定钢丝网）　附框　窗框

套管外径φ7～10
塑料锚栓

150

套管外径φ7～10
塑料锚栓

密封膏

粘贴收头
预制件

⑤

套管外径φ7～10
塑料锚栓　　发泡聚氨酯
（现场灌缝）

≤60

粘贴收头
预制件

20

⑥

注：1.图⑥不宜用于严寒地区，其窗边粘贴20厚聚氨酯硬泡预制件的尺寸按个体工程设计的要求确定。
　　2.外窗台排水坡顶应高出附框顶10，用于推拉窗时尚应低于窗框的泄水孔。

十一、挑窗窗口（面砖饰面）

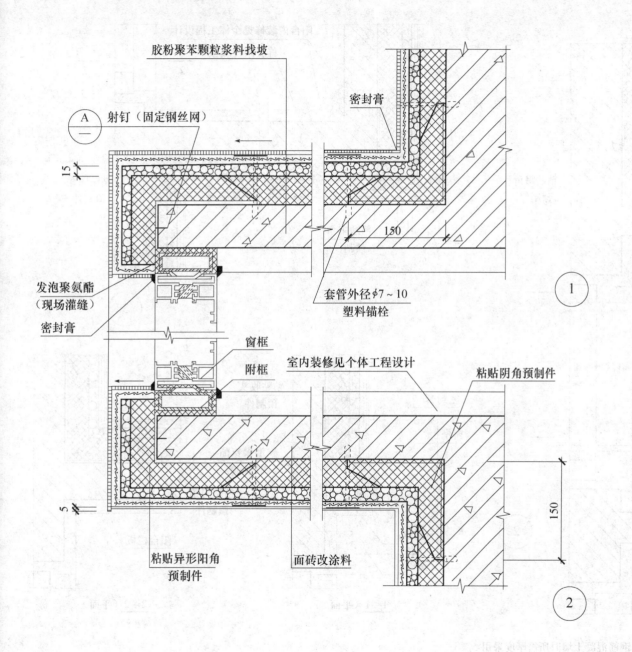

胶粉聚苯颗粒浆料找坡

射钉（固定钢丝网）

密封膏

15

发泡聚氨酯
（现场灌缝）

密封膏

套管外径φ7～10
塑料锚栓

窗框

附框

室内装修见个体工程设计

粘贴阴角预制件

5

粘贴异形阳角
预制件

面砖改涂料

150

① ②

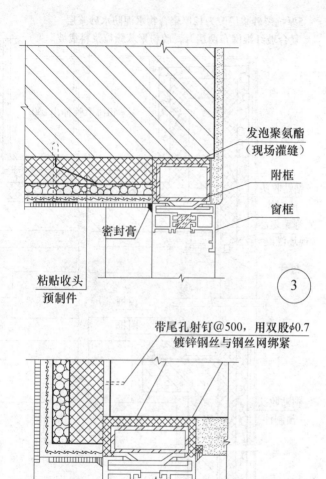

发泡聚氨酯
（现场灌缝）

附框

窗框

密封膏

粘贴收头
预制件

③

带尾孔射钉@500，用双股φ0.7
镀锌钢丝与钢丝网绑紧

Ⓐ

注：1.挑出部分聚氨酯泡沫塑料的厚度均按基层墙体为钢筋
　　　混凝土时需要的厚度采用。
　　2.外窗台排水坡顶应高出附框10，用于推拉窗时尚应低
　　　于窗框的泄水孔。

十二、封闭阳台（涂料饰面）

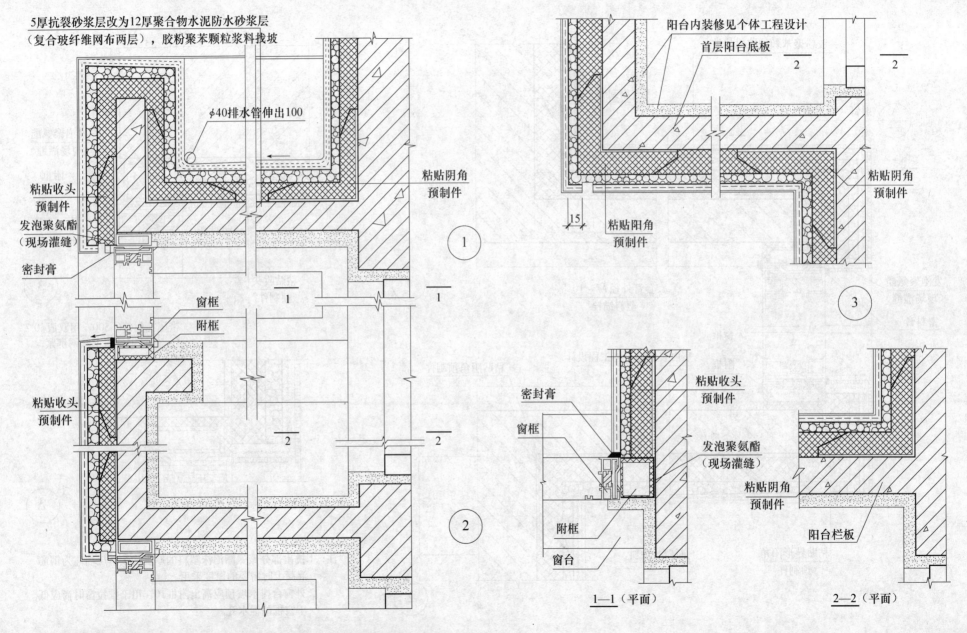

5厚抗裂砂浆层改为12厚聚合物水泥防水砂浆层（复合玻纤维网布两层），胶粉聚苯颗粒浆料找坡

φ40排水管伸出100

粘贴阴角预制件

粘贴收头预制件

发泡聚氨酯（现场灌缝）

密封膏

窗框

附框

① ② ③

阳台内装修见个体工程设计

首层阳台底板

粘贴阴角预制件

粘贴阳角预制件

15

密封膏

窗框

附框

窗台

粘贴收头预制件

发泡聚氨酯（现场灌缝）

粘贴阴角预制件

阳台栏板

1—1（平面）   2—2（平面）

注：1.阳台挑出部分聚氨酯硬泡的厚度均按基层墙体为钢筋混凝土墙时所需厚度采用。
　　2.外窗台排水坡屋顶应高出窗框10，用于推拉窗时应低于窗框泄水孔。

40

十三、不封闭阳台（涂料饰面）

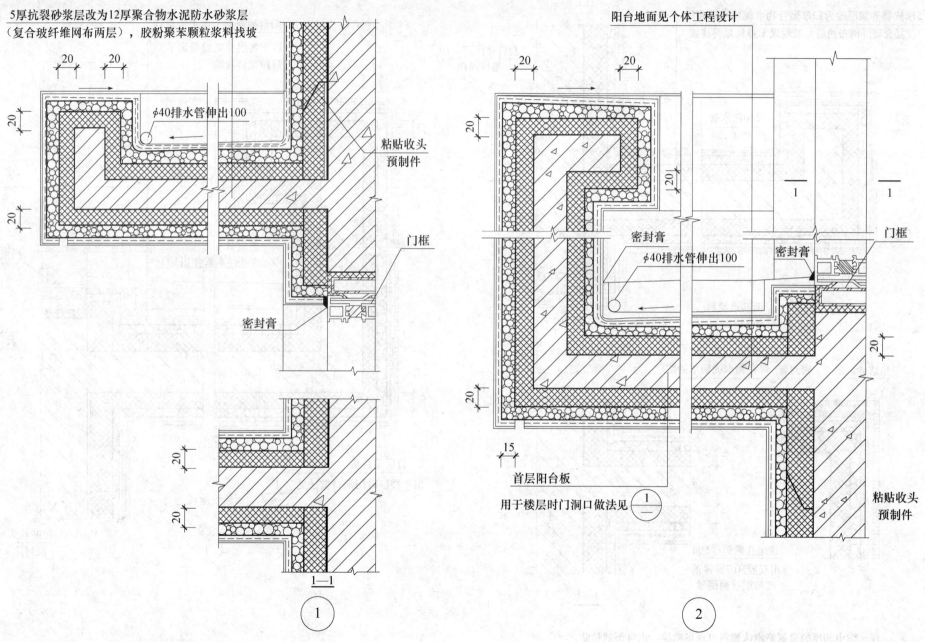

5厚抗裂砂浆层改为12厚聚合物水泥防水砂浆层
（复合玻纤维网布两层），胶粉聚苯颗粒浆料找坡

φ40排水管伸出100

粘贴收头
预制件

门框

密封膏

1—1

①

阳台地面见个体工程设计

密封膏

φ40排水管伸出100

密封膏

门框

粘贴收头
预制件

15

首层阳台板

用于楼层时门洞口做法见 ①／

②

注：图中20厚的聚氨酯硬泡可现场喷涂，也可预制粘贴。

十四、不封闭阳台（面砖饰面）

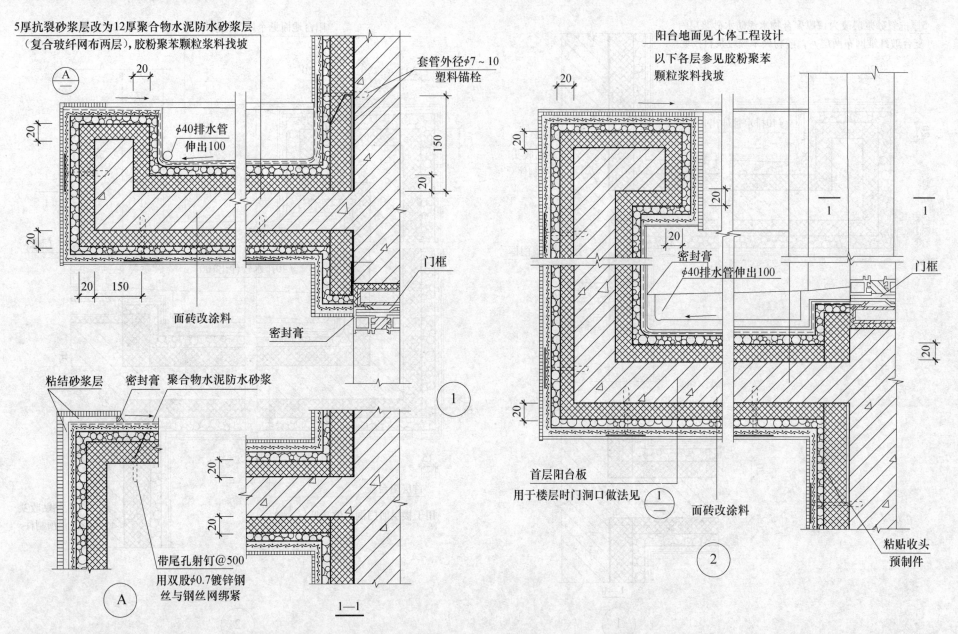

5厚抗裂砂浆层改为12厚聚合物水泥防水砂浆层
（复合玻纤网布两层），胶粉聚苯颗粒浆料找坡

套管外径φ7~10
塑料锚栓

φ40排水管
伸出100

面砖改涂料

门框

密封膏

粘结砂浆层　密封膏　聚合物水泥防水砂浆

带尾孔射钉@500
用双股φ0.7镀锌钢
丝与钢丝网绑紧

阳台地面见个体工程设计

以下各层参见胶粉聚苯
颗粒浆料找坡

密封膏
φ40排水管伸出100

门框

首层阳台板
用于楼层时门洞口做法见

面砖改涂料

粘贴收头
预制件

注：图中20厚的聚氨酯泡沫塑料可现场喷涂，也可预制粘贴。

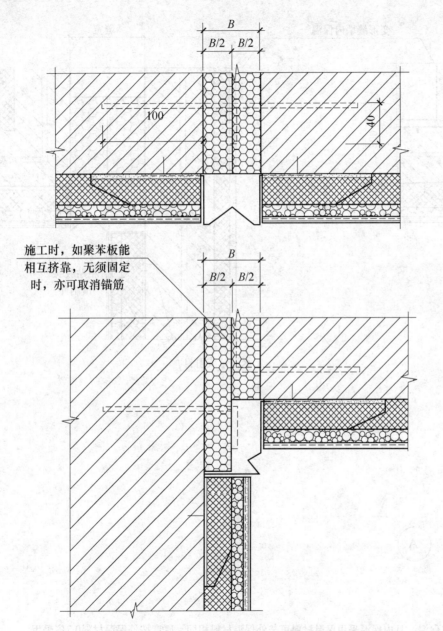

注：1.在涂料饰面或面砖饰面的墙身变形缝内，用低密度聚苯乙烯泡沫条塞紧，填塞深度不小于100mm。
　　2.金属盖缝板可采用1.0～1.2mm厚铝板或用0.7mm厚不锈钢板。

十六、墙身变形缝（内保温）

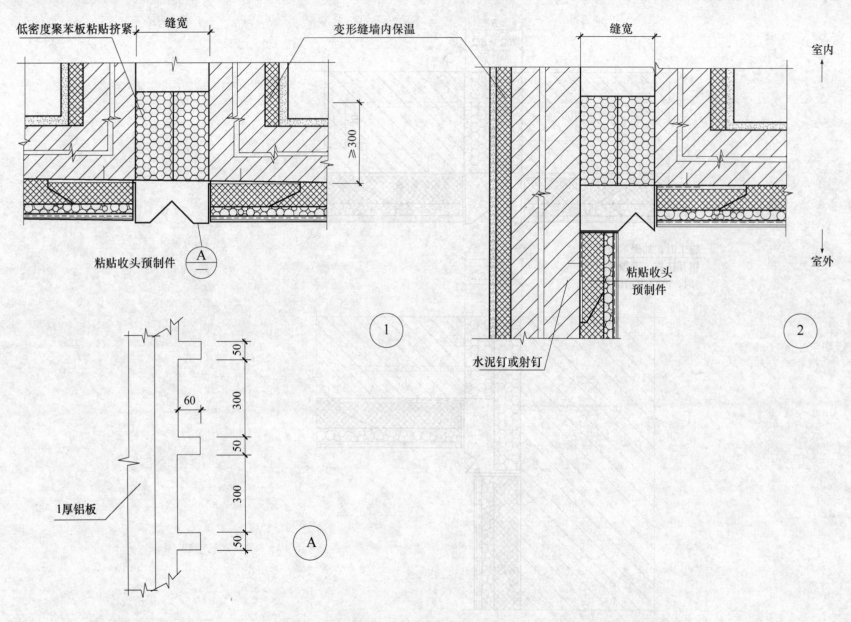

低密度聚苯板粘贴挤紧

缝宽

变形缝墙内保温

缝宽

室内

≥300

粘贴收头预制件

Ⓐ

①

水泥钉或射钉

粘贴收头
预制件

室外

②

50
300
50
60
300
50
1厚铝板
50

Ⓐ

注：当采用外保温有困难时，可采用内保温，且内保温采用保温材料可与外保温材料相同，厚度按外保温材料0.7倍采用。

44

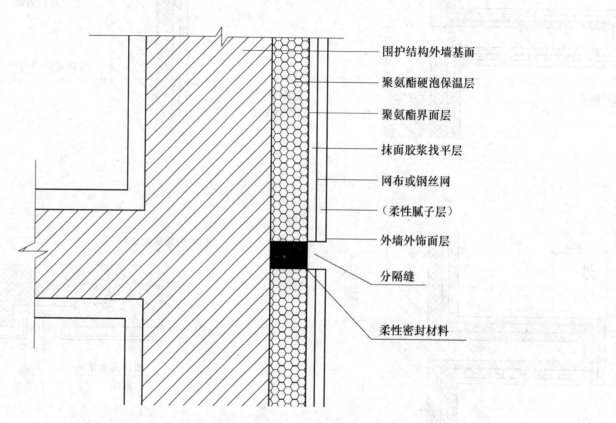

围护结构外墙基面

聚氨酯硬泡保温层

聚氨酯界面层

抹面胶浆找平层

网布或钢丝网

（柔性腻子层）

外墙外饰面层

分隔缝

柔性密封材料

注：墙体水平分隔缝不应穿透聚氨酯硬泡保温层。

十八、空调机搁板和支架

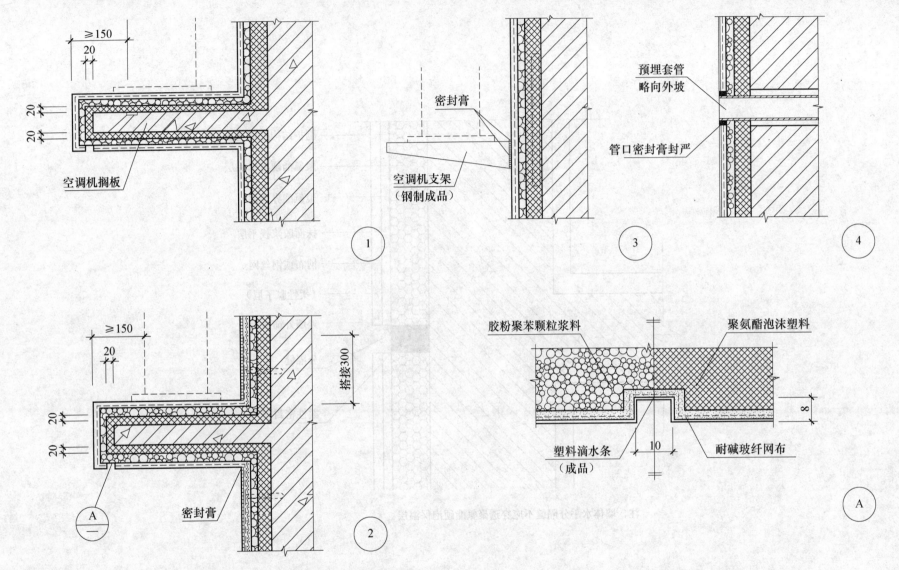

注：1.穿过搁板的螺栓用密封膏封严，防止产生热桥和渗水。
　　2.空调机支架应在外保温工程施工前用胀锚螺栓固定于基层墙体。
　　3.支架和锚栓安装前应进行防锈处理，其承载能力不应小于空调机质量的300%，锚栓的规格和锚固深度必要时应做拉拔试验后再确定。

十九、聚氨酯硬泡预制件、金属护角

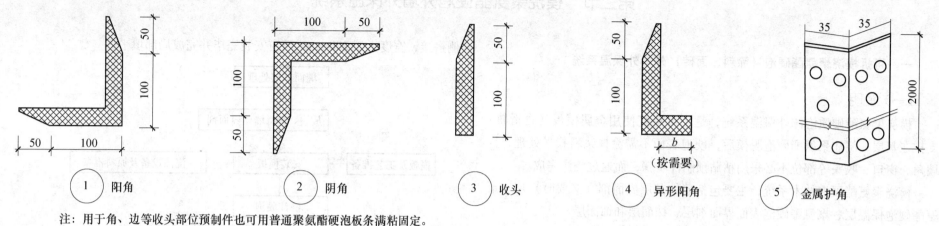

50 100	100 50	50	50 100 b (按需要)	35 35 2000
① 阳角	② 阴角	③ 收头	④ 异形阳角	⑤ 金属护角

注：用于角、边等收头部位预制件也可用普通聚氨酯硬泡板条满粘固定。

二十、幕墙干挂石材或铝塑板等饰面构造

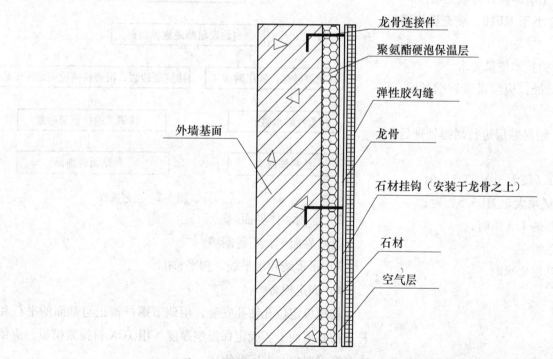

龙骨连接件
聚氨酯硬泡保温层
弹性胶勾缝
外墙基面
龙骨
石材挂钩（安装于龙骨之上）
石材
空气层

注：1.喷涂聚氨酯硬泡保温层导热系数的修正系数可按1.15选取。
　　2.外挂板材（如石材）与聚氨酯硬泡保温层之间设置10～20mm的间隔空气层，
　　　但不得使空气层形成流动气流。

第二节　模浇聚氨酯硬泡外墙外保温系统

一、可拆模浇聚氨酯硬泡（涂料、面砖）外墙外保温系统

（一）说明

模浇聚氨酯硬质泡沫外保温系统，是用可重复使用金属模板（含滑轨）支护在基层，浇注聚氨酯硬泡脱模后，硬泡表面不需涂抹浆料找平处理，且墙角、窗口、收头等部位不必采用粘贴预制件步骤，而通过浇注完成。

模浇聚氨酯硬泡技术系统，主要包括墙体基层界面剂（必要时）层、聚氨酯硬泡保温层、聚氨酯硬泡表面界面剂层、抹面层和饰面层。

1. 基层要求

（1）基层应是通过验收合格的砌体墙体、混凝土墙体及各种填充墙体。

（2）基层为承重砌体墙的块材的强度等级不应小于 MU10；填充砌体墙的块材强度等级不应低于 MU5.0。

（3）砌体的砌筑砂浆应饱满，且应符合清水墙的技术质量要求。

（4）填充砌体与混凝土剪力墙、梁、柱的连接处，应铺设镀锌钢丝网，并抹水泥砂浆。

（5）对既有建筑的砌体墙有下列情况之一时，须对基层进行增强处理后再施工：

1）当承重砌体墙的块材的强度等级小于 MU10（须大于 MU7.5）时；

2）当填充砌体墙的块材强度等级低于 MU5.0（须大于 MU3.5）时；

3）基层平整度、垂直度最大偏差大于允许偏差的 1.5 倍时；

4）外墙表面有涂料、脱皮、空鼓、粉化等缺陷时；

5）墙体表面观感有严重不足或平整度达不到基层要求时。

2. 施工工艺

（1）工艺流程

工艺流程如图 3-2 所示。

（2）操作工艺要点

1）基层

除掉基层附着物、凸出物高度小于 6mm。砌体与梁、柱间用钢网在缝两

侧搭接，宽度大于 200mm。门窗安装完毕并完成局部填平等。

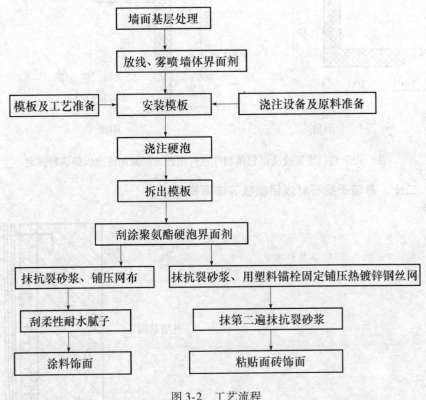

图 3-2　工艺流程

2）涂刷墙体界面剂

雾喷界面剂，不得漏喷。

3）吊垂线和水平线，测平整度。

4）固定模板

按模板定位孔钻孔安装，用调节螺杆调正与基面的平行和垂度，支撑螺杆支撑在墙面上，确定保温层厚度，用 TOX 钉拉紧模板。应使模板、钉与尼龙套准确对位，并安装牢固。

5）浇注聚氨酯硬泡

从模板左侧开口中心处对准模板底部，从左端开始均匀移动浇注。连

续浇注，前一次未熟化前浇后一次，每模分三次浇注，熟化 10～15 分钟拆模。

阴阳角、门窗洞口或凹凸装饰线采用角模板，平面用平模。

6）拆模板、刮涂聚氨酯硬界面剂

退出 TOX 钉，将支撑螺杆旋转将拆除模板后，立即刮涂聚氨酯硬界面剂。模板拆除后，模浇聚氨酯硬质泡沫不应粘模板。

7）涂料饰面

（二）首层墙角（涂料饰面）

设分格条，铺设网布。门窗阴阳角、首层楼采用双层网布，网布靠外层，表面隐现网布纹。

8）面砖饰面

按 500mm 水平、垂直排列 TOX 钉钻孔，在主体墙内深度不小于 55mm，压入尼龙胀塞。用 TOX 钉和压片压紧平铺热镀锌钢丝网，钢网间对接。钢网对接处用双股 22#镀锌线绑扎牢靠，平面绑扎间距 200～250mm。阳角绑扎间距 100～150mm，阳角边部必须用 TOX 钉钉压紧。

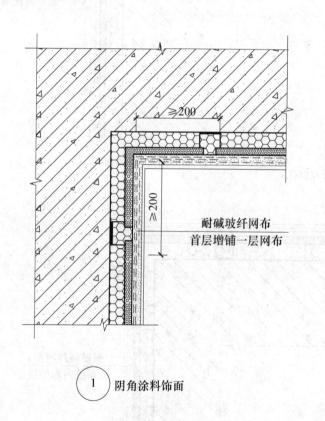

① 阴角涂料饰面

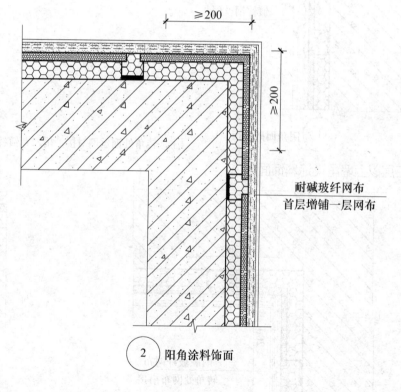

② 阳角涂料饰面

注：1.首层墙体及墙角增设一层网布
　　2.转角处网布搭接，搭接不小于200mm。

（三）首层墙角（面砖饰面）

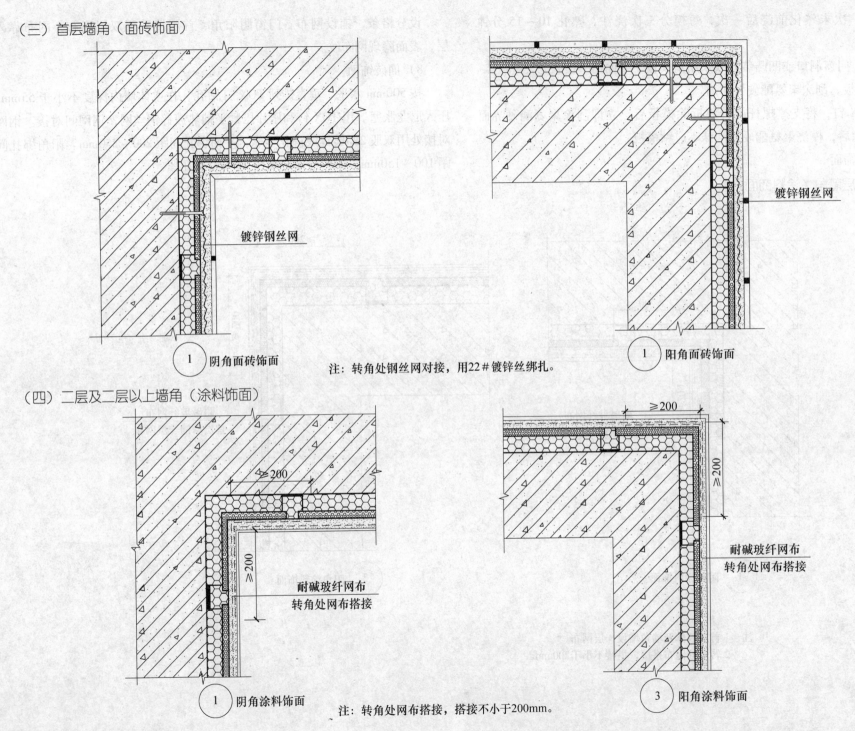

镀锌钢丝网

① 阴角面砖饰面

注：转角处钢丝网对接，用22#镀锌丝绑扎。

镀锌钢丝网

① 阳角面砖饰面

（四）二层及二层以上墙角（涂料饰面）

≥200

≥200

≥200

≥200

耐碱玻纤网布
转角处网布搭接

① 阴角涂料饰面

耐碱玻纤网布
转角处网布搭接

③ 阳角涂料饰面

注：转角处网布搭接，搭接不小于200mm。

（五）二层及二层以上墙角（面砖饰面）

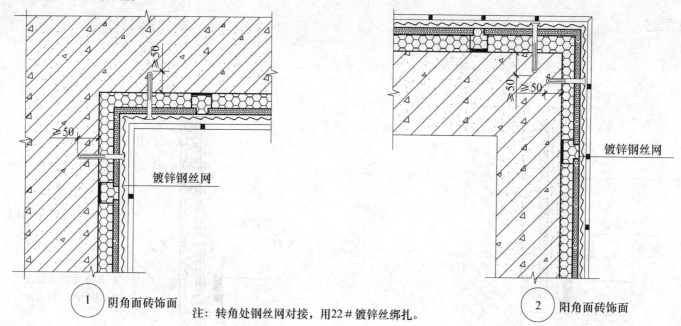

①　阴角面砖饰面

②　阳角面砖饰面

注：转角处钢丝网对接，用22#镀锌丝绑扎。

（六）勒脚（涂料饰面）

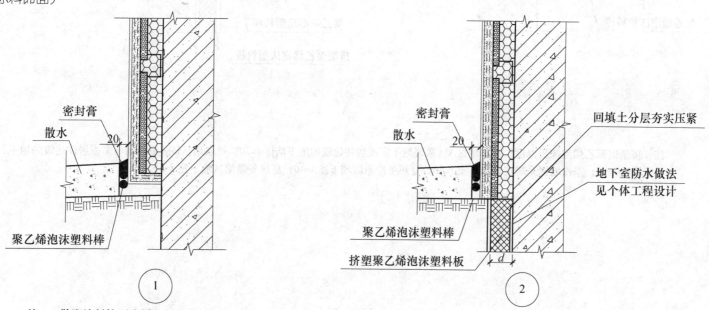

①

②

注：1.勒脚涂料饰面应铺双层网布。
　　2.挤塑聚苯乙烯泡沫板厚度：严寒地区A区采暖地下室或居住建筑的地下墙体d=70；严寒地区B区采暖地下室或居住建筑的地下
　　　墙体d=60；寒冷地区采暖空调地下室d=50；夏热冬冷地区地下室d=40；夏热冬暖地区地下室d=35。

（七）勒脚（面砖饰面）

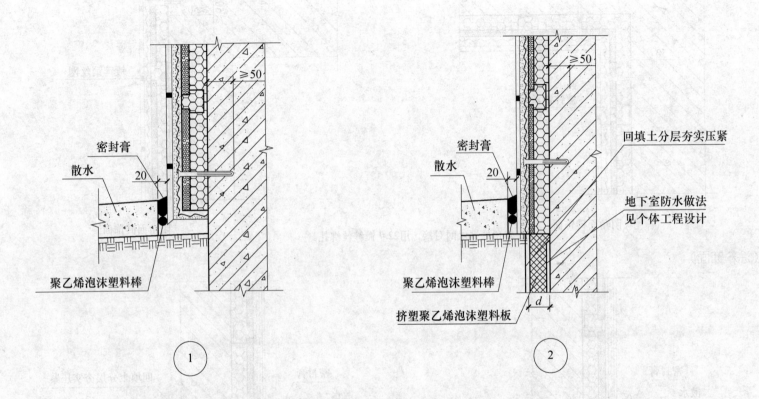

注：挤塑聚苯乙烯泡沫板厚度：严寒地区A区采暖地下室或居住建筑的地下墙体d=70；严寒地区B区采暖地下室或居住建筑的地下墙体d=60；寒冷地区采暖空调地下室d=50；夏热冬冷地区地下室d=40；夏热冬暖地区地下室d=35。

（八）女儿墙（涂料饰面）

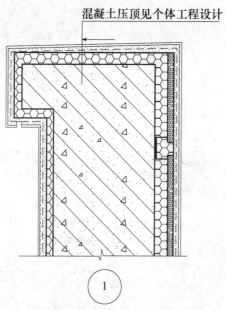

混凝土压顶见个体工程设计

①

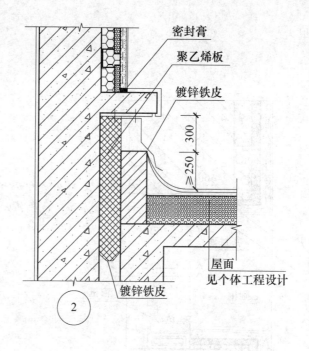

密封膏
聚乙烯板
镀锌铁皮
≥250
300
屋面
见个体工程设计
镀锌铁皮

②

注：女儿墙的泛水做法见个体工程设计。

（九）女儿墙（面砖饰面）

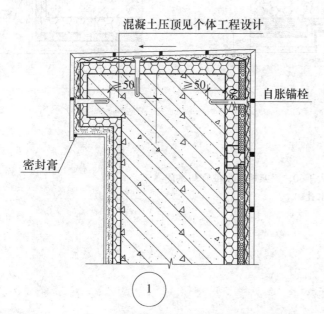

混凝土压顶见个体工程设计
≥50
≥50
自胀锚栓
密封膏

①

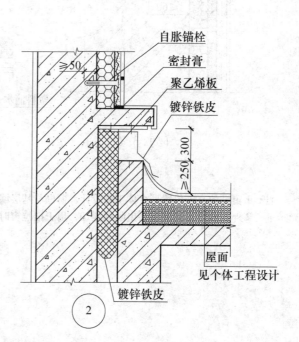

自胀锚栓
密封膏
聚乙烯板
镀锌铁皮
≥50
≥250
300
屋面
见个体工程设计
镀锌铁皮

②

注：女儿墙的泛水做法见个体工程设计。

53

（十）窗口（涂料饰面）

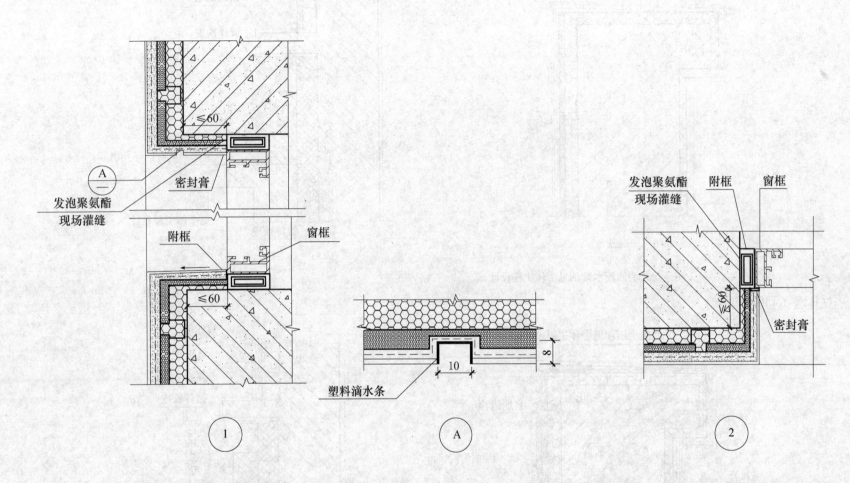

注：1.窗框的立框位置见个体工程设计，窗框与基层墙体边的距离不应大于60，严寒地区窗框宜与基层齐平。
　　2.外窗台排水坡顶应高出附框顶10，用于推拉窗时尚应低于窗框泄水孔。

（十一）窗口（面砖饰面）

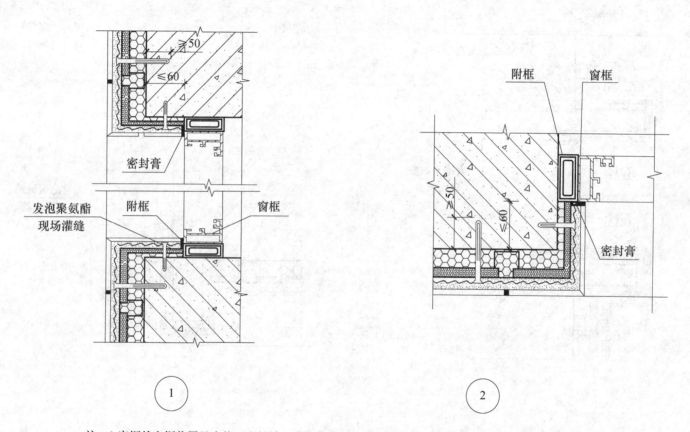

① ②

注: 1.窗框的立框位置见个体工程设计，窗框与基层墙体边的距离不应大于60，严寒地区窗框宜与基层齐平。
2.外窗台排水坡顶应高出附框顶10，用于推拉窗时尚应低于窗框泄水孔。

（十二）带套窗口（涂料饰面）

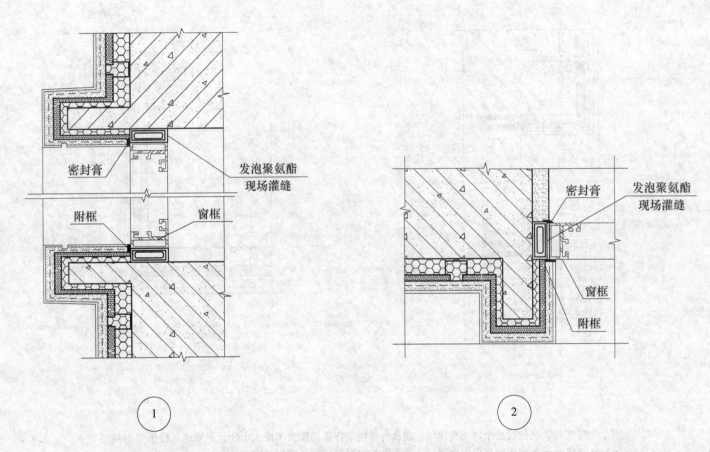

密封膏

发泡聚氨酯
现场灌缝

附框　　　　　　窗框

密封膏　发泡聚氨酯
现场灌缝

窗框

附框

① ②

注：1.窗框的立框位置见个体工程设计，窗框与基层墙体边的距离不应大于60，严寒地区窗框宜与基层齐平。
　　2.外窗台排水坡顶应高出附框顶10，用于推拉窗时尚应低于窗框泄水孔。

56

（十三）带套窗口（面砖饰面）

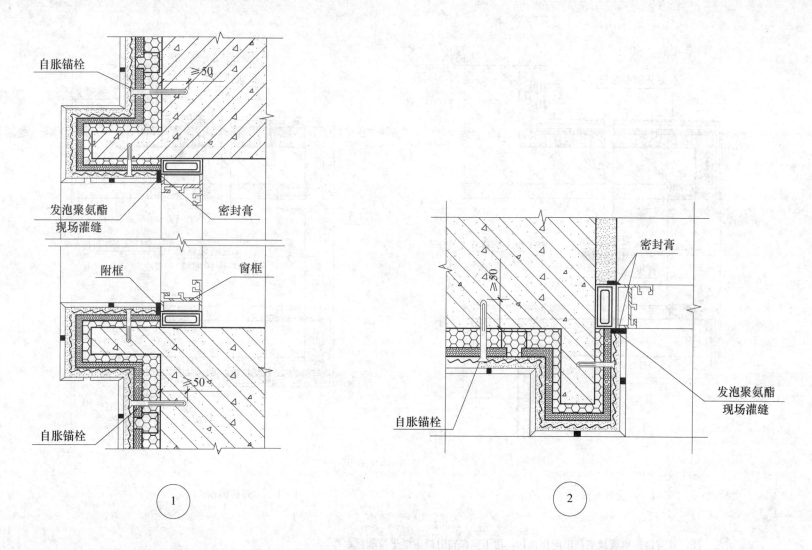

① ②

注：1.窗框的立框位置见个体工程设计，窗框与基层墙体边的距离不应大于60，严寒地区窗框宜与基层齐平。
　　2.外窗台排水坡顶应高出附框顶10，用于推拉窗时尚应低于窗框泄水孔。

（十四）挑窗窗口

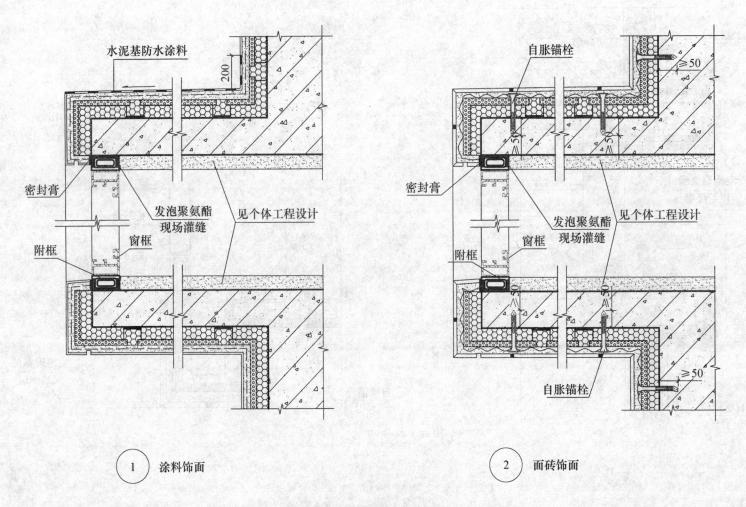

水泥基防水涂料

200

密封膏

发泡聚氨酯
现场灌缝

见个体工程设计

附框

窗框

自胀锚栓

≧50

密封膏

发泡聚氨酯
现场灌缝

见个体工程设计

附框

窗框

自胀锚栓

≧50

① 涂料饰面

② 面砖饰面

注：外窗台排水坡顶应高出附框顶10，用于推拉窗时尚应低于窗框泄水孔。

（十五）保温阳台

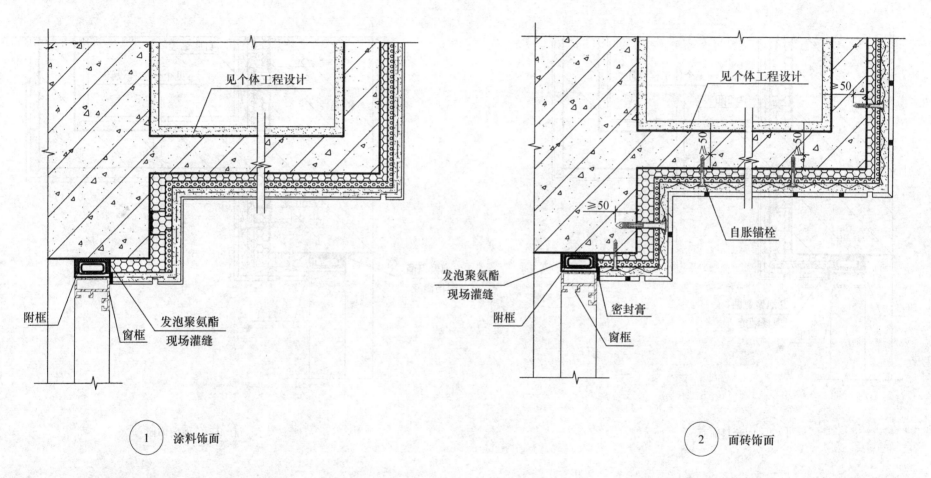

①　涂料饰面

②　面砖饰面

注: 1.首层外墙及阳台栏板铺设双层网布。
　　2.外窗台排水坡顶应高出附框顶10，用于推拉窗时尚应低于窗框泄水孔。

（十六）外保温阳台

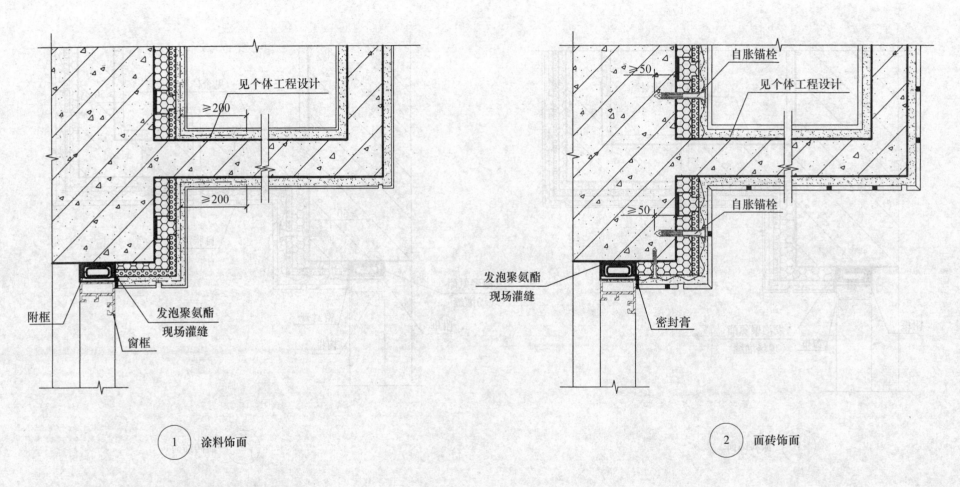

附框

发泡聚氨酯
现场灌缝

窗框

见个体工程设计

≥200

≥200

① 涂料饰面

自胀锚栓

见个体工程设计

≥50

自胀锚栓

≥50

发泡聚氨酯
现场灌缝

密封膏

② 面砖饰面

注：1.首层外墙及阳台栏板铺设双层网布。
　　2.外窗台排水坡顶应高出附框顶10，用于推拉窗时尚应低于窗框泄水孔。

（十七）变形缝

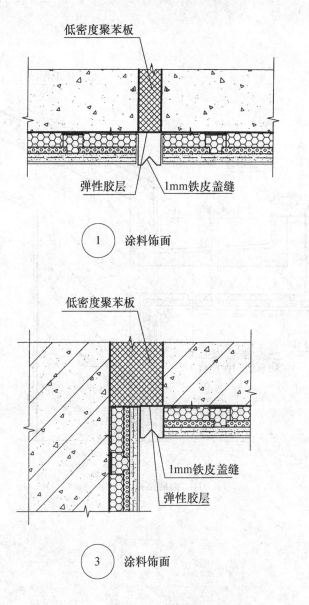

① 涂料饰面

③ 涂料饰面

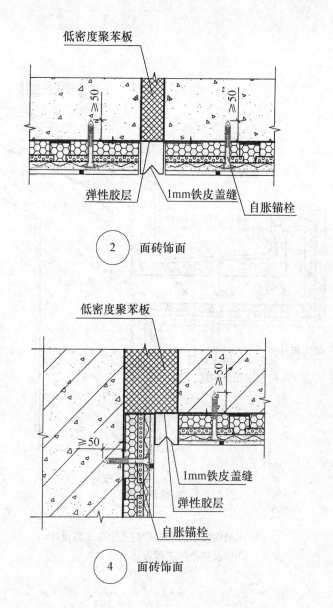

② 面砖饰面

④ 面砖饰面

注：1.变形缝构造见个体工程设计。
　　2.变形缝内均用低密度聚苯板。

（十八）檐沟、屋面

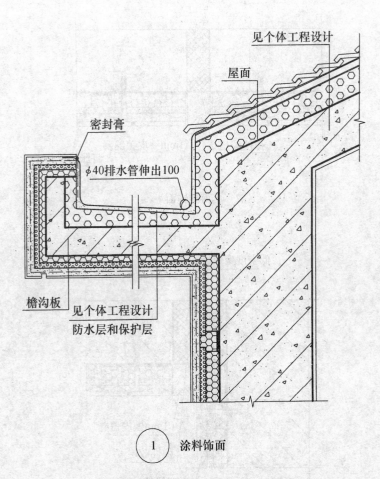

① 涂料饰面

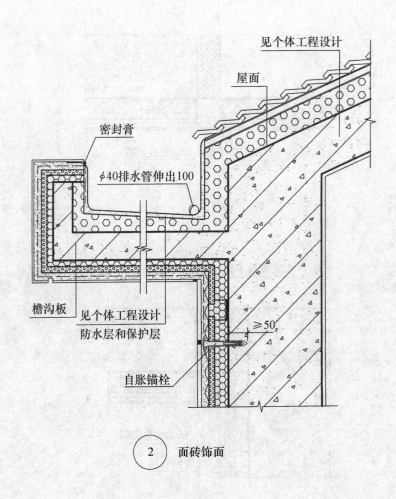

② 面砖饰面

注：1.檐沟防水层和保护层见个体工程设计。
2.屋面见个体工程设计。

（十九）线角

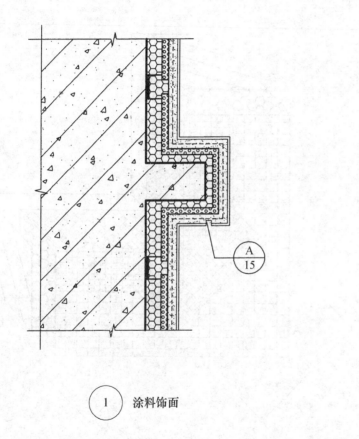

① 涂料饰面

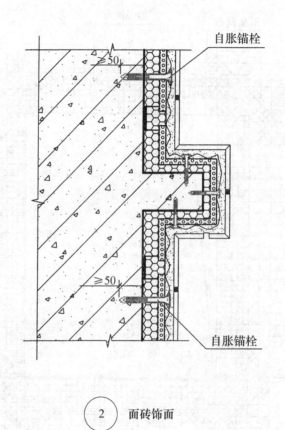

② 面砖饰面

（二十）涂料饰面门窗洞口网布加强

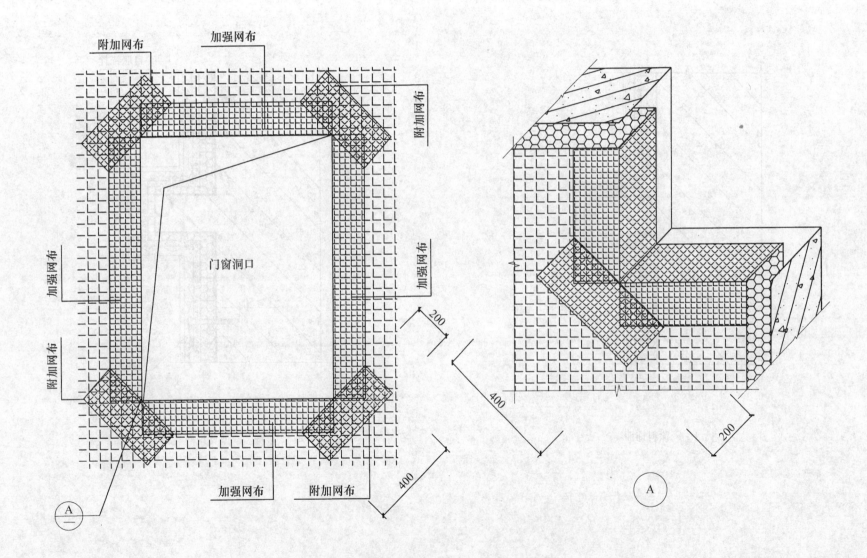

（二十一）面砖饰面 TOX 钉、垫片、绑线位置

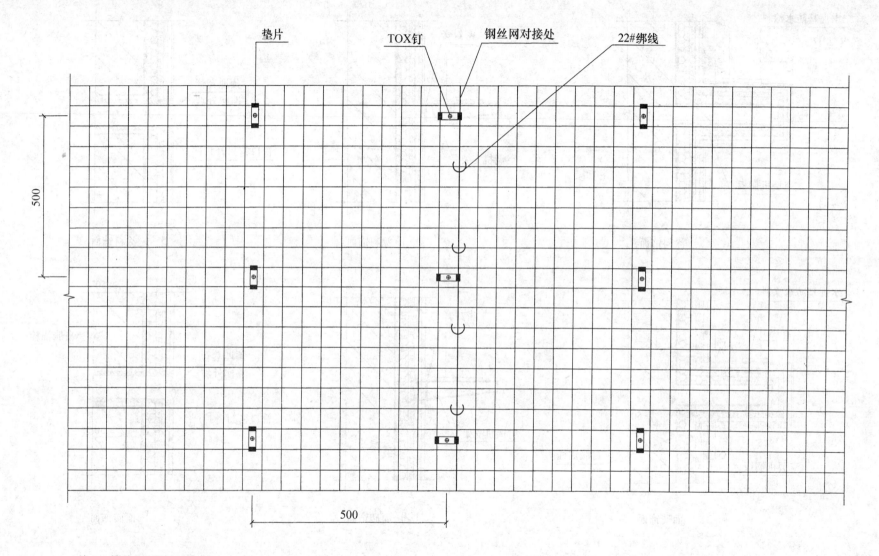

注：1.镀锌钢丝网规格1000×2000。
　　2.TOX钉水平、垂直间距500×500。
　　3.镀锌钢丝网对接，对接处用22#绑线固定。

（二十二）空调机搁板、支架、穿墙管道

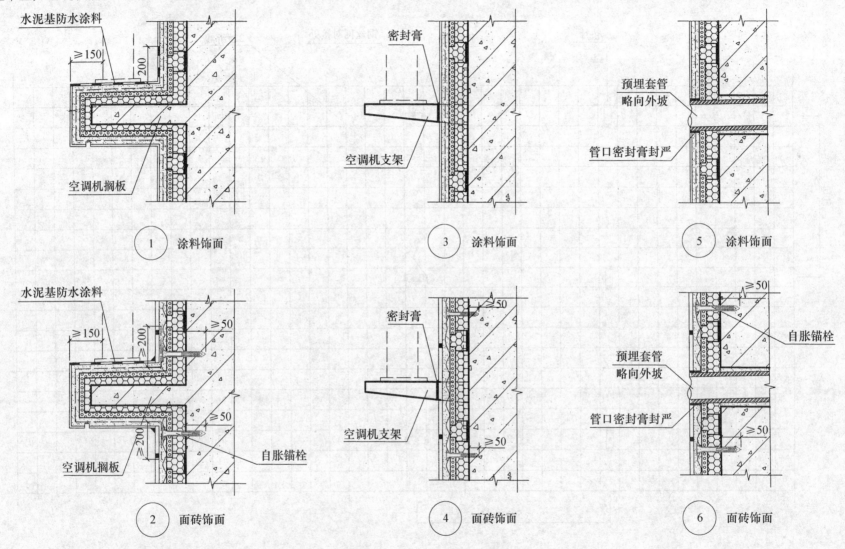

水泥基防水涂料
≥150
200
空调机搁板
① 涂料饰面

密封膏
空调机支架
③ 涂料饰面

预埋套管
略向外坡
管口密封膏封严
⑤ 涂料饰面

水泥基防水涂料
≥150
≥200
≥50
≥200
空调机搁板
≥50
自胀锚栓
② 面砖饰面

密封膏
≥50
空调机支架
≥50
④ 面砖饰面

≥50
预埋套管
略向外坡
自胀锚栓
管口密封膏封严
≥50
⑥ 面砖饰面

注：1.空调机搁板和空调支架应根据使用要求确定外形尺寸。
　　2.安装空调机时，如对搁板的保温、保护层造成破损应修复完整，穿过搁板的螺栓应用密封膏封严。
　　3.空调机支架应在保温工程施工前用胀锚螺栓固定于基层墙体。支架和锚栓应进行防锈处理，其承载能力不应小于空调机质量的300%，锚栓的
　　　规格和锚固深度必要时做拉拔试验确定。

二、干挂浇注聚氨酯硬泡外墙外保温系统

(一) 说明

1. 干挂浇注聚氨酯硬泡外墙外保温系统特点、分类

(1) 干挂浇注聚氨酯硬泡外墙外保温系统（简称干挂系统）具有保温、隔热、防水、装饰一体化和饰面选用灵活（如纤瓷板、水泥纤维板、UPVC 装饰板、铝塑板和人造石板等）、施工简便等特点。

(2) 干挂系统分两种类型，即 A 系统和 B 系统。

A 系统是将饰面板用三维金属组合挂件连接到基层墙体上，在饰面板与基层墙体之间的空腔内连续浇注聚氨酯（PU）硬泡，三维金属组合挂件调节饰面板与基层墙体之间的距离，形成不同的保温层厚度，饰面板缝隙用建筑硅酮密封膏封闭。

B 系统是将一定厚度的保温板（EPS 板、XPS 板、PU 硬泡板等）与饰面板预先粘贴成一体的保温复合板，用三维金属组合挂件将保温复合板与基层墙体连接，保温板之间空隙用现浇聚氨酯硬泡填充，饰面板缝隙用建筑硅酮密封膏封闭。

2. 干挂系统施工要点

(1) 基层墙面处理

1) 墙面清理干净，无油渍、浮尘、泥土及污垢，既有建筑基层有饰面涂料应清除；墙面凸出部位须剔出。

2) 清除基层中松动或风化部位；既有建筑外墙基层不应有大面积空鼓、开裂，当有大于 1m×1m 空鼓或开裂应剔出并用同材料抹平。

3) 基层墙面必须进行质量验收且应记录存档。

(2) 施工条件

1) 饰面板的挂点粘结，饰面板与保温板的粘结环境应清洁、通风、防尘；作业环境温度为 15～25℃；作业湿度不宜大于 60%。

2) 浇注 PU 硬泡环境温度为 15～30℃，墙面含水率宜在 5% 以下，严禁在高湿或暴晒下作业。

3) 作业风力不应大于 4 级，雨天不宜施工。

4) 主体结构必须按国家相关质量验收规范验收合格后，方可进行施工。

5) 外墙的门窗口安装完毕，且预留出保温层厚度。

(3) 施工工具

1) 干挂饰面板材加工用电动切割锯、电动胶粘剂搅拌器、卡尺、钢尺。

2) 干挂三维可调金属组合挂件用的电锤、小铁锤、电动螺丝刀、橡胶锤、卡卷尺、直尺、安全绳。

3) PU 硬泡浇注机（吸料泵、导料管、浇注枪）。

4) 板缝硅酮胶密封用的注胶压力枪、工具纸条和勾缝抹子。

(4) 施工工艺

1) A 系统（干挂饰面板现浇 PU 硬泡）工艺流程：

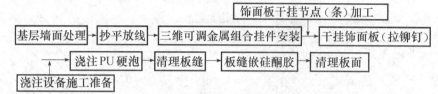

2) B 系统（干挂保温复合板现浇 PU 硬泡）工艺流程：

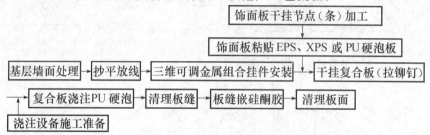

3) 操作工艺要点

① 均匀雾喷墙体基层处理剂，应满喷、无漏喷。雾喷 2h 后进行下道工序施工。

② 对整个建筑物外墙抄平，在阴角、阳角、门窗口处挂控制线，墙面不平处利用龙骨及金属组合挂件三维可调特性进行调整，以达到墙面垂直平整验收要求。

③ 通过镀锌金属组合挂件连接将饰面板或保温复合板挂在墙体上，大尺寸板有缝构造增加拉铆钉紧固，安装牢固可靠。

④ 现浇 PU 硬泡应分段连续浇注，每层浇注高度不宜超过 300～500mm。浇注段之间粘结严密，不得有浇接层，严禁出现焦糊或僵料层现象。

⑤ 嵌缝前，必须将板缝清理干净，板缝内不得有污物、浮灰和凹凸不均现象。嵌硅酮密封胶厚度应均匀、密实、表面光滑，不得有明显的凸棱、污垢、断胶现象，边角应清晰，横竖缝应顺直，严禁污染饰面板表面。

⑥ 嵌缝密封完成后，除掉装饰板表面覆膜，并仔细清理装饰板表面其他污渍。

（二）外墙保温饰面板构造

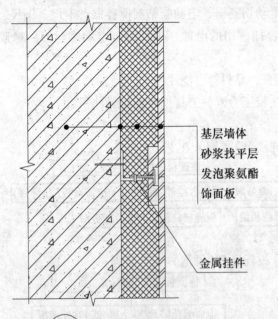

基层墙体
砂浆找平层
发泡聚氨酯
饰面板

金属挂件

① A系统标准构造（无缝节点）

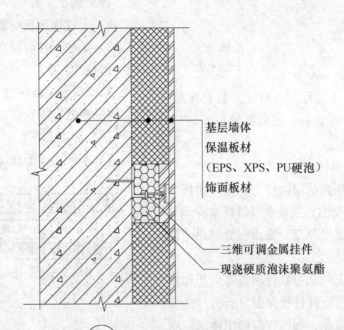

基层墙体
保温板材
（EPS、XPS、PU硬泡）
饰面板材

三维可调金属挂件
现浇硬质泡沫聚氨酯

② B系统标准构造（无缝节点）

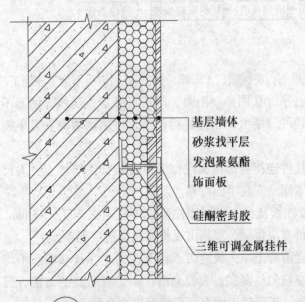

基层墙体
砂浆找平层
发泡聚氨酯
饰面板

硅酮密封胶

三维可调金属挂件

③ A系统标准构造（有缝节点）

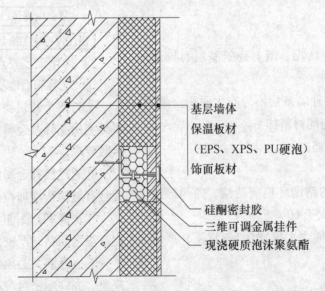

基层墙体
保温板材
（EPS、XPS、PU硬泡）
饰面板材

硅酮密封胶
三维可调金属挂件
现浇硬质泡沫聚氨酯

④ B系统标准构造（有缝节点）

注：1.基层墙体应符合施工要点要求。
2.保温层厚度根据条件由设计人员计算确定。
3.自胀锚栓（TOX钉）应根据不同墙体和保温层
厚度选用相应规格的胀钉。

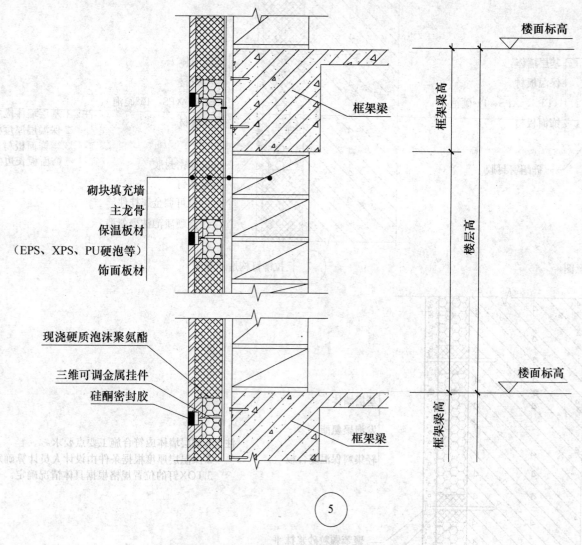

砌块填充墙

主龙骨

保温板材

（EPS、XPS、PU硬泡等）

饰面板材

现浇硬质泡沫聚氨酯

三维可调金属挂件

硅酮密封胶

框架梁

楼面标高

框架梁高

楼层高

框架梁高

楼面标高

框架梁

⑤

注： 1.本图仅适用于B系统框架填充墙结构。
　　 2.主龙骨根据具体工程由设计人员计算确定。
　　 3.自胀锚栓（TOX钉）应根据不同墙体和保温层厚度选用相应规格的胀钉。

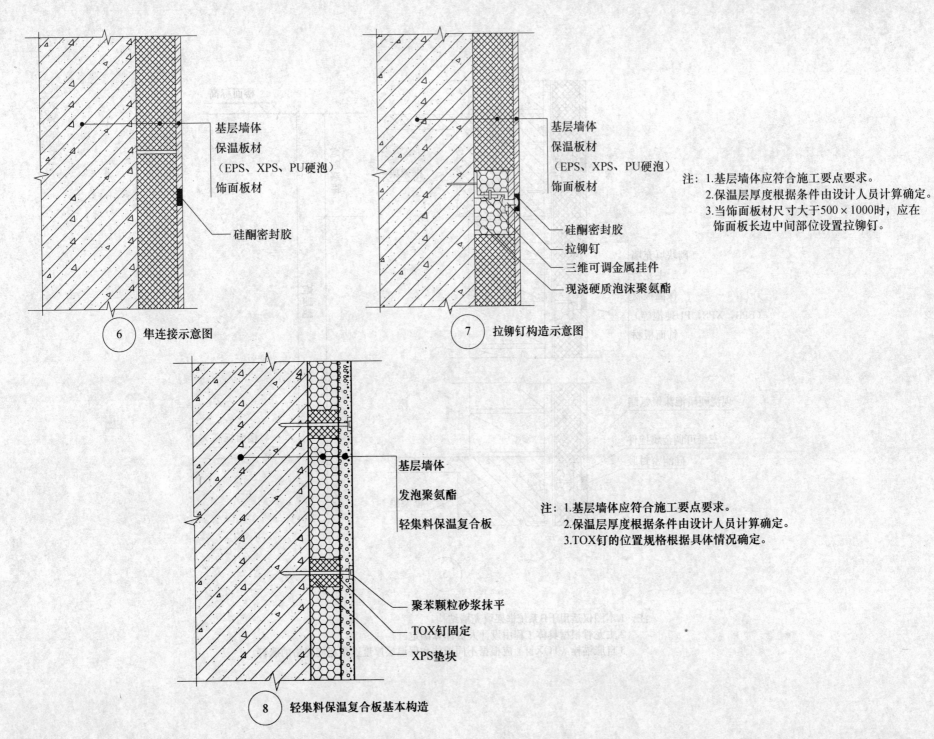

基层墙体
保温板材
（EPS、XPS、PU硬泡）
饰面板材

硅酮密封胶

⑥ 隼连接示意图

基层墙体
保温板材
（EPS、XPS、PU硬泡）
饰面板材

硅酮密封胶
拉铆钉
三维可调金属挂件
现浇硬质泡沫聚氨酯

⑦ 拉铆钉构造示意图

注：1.基层墙体应符合施工要点要求。
　　2.保温层厚度根据条件由设计人员计算确定。
　　3.当饰面板材尺寸大于500×1000时，应在
　　　饰面板长边中间部位设置拉铆钉。

基层墙体
发泡聚氨酯
轻集料保温复合板

聚苯颗粒砂浆抹平
TOX钉固定
XPS垫块

⑧ 轻集料保温复合板基本构造

注：1.基层墙体应符合施工要点要求。
　　2.保温层厚度根据条件由设计人员计算确定。
　　3.TOX钉的位置规格根据具体情况确定。

70

（三）阳角

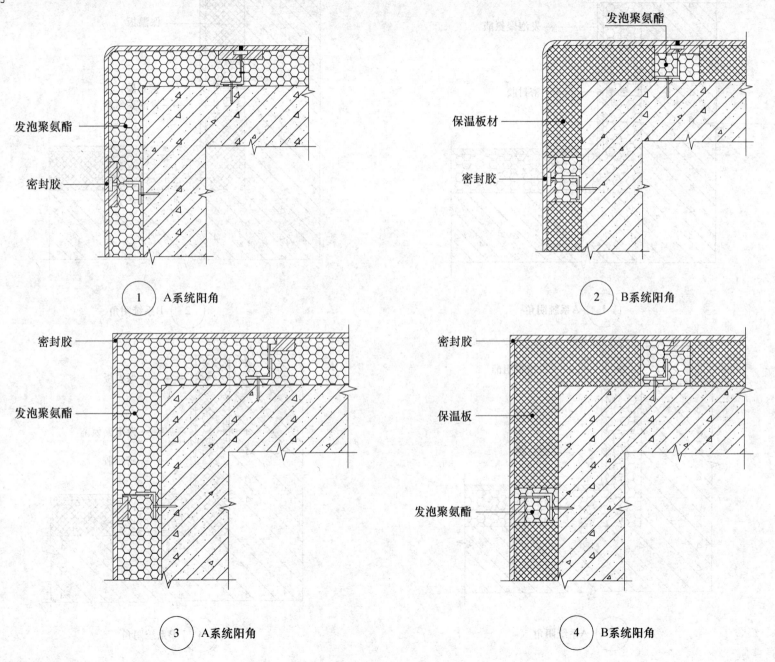

发泡聚氨酯

密封胶

① A系统阳角

发泡聚氨酯

保温板材

密封胶

② B系统阳角

密封胶

发泡聚氨酯

③ A系统阳角

密封胶

保温板

发泡聚氨酯

④ B系统阳角

（四）阴角

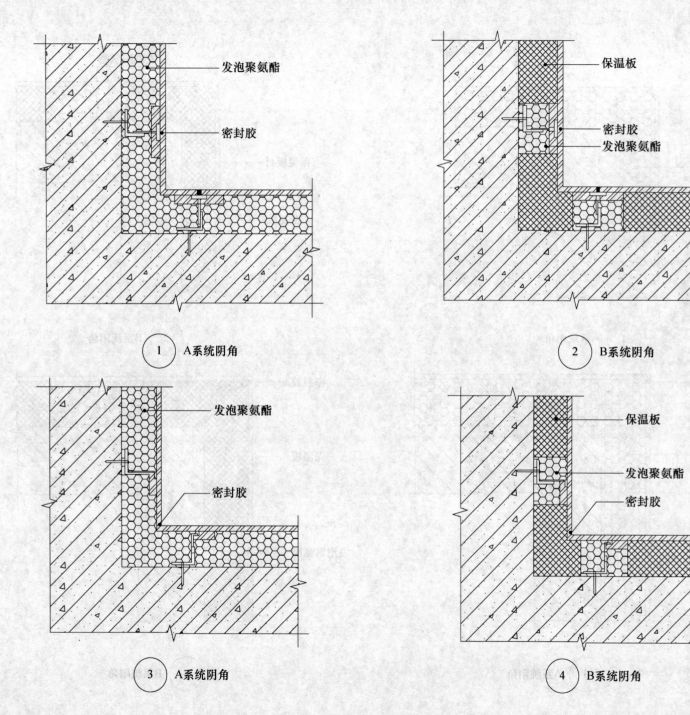

发泡聚氨酯

密封胶

① A系统阴角

保温板

密封胶

发泡聚氨酯

② B系统阴角

发泡聚氨酯

密封胶

③ A系统阴角

保温板

发泡聚氨酯

密封胶

④ B系统阴角

（五）勒脚

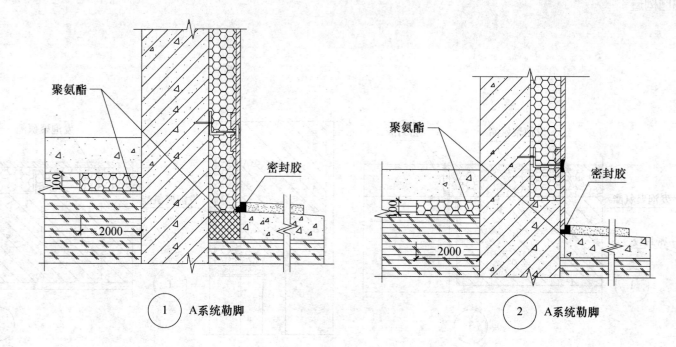

①　A系统勒脚

②　A系统勒脚

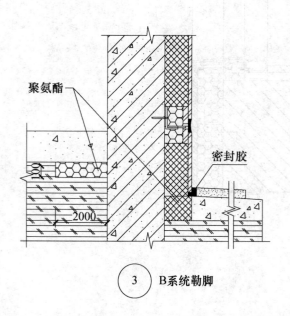

③　B系统勒脚

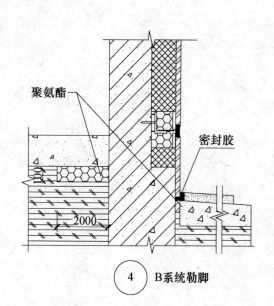

④　B系统勒脚

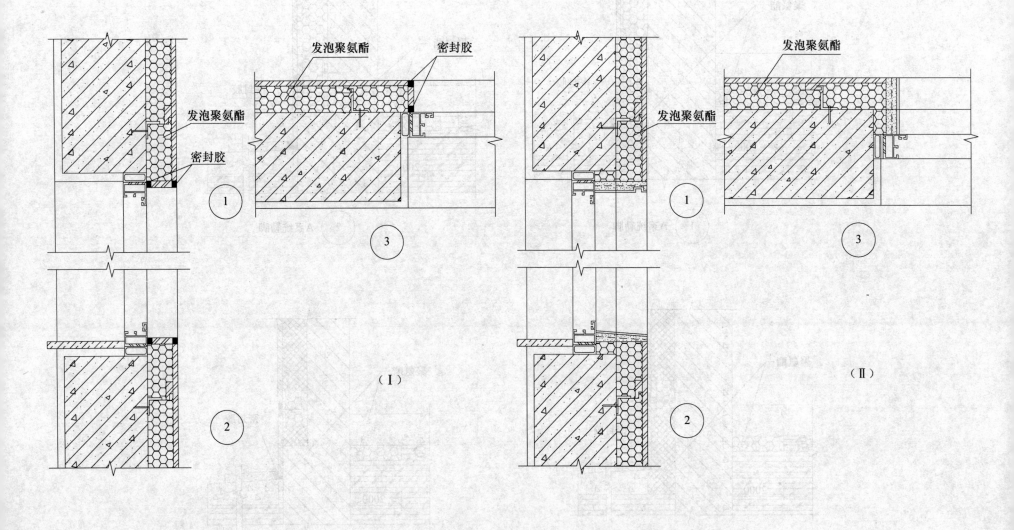

发泡聚氨酯

密封胶

发泡聚氨酯

密封胶

① ② ③ （Ⅰ）

发泡聚氨酯

发泡聚氨酯

① ② ③ （Ⅱ）

（七）B 系统外墙窗口构造

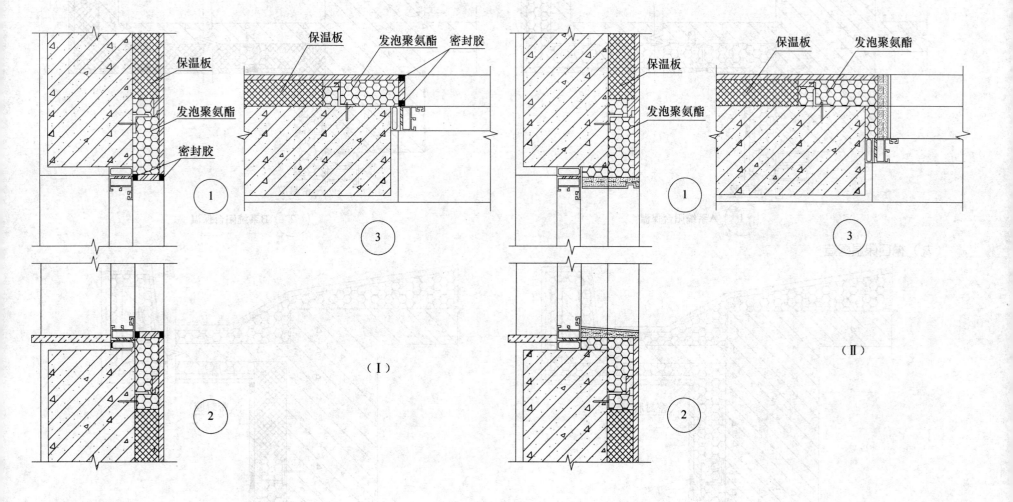

保温板

发泡聚氨酯

密封胶

保温板　发泡聚氨酯　密封胶

（Ⅰ）

保温板

发泡聚氨酯

保温板　发泡聚氨酯

（Ⅱ）

（八）阳台保温构造

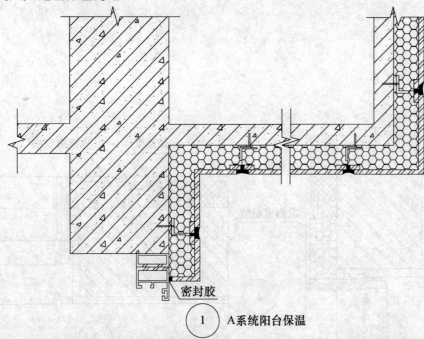

密封胶

1 A系统阳台保温

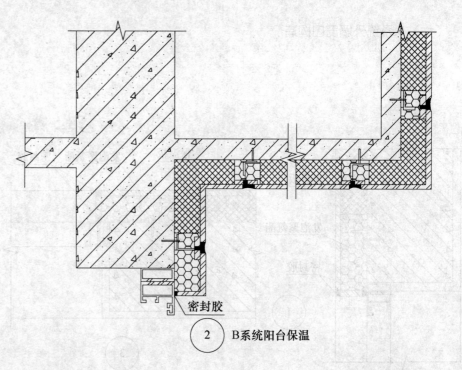

密封胶

2 B系统阳台保温

（九）檐口保温构造

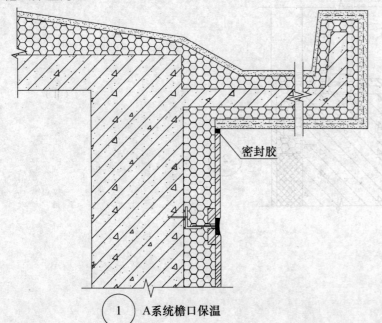

密封胶

1 A系统檐口保温

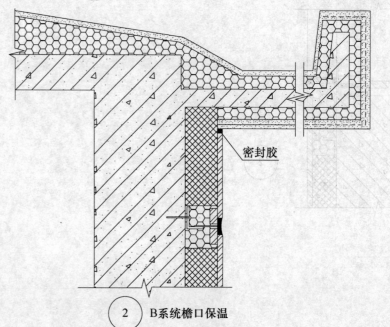

密封胶

2 B系统檐口保温

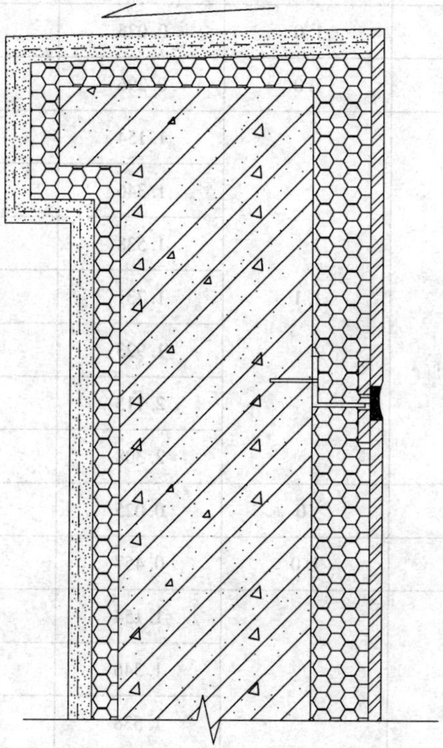

① A系统女儿墙保温

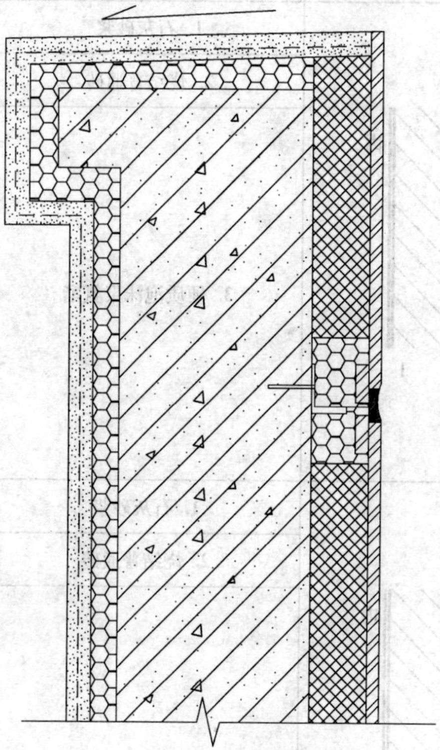

② B系统女儿墙保温

（十一）外保温做法及热工计算选用表

聚氨酯硬泡外保温做法及热工计算选用表

外保温做法及热工计算选用表

序号	外墙构造简图	工程做法	外墙总厚度 （mm）	分层厚度 （mm）	导热系数 λ [W/(m·K)]	修正系数 α	热阻 R （m²·K/W）	维护结构 传热阻 R （m²·K/W）	主体部位 传热系数 K_p [W/(m²·K)]
1	外 内 3 2 1	1. 石灰砂浆		20	0.81	1.0	0.025		
		2. 烧结普通砖		240	0.81	1.0	0.296		
		3. 硬质泡沫聚氨酯	290	30	0.024	1.1	1.154	1.625	0.615
			295	35			1.346	1.817	0.550
			300	40			1.538	2.009	0.498
			305	45			1.731	2.202	0.454
			310	50			1.923	2.394	0.418
			315	55			2.115	2.586	0.387
			320	60			2.308	2.779	0.360
2	外 内 3 2 1	1. 石灰砂浆		20	0.81	10	0.025		
		2. 烧结普通砖		370	0.81	1.0	0.457		
		3. 硬质泡沫聚氨酯	420	30	0.024	1.1	1.154	1.786	0.560
			425	35			1.346	1.978	0.506
			430	40			1.538	2.170	0.461
			435	45			1.731	2.363	0.423
			440	50			1.923	2.555	0.391
			445	55			2.115	2.747	0.364
			450	60			2.308	2.940	0.340

注：1. α 为 λ 修正系数。

2. 热工计算时未计饰面层。

3. 硬质泡沫聚氨酯导热系数 λ 在相关技术标准中要求≤0.024W/(m·K)。

该数值为试验室实测值，考虑到施工时材料的离散性及三维可调金属挂件的热桥影响，本表在计算时乘以 1.1 的系数。

序号	外墙构造简图	工程做法	外墙总厚度 (mm)	分层厚度 (mm)	导热系数 λ [W/(m·K)]	修正系数 α	热阻 R (m²·K/W)	维护结构传热阻 R (m²·K/W)	主体部位传热系数 K_p [W/(m²·K)]
3	外 内 3 2 1	1. 混合砂浆		20	0.81	1.0	0.025		
		2. 钢筋混凝土		200	1.74	1.0	0.115		
		3. 硬质泡沫聚氨酯	260	40	0.024	1.1	1.538	1.828	0.547
			265	45			1.731	2.021	0.495
			270	50			1.923	2.213	0.452
			275	55			2.115	2.405	0.416
			280	60			2.308	2.598	0.385
			285	65			2.500	2.790	0.358
			290	70			2.692	2.982	0.335
4	外 内 3 2 1	1. 混合砂浆		20	0.81	1.0	0.025		
		2. 钢筋混凝土		250	1.74	1.0	0.144		
		3. 硬质泡沫聚氨酯	310	40	0.024	1.1	1.538	1.857	0.539
			315	45			1.731	2.050	0.488
			320	50			1.923	2.242	0.446
			325	55			2.115	2.434	0.411
			330	60			2.308	2.627	0.381
			335	65			2.500	2.819	0.355
			340	70			2.692	3.011	0.332

注：1. α 为 λ 修正系数。

2. 热工计算时未计饰面层。

3. 硬质泡沫聚氨酯导热系数 λ 在相关技术标准中要求≤0.024W/(m·K)。

该数值为试验室实测值，考虑到施工时材料的离散性及三维可调金属挂件的热桥影响，本表在计算时乘以 1.1 的系数。

序号	外墙构造简图	工程做法	外墙总厚度（mm）	分层厚度（mm）	导热系数 λ [W/(m·K)]	修正系数 α	热阻 R（m²·K/W）	维护结构传热阻 R（m²·K/W）	主体部位传热系数 K_p [W/(m²·K)]
5		1. 混合砂浆		20	0.81	1.0	0.025		
		2. 陶粒空心砌块		190	0.49	1.0	0.390		
			240	30			1.154	1.719	0.582
			245	35			1.346	1.911	0.523
			250	40			1.538	2.103	0.476
		3. 硬质泡沫聚氨酯	255	45	0.024	1.1	1.731	2.296	0.436
			260	50			1.923	2.488	0.402
			265	55			2.115	2.680	0.373
			270	60			2.308	2.873	0.348
6		1. 混合砂浆		20	0.81	1.0	0.025		
		2. 陶粒空心砌块		290	0.49	1.0	0.592		
			340	30			1.154	1.921	0.521
			345	35			1.346	2.113	0.473
			350	40			1.538	2.305	0.434
		3. 硬质泡沫聚氨酯（EPU-h）	355	45	0.024	1.1	1.731	2.498	0.400
			360	50			1.923	2.690	0.372
			365	55			2.115	2.882	0.347
			370	60			2.308	3.075	0.325

注：1. α 为 λ 修正系数。

2. 热工计算时未计饰面层。

3. 硬质泡沫聚氨酯导热系数 λ 在相关技术标准中要求 ≤0.024W/(m·K)。

该数值为试验室实测值，考虑到施工时材料的离散性及三维可调金属挂件的热桥影响，本表在计算时乘以 1.1 的系数。

4. 陶粒混凝土空心砌块为 3 排孔，密度小于等于 700kg/m³。

序号	外墙构造简图	工程做法	外墙总厚度（mm）	分层厚度（mm）	导热系数 λ [W/(m·K)]	修正系数 α	热阻 R （m²·K/W）	维护结构传热阻 R （m²·K/W）	主体部位传热系数 K_p [W/(m²·K)]
7		1. 混合砂浆		20	0.81	1.0	0.025		
		2. 烧结多孔砖		240	0.58	1.0	0.414		
		3. 硬质泡沫聚氨酯	290	30	0.024	1.1	1.154	1.743	0.574
			295	35			1.346	1.935	0.517
			300	40			1.538	2.127	0.470
			305	45			1.731	2.320	0.431
			310	50			1.923	2.512	0.398
			315	55			2.115	2.704	0.370
			320	60			2.308	2.897	0.345

注：1. α 为 λ 修正系数。

2. 热工计算时未计饰面层。

3. 硬质泡沫聚氨酯导热系数 λ 在相关技术标准中要求 ≤0.024W/(m·K)。

该数值为试验室实测值，考虑到施工时材料的离散性及三维可调金属挂件的热桥影响，本表在计算时乘以 1.1 的系数。

序号	外墙构造简图	工程做法	外墙总厚度（mm）	分层厚度（mm）	导热系数 λ [W/(m·K)]	修正系数 α	热阻 R（m²·K/W）	维护结构传热阻 R（m²·K/W）	主体部位传热系数 K_p [W/(m²·K)]
8		1. 石灰砂浆		20	0.81	1.0	0.025		
		2. 烧结普通砖		240	0.81	1.0	0.296		
		3. 挤塑聚苯板（XPS）	290	30	0.036	1.0	0.833	1.304	0.767
			295	35			0.972	1.443	0.693
			300	40			1.111	1.582	0.632
			305	45			1.250	1.721	0.581
			310	50			1.384	1.855	0.539
			315	55			1.528	1.999	0.500
			320	60			1.667	2.138	0.468
9		1. 石灰砂浆		20	0.81	1.0	0.025		
		2. 烧结普通砖		370	0.81	1.0	0.457		
		3. 挤塑聚苯板（XPS）	420	30	0.036	1.0	0.833	1.465	0.683
			425	35			0.972	1.604	0.623
			430	40			1.111	1.743	0.574
			435	45			1.250	1.882	0.531
			440	50			1.384	2.016	0.496
			445	55			1.528	2.160	0.463
			450	60			1.667	2.299	0.435

注：1. α 为 λ 修正系数。

2. 热工计算时未计饰面层。

3. 挤塑聚苯板（XPS）导热系数 λ 在相关技术标准中要求≤0.030W/(m·K)。

该数值为试验室实测值，考虑到施工时材料的离散性及三维可调金属挂件的热桥影响，本表在计算时乘以1.2的系数。

序号	外墙构造简图	工程做法	外墙总厚度（mm）	分层厚度（mm）	导热系数 λ［W/(m·K)］	修正系数 α	热阻 R（m²·K/W）	维护结构传热阻 R（m²·K/W）	主体部位传热系数 K_p［W/(m²·K)］
10	外 内 3 2 1	1. 石灰砂浆		20	0.81	1.0	0.025		
		2. 钢筋混凝土		200	1.74	1.0	0.115		
		3. 挤塑聚苯板（XPS）	260	40	0.036	1.0		1.401	0.714
			265	45				1.540	0.649
			270	50				1.674	0.597
			275	55				1.818	0.550
			280	60				1.957	0.511
			285	65				2.096	0.477
			290	70				2.234	0.448
11	外 内 3 2 1	1. 石灰砂浆		20	0.81	1.0	0.025		
		2. 钢筋混凝土		250	1.74	1.0	0.144		
		3. 挤塑聚苯板（XPS）	310	40	0.036	1.0		1.430	0.699
			315	45				1.569	0.637
			320	50				1.703	0.587
			325	55				1.847	0.541
			330	60				1.986	0.504
			335	65				2.125	0.471
			340	70				2.263	0.442

注：1. α 为 λ 修正系数。

2. 热工计算时未计饰面层。

3. 挤塑聚苯板（XPS）导热系数 λ 在相关技术标准中要求≤0.030W/(m·K)。

该数值为试验室实测值，考虑到施工时材料的离散性及三维可调金属挂件的热桥影响，本表在计算时乘以1.2的系数。

序号	外墙构造简图	工程做法	外墙总厚度（mm）	分层厚度（mm）	导热系数 λ [W/(m·K)]	修正系数 α	热阻 R（m²·K/W）	维护结构传热阻 R（m²·K/W）	主体部位传热系数 K_p [W/(m²·K)]
12		1. 石灰砂浆		20	0.81	1.0	0.025		
		2. 陶粒空心砌块		190	0.49	1.0	0.390		
		3. 挤塑聚苯板（XPS）	240	30	0.036	1.0	0.833	1.398	0.715
			245	35			0.972	1.537	0.651
			250	40			1.111	1.676	0.597
			255	45			1.250	1.820	0.549
			260	50			1.384	1.949	0.513
			265	55			1.528	2.093	0.478
			270	60			1.667	2.232	0.448
13		1. 石灰砂浆		20	0.81	1.0	0.025		
		2. 陶粒空心砌块		290	0.49	1.0	0.592		
		3. 挤塑聚苯板（XPS）	340	30	0.036	1.0	0.833	1.600	0.625
			345	35			0.972	1.739	0.575
			350	40			1.111	1.878	0.532
			355	45			1.250	2.017	0.496
			360	50			1.384	2.151	0.465
			365	55			1.528	2.295	0.436
			370	60			1.667	2.434	0.411

注：1. α 为 λ 修正系数。

2. 热工计算时未计饰面层。

3. 挤塑聚苯板（XPS）导热系数 λ 在相关技术标准中要求≤0.030W/(m·K)。

　该数值为试验室实测值，考虑到施工时材料的离散性及三维可调金属挂件的热桥影响，本表在计算时乘以 1.2 的系数。

4. 陶粒混凝土空心砌块为 3 排孔，密度小于等于 700kg/m³。

序号	外墙构造简图	工程做法	外墙总厚度（mm）	分层厚度（mm）	导热系数 λ ［W/(m·K)］	修正系数 α	热阻 R （m²·K/W）	维护结构传热阻 R （m²·K/W）	主体部位传热系数 K_p ［W/(m²·K)］
14	外 内 3 2 1	1. 石灰砂浆		20	0.81	1.0	0.025		
		2. 烧结多孔砖		240	0.58	1.0	0.414		
		3. 挤塑聚苯板（XPS）	290	30	0.036	1.0	0.833	1.422	0.703
			295	35			0.972	1.561	0.641
			300	40			1.111	1.700	0.588
			305	45			1.255	1.844	0.542
			310	50			1.384	1.937	0.507
			315	55			1.528	2.117	0.472
			320	60			1.667	2.256	0.443

注：1. α 为 λ 修正系数。

2. 热工计算时未计饰面层。

3. 挤塑聚苯板（XPS）导热系数 λ 在相关技术标准中要求≤0.030W/(m·K)。

该数值为试验室实测值，考虑到施工时材料的离散性及三维可调金属挂件的热桥影响，本表在计算时乘以 1.2 的系数。

序号	外墙构造简图	工程做法	外墙总厚度 （mm）	分层厚度 （mm）	导热系数 λ [W/(m·K)]	修正系数 α	热阻 R （m²·K/W）	维护结构 传热阻 R （m²·K/W）	主体部位 传热系数 K_p [W/(m²·K)]
15	外 内 3 2 1	1. 石灰砂浆		20	0.81	1.0	0.025		
		2. 烧结普通砖		240	0.81	1.0	0.296		
		3. 模塑聚苯板（EPS）	300	40	0.049	1.0	0.816	1.287	0.777
			310	50			1.020	1.491	0.671
			315	55			1.122	1.593	0.628
			320	60			1.224	1.695	0.590
			325	65			1.327	1.798	0.556
			330	70			1.429	1.900	0.526
			335	75			1.531	2.002	0.500
16	外 内 3 2 1	1. 石灰砂浆		20	0.81	1.0	0.025		
		2. 烧结普通砖		370	0.81	1.0	0.457		
		3. 模塑聚苯板（EPS）	430	40	0.049	1.0	0.816	1.448	0.691
			435	45			0.918	1.550	0.645
			440	50			1.020	1.652	0.605
			445	55			1.122	1.754	0.570
			450	60			1.224	1.856	0.539
			455	65			1.327	1.959	0.510
			460	70			1.429	2.061	0.485
			465	75			1.531	2.163	0.462

注：1. α 为 λ 修正系数。

2. 热工计算时未计饰面层。

3. 模塑聚苯板（EPS）导热系数 λ 在相关技术标准中要求 ≤0.041W/(m·K)。

该数值为试验室实测值，考虑到施工时材料的离散性及三维可调金属挂件的热桥影响，本表在计算时乘以 1.2 的系数。

序号	外墙构造简图	工程做法	外墙总厚度 (mm)	分层厚度 (mm)	导热系数λ [W/(m·K)]	修正系数α	热阻R (m²·K/W)	维护结构 传热阻R (m²·K/W)	主体部位 传热系数K_p [W/(m²·K)]
17	外　内 3　2　1	1. 石灰砂浆		20	0.81	1.0	0.025		
		2. 钢筋混凝土		200	1.74	1.0	0.115		
		3. 模塑聚苯板（EPS）	270	50	0.049	1.0	1.020	1.310	0.763
			275	55			1.122	1.412	0.708
			280	60			1.224	1.514	0.661
			285	65			1.327	1.617	0.618
			290	70			1.429	1.719	0.582
			295	75			1.531	1.821	0.549
			300	80			1.633	1.923	0.520
18	外　内 3　2　1	1. 石灰砂浆		20	0.81	1.0	0.025		
		2. 钢筋混凝土		250	1.74	1.0	0.144		
		3. 模塑聚苯板（EPS）	320	50	0.049	1.0	1.219	1.538	0.650
			325	55			1.341	1.660	0.602
			330	60			1.463	1.782	0.561
			335	65			1.585	1.904	0.525
			340	70			1.707	2.026	0.494
			345	75			1.829	2.148	0.465
			350	80			1.951	2.270	0.441
			360	90			2.195	2.514	0.398

注：1. α为λ修正系数。

2. 热工计算时未计饰面层。

3. 模塑聚苯板（EPS）导热系数λ在相关技术标准中要求≤0.041W/(m·K)。

该数值为试验室实测值，考虑到施工时材料的离散性及三维可调金属挂件的热桥影响，本表在计算时乘以1.2的系数。

序号	外墙构造简图	工程做法	外墙总厚度（mm）	分层厚度（mm）	导热系数 λ[W/(m·K)]	修正系数 α	热阻 R（m²·K/W）	维护结构传热阻 R（m²·K/W）	主体部位传热系数 Kp[W/(m²·K)]
19	外 内 3 2 1	1. 石灰砂浆		20	0.81	1.0	0.025		
		2. 陶粒空心砌块		190	0.49	1.0	0.390		
		3. 模塑聚苯板（EPS）	250	40			0.816	1.381	0.724
			255	45			0.918	1.483	0.674
			260	50			1.020	1.585	0.631
			265	55	0.049	1.0	1.122	1.687	0.593
			270	60			1.224	1.789	0.559
			275	65			1.327	1.892	0.529
			280	70			1.429	1.994	0.502
20	外 内 3 2 1	1. 石灰砂浆		20	0.81	1.0	0.025		
		2. 陶粒空心砌块		290	0.49	1.0	0.592		
		3. 模塑聚苯板（EPS）	340	30			0.612	1.379	0.725
			345	35			0.714	1.481	0.675
			350	40			0.816	1.583	0.632
			355	45	0.049	1.0	0.918	1.685	0.593
			360	50			1.020	1.787	0.560
			365	55			1.122	1.889	0.529
			370	60			1.244	2.011	0.497
			375	65			1.327	2.094	0.478

注：1. α 为 λ 修正系数。

2. 热工计算时未计饰面层。

3. 模塑聚苯板（EPS）导热系数 λ 在相关技术标准中要求≤0.041W/(m·K)。

该数值为试验室实测值，考虑到施工时材料的离散性及三维可调金属挂件的热桥影响，本表在计算时乘以1.2 的系数。

序号	外墙构造简图	工程做法	外墙总厚度（mm）	分层厚度（mm）	导热系数λ[W/(m·K)]	修正系数α	热阻R（m²·K/W）	维护结构传热阻R（m²·K/W）	主体部位传热系数K_p[W/(m²·K)]
21	外 内 3 2 1	1. 混合砂浆	20		0.81	1.0	0.025		
		2. 烧结多孔砖	240		0.58	1.0	0.414		
		3. 模塑聚苯板（EPS）	300	40	0.049	1.0	0.816	1.405	0.712
			305	45			0.918	1.507	0.664
			310	50			1.020	1.609	0.622
			315	55			1.122	1.711	0.584
			320	60			1.224	1.813	0.552
			325	65			1.327	1.916	0.522
			330	70			1.429	2.018	0.496
			335	75			1.531	2.120	0.472
			340	80			1.633	2.222	0.450

注：1. α 为 λ 修正系数。

2. 热工计算时未计饰面层。

3. 模塑聚苯板（EPS）导热系数 λ 在相关技术标准中要求≤0.041W/(m·K)。

　该数值为试验室实测值，考虑到施工时材料的离散性及三维可调金属挂件的热桥影响，本表在计算时乘以 1.2 的系数。

第三节　粘贴保温板材外墙外保温系统

一、模塑聚苯板（EPS）薄抹灰外墙外保温系统

（一）说明

（1）本系统采用聚苯乙烯泡沫塑料（EPS）板作保温隔热层，用胶粘剂（应能承受各层构造中的全部荷载）与基层墙体粘贴（当建筑物高度超过20m时辅以锚栓固定）。聚苯板以抗裂砂浆复合玻纤网布作防护层，防护层普通型厚度3～5mm，加强型5～7mm，涂料饰面。

（2）基层墙体应坚实平整（砌筑墙体应将灰缝刮平），凸出物应剔除找平，墙面应清洁，无妨碍粘结的污染物。

（3）胶粘剂应涂在聚苯板上，一般采用点框法布胶（基层墙体平整度良好时，可采用条粘法），涂胶面积应大于40%，板的侧边不得涂胶。

（4）粘贴板缝应挤紧，相邻板应齐平，板间缝隙不得大于2mm，板缝隙大于2mm时，应用聚苯板条将缝塞满，板条不得粘结，更不得用胶粘剂直接填缝。板间高差不得大于1.5mm（大于1.5mm的部位应做轻柔圆周运动打磨平整）。

（5）锚栓应在粘贴聚苯板的胶粘剂初凝后，钻孔安装。用冲击钻钻孔严禁钻伤钢筋。

（6）防护层施工应在聚苯板粘贴牢固后（24小时）进行。墙面连续高或宽超过23m时，应设伸缩缝。门窗洞口四角（凸出管线、埋件）的聚苯板应采用整块板割成形（套割吻合），不得拼接。

（7）防护层施工前，应在洞口四角部位铺贴附加耐碱玻纤网布。

（8）既有建筑外墙原有饰面不能被彻底清除时，必须采用机械锚固（每平方米不少于4个，每块板不少于2个）和粘结方式共同固定聚苯板。

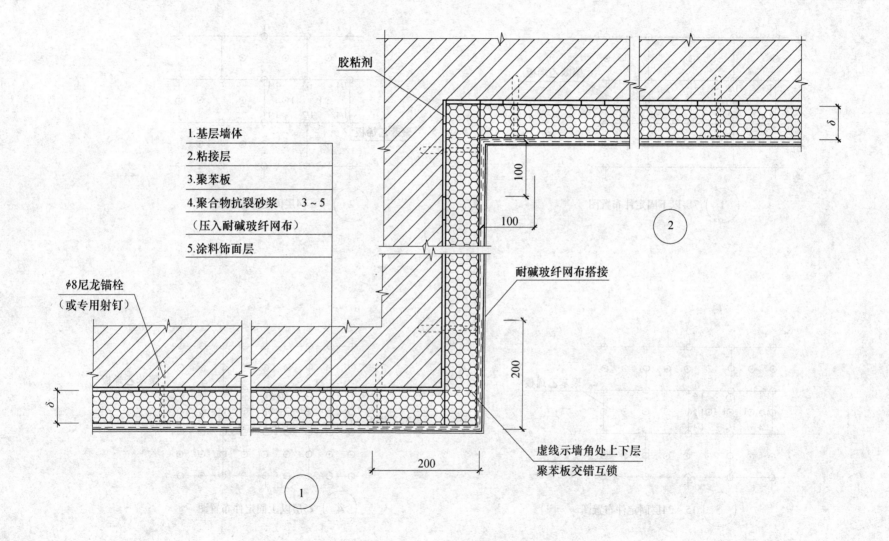

胶粘剂

1.基层墙体

2.粘接层

3.聚苯板

4.聚合物抗裂砂浆　　3～5
（压入耐碱玻纤网布）

5.涂料饰面层

φ8尼龙锚栓
（或专用射钉）

耐碱玻纤网布搭接

虚线示墙角处上下层
聚苯板交错互锁

100

100

200

200

δ

δ

① ②

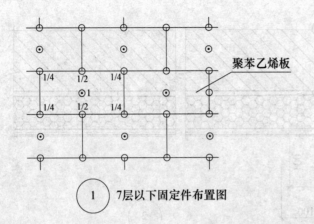

① 7层以下固定件布置图

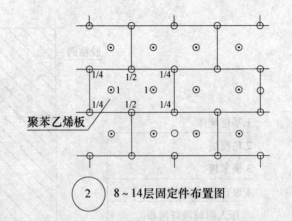

② 8~14层固定件布置图

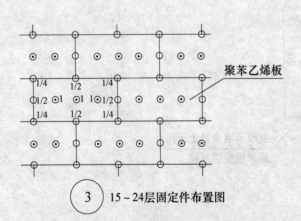

③ 15~24层固定件布置图

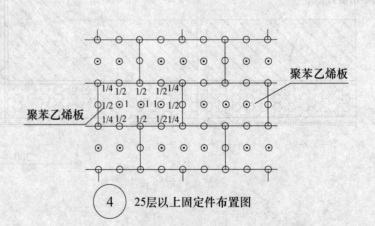

④ 25层以上固定件布置图

（四）门窗洞口附加网布及固定件布置

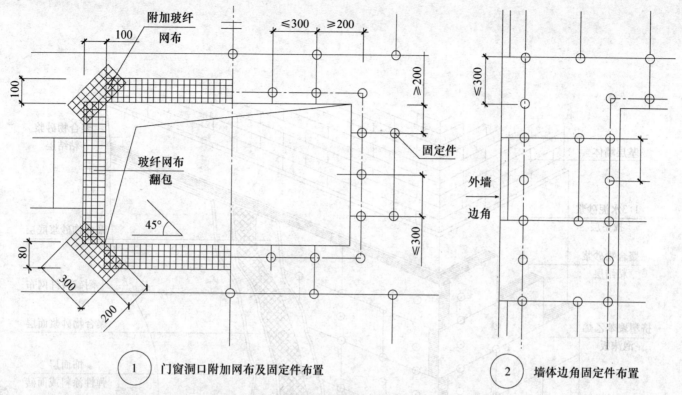

附加玻纤网布

玻纤网布翻包

固定件

外墙边角

45°

≤300 ≥200

≥200

≤300

≤300

100

100

80

300

200

① 门窗洞口附加网布及固定件布置

② 墙体边角固定件布置

注：1.聚苯板在洞口四角处不得拼接，应用整板裁成L形，粘贴在角部，接缝距四角应大于200mm。
　　2.除门窗外的其他洞口，参照门窗洞口处理。

（五）点框粘结布胶

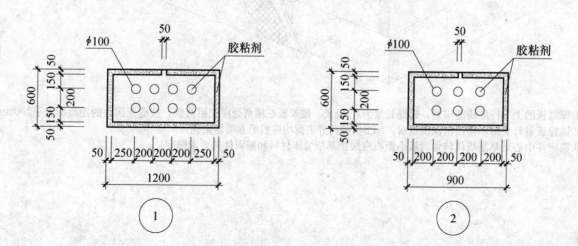

φ100 50 胶粘剂

φ100 50 胶粘剂

600 50 150 150 150 50 200

600 50 150 150 150 50 200

50 250 200 200 200 250 50

1200

50 200 200 200 200 50

900

①

②

（六）墙体构造

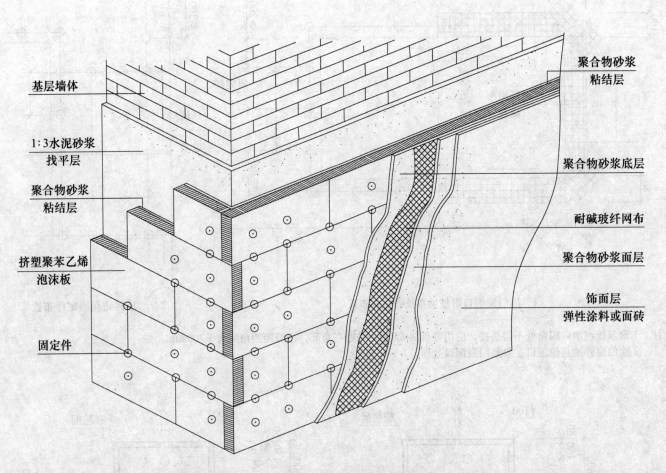

基层墙体

1:3水泥砂浆
找平层

聚合物砂浆
粘结层

挤塑聚苯乙烯
泡沫板

固定件

聚合物砂浆
粘结层

聚合物砂浆底层

耐碱玻纤网布

聚合物砂浆面层

饰面层
弹性涂料或面砖

注：1.保温板的上下行应错缝排列，错缝长度为1/2板长。聚苯板在墙角处应交错互锁，接缝距四角的距离应大于200mm。
2.锚栓或射钉头部不得凸出保温板面。XPS板的内外表面均应打毛并喷界面剂。
3.锚固件中心至基层墙体转角的最小距离应根据基层墙体材料和锚固件的要求确定。

（七）勒脚

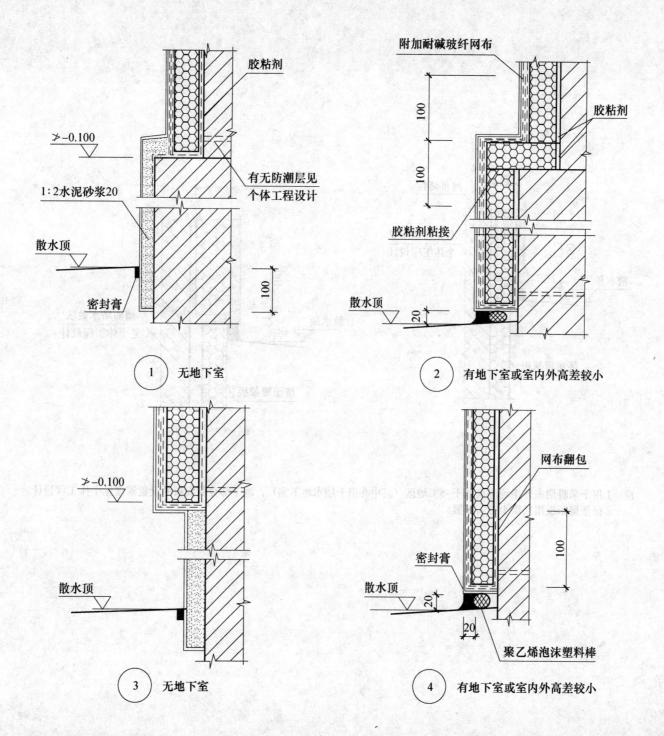

胶粘剂

>-0.100

1:2水泥砂浆20

散水顶

密封膏

有无防潮层见
个体工程设计

100

① 无地下室

附加耐碱玻纤网布

100

100

胶粘剂

胶粘剂粘接

散水顶

20

② 有地下室或室内外高差较小

>-0.100

散水顶

③ 无地下室

网布翻包

密封膏

散水顶

20

100

20

聚乙烯泡沫塑料棒

④ 有地下室或室内外高差较小

95

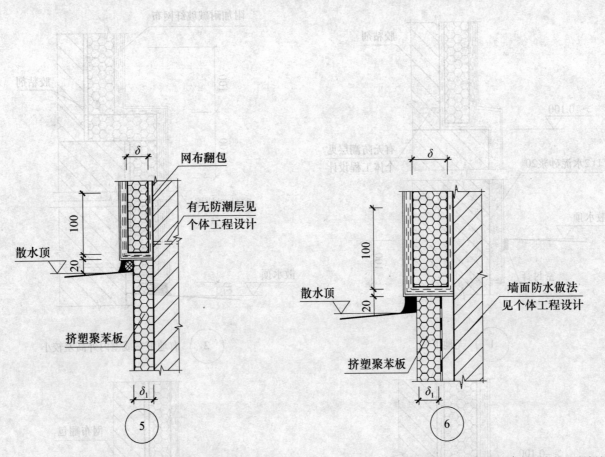

注：1.用于采暖期室外平均温度低于-5℃地区（其中⑥用于防水地下室），地下部分保温板的设置深度见个体工程设计。
　　2.挤塑聚苯板用回填土夯实压紧。

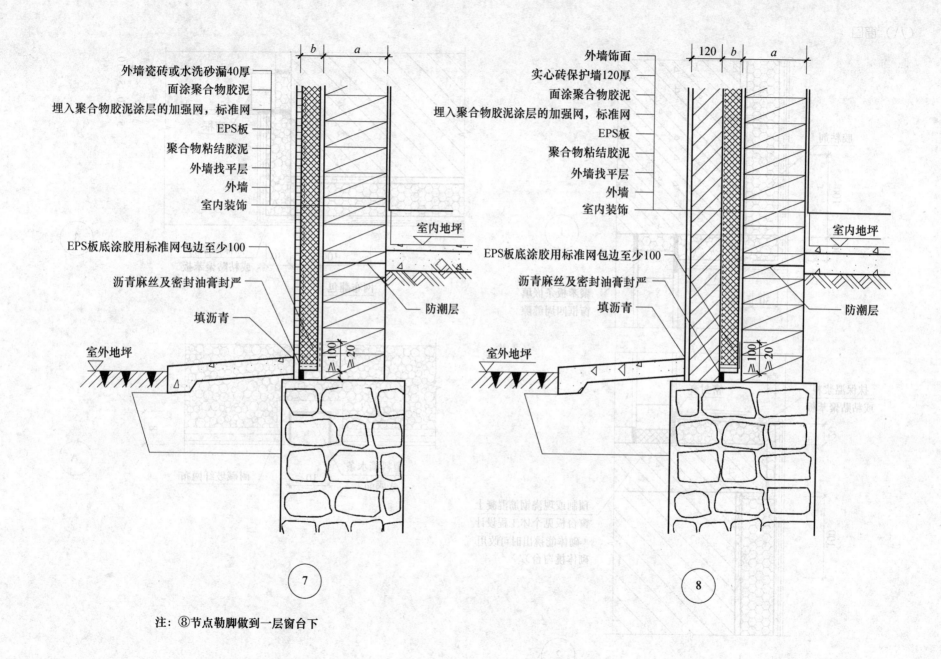

外墙瓷砖或水洗砂漏40厚
面涂聚合物胶泥
埋入聚合物胶泥涂层的加强网，标准网
EPS板
聚合物粘结胶泥
外墙找平层
外墙
室内装饰

EPS板底涂胶用标准网包边至少100

沥青麻丝及密封油膏封严

填沥青

室外地坪

室内地坪

防潮层

⑦

外墙饰面
实心砖保护墙120厚
面涂聚合物胶泥
埋入聚合物胶泥涂层的加强网，标准网
EPS板
聚合物粘结胶泥
外墙找平层
外墙
室内装饰

EPS板底涂胶用标准网包边至少100

沥青麻丝及密封油膏封严

填沥青

室外地坪

室内地坪

防潮层

⑧

注：⑧节点勒脚做到一层窗台下

97

（八）窗口

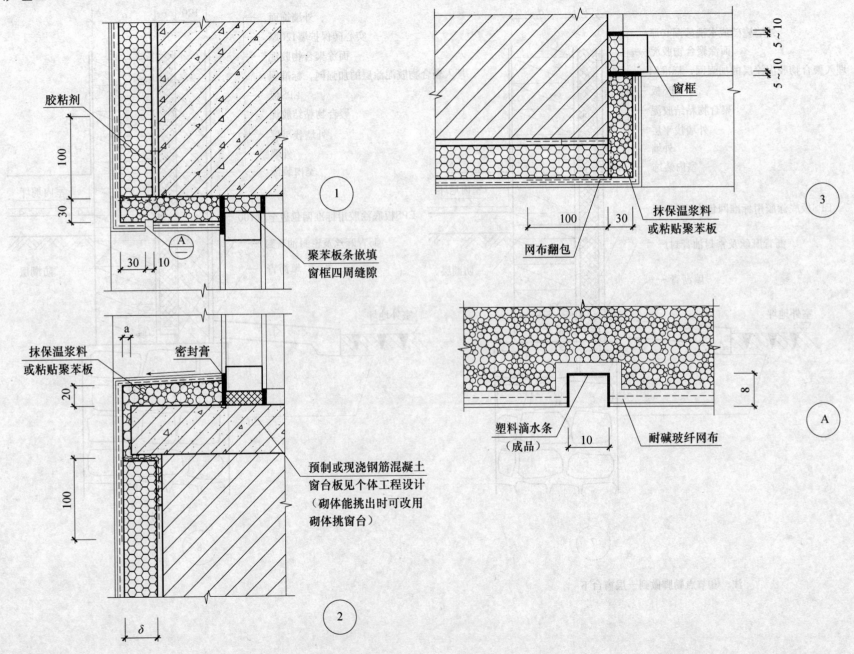

胶粘剂

100

30

① 30 10

A

聚苯板条嵌填
窗框四周缝隙

a

抹保温浆料
或粘贴聚苯板

密封膏

20

100

预制或现浇钢筋混凝土
窗台板见个体工程设计
（砌体能挑出时可改用
砌体挑窗台）

②

δ

窗框

5～10 5～10

③

抹保温浆料
或粘贴聚苯板

网布翻包

100 30

8

A

塑料滴水条
（成品）

10

耐碱玻纤网布

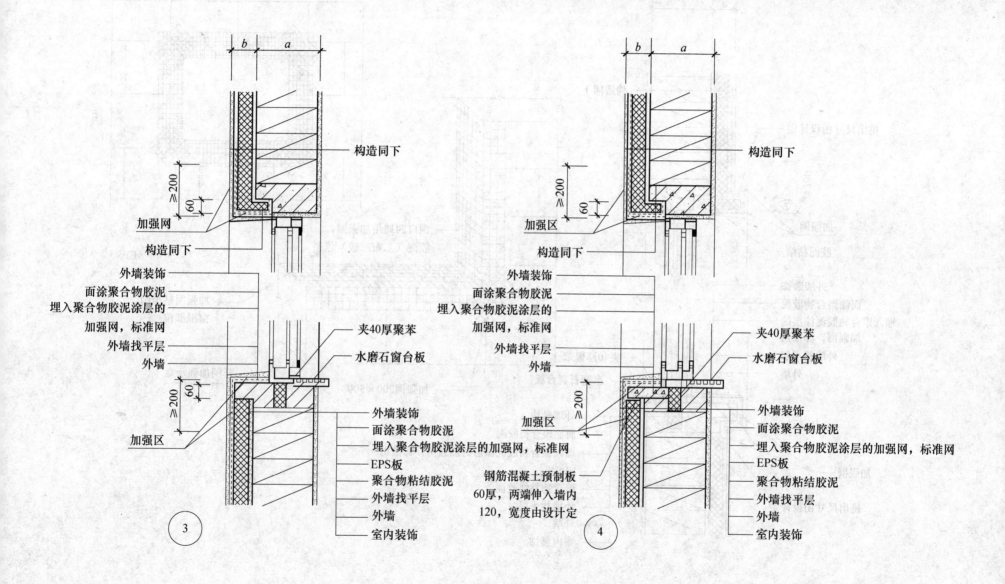

构造同下

≥200

60

加强网

构造同下

外墙装饰
面涂聚合物胶泥
埋入聚合物胶泥涂层的
加强网，标准网
外墙找平层
外墙

夹40厚聚苯
水磨石窗台板

≥200

60

加强区

外墙装饰
面涂聚合物胶泥
埋入聚合物胶泥涂层的加强网，标准网
EPS板
聚合物粘结胶泥
外墙找平层
外墙
室内装饰

③

构造同下

≥200

60

加强区

构造同下

外墙装饰
面涂聚合物胶泥
埋入聚合物胶泥涂层的
加强网，标准网
外墙找平层
外墙

夹40厚聚苯
水磨石窗台板

≥200

加强区

钢筋混凝土预制板
60厚，两端伸入墙内
120，宽度由设计定

外墙装饰
面涂聚合物胶泥
埋入聚合物胶泥涂层的加强网，标准网
EPS板
聚合物粘结胶泥
外墙找平层
外墙
室内装饰

④

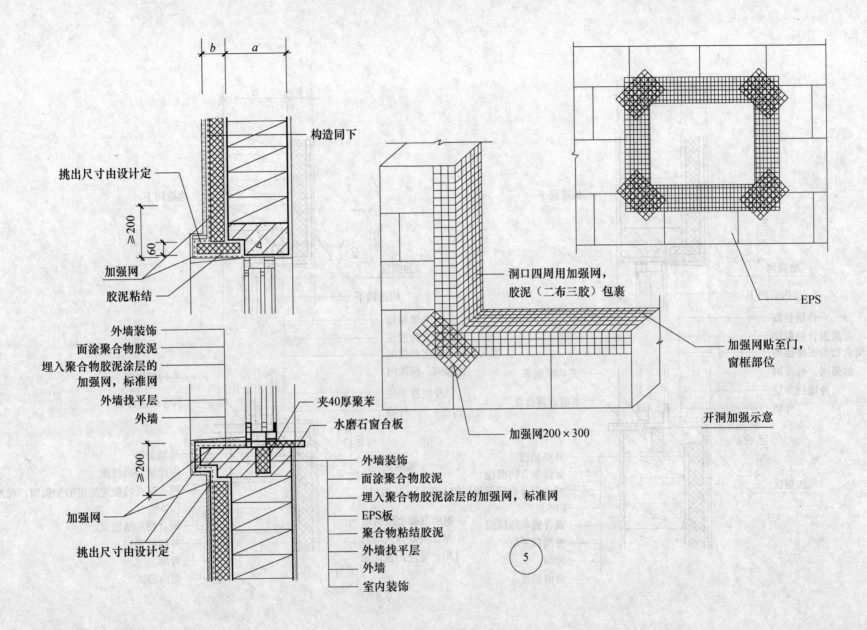

构造同下

挑出尺寸由设计定

≥200

60

加强网

胶泥粘结

外墙装饰
面涂聚合物胶泥
埋入聚合物胶泥涂层的
加强网，标准网
外墙找平层
外墙

夹40厚聚苯

水磨石窗台板

≥200

加强网

挑出尺寸由设计定

外墙装饰
面涂聚合物胶泥
埋入聚合物胶泥涂层的加强网，标准网
EPS板
聚合物粘结胶泥
外墙找平层
外墙
室内装饰

洞口四周用加强网，
胶泥（二布三胶）包裹

加强网200×300

EPS

加强网贴至门，
窗框部位

开洞加强示意

⑤

100

（九）挑窗窗口

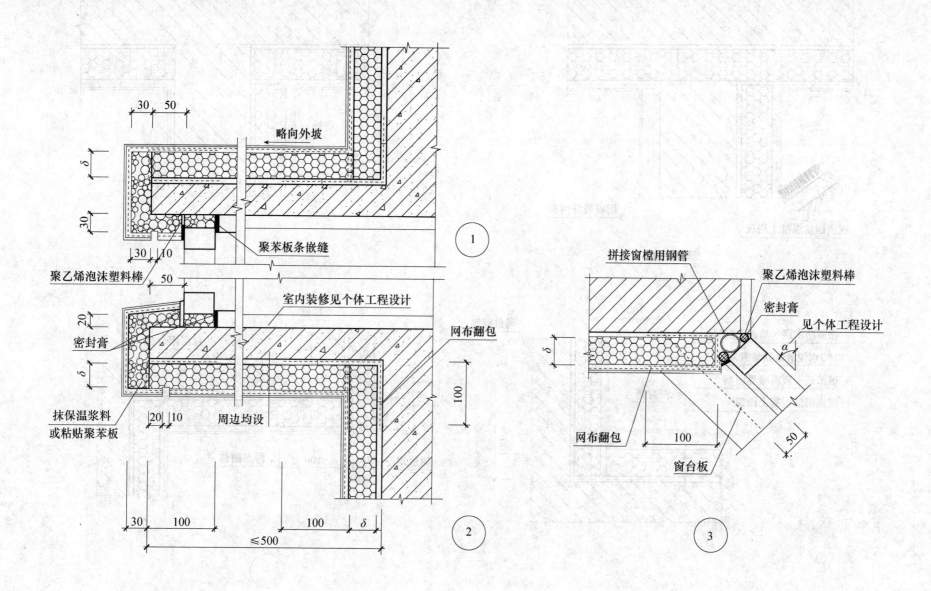

略向外坡

30 | 50

δ

30

聚苯板条嵌缝 ①

30 | 10

聚乙烯泡沫塑料棒
50

室内装修见个体工程设计

20

密封膏

δ

网布翻包

100

抹保温浆料
或粘贴聚苯板

20 | 10

周边均设

30 | 100 | 100 | δ
≤500 ②

拼接窗樘用钢管

聚乙烯泡沫塑料棒

密封膏

见个体工程设计

δ

α

网布翻包

100

窗台板

50

③

（十）保温阳台

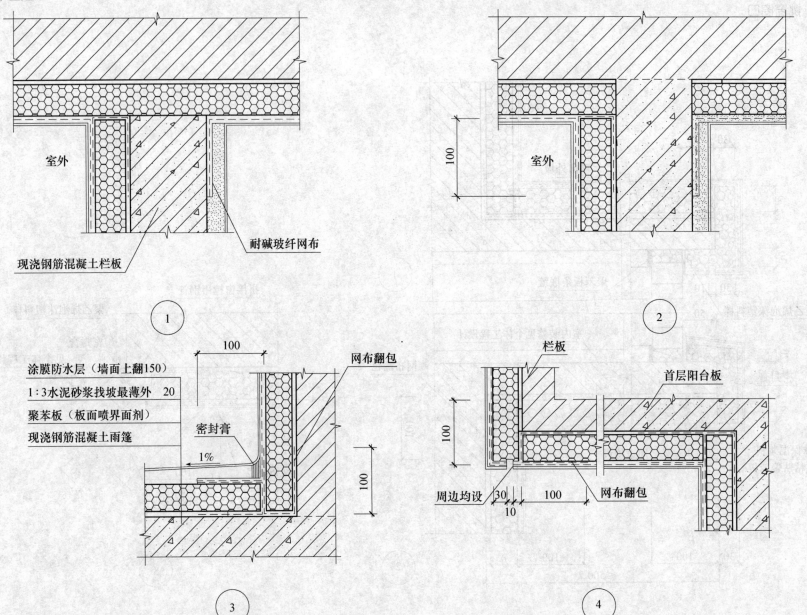

注：1.阳台室内一侧栏板面装修见个体工程设计。
　　2.首层阳台内的外墙面和阳台底面的抗裂砂浆层中只压入一层耐碱玻纤网布（标准网）。

（十一）墙身变形缝（剖面）

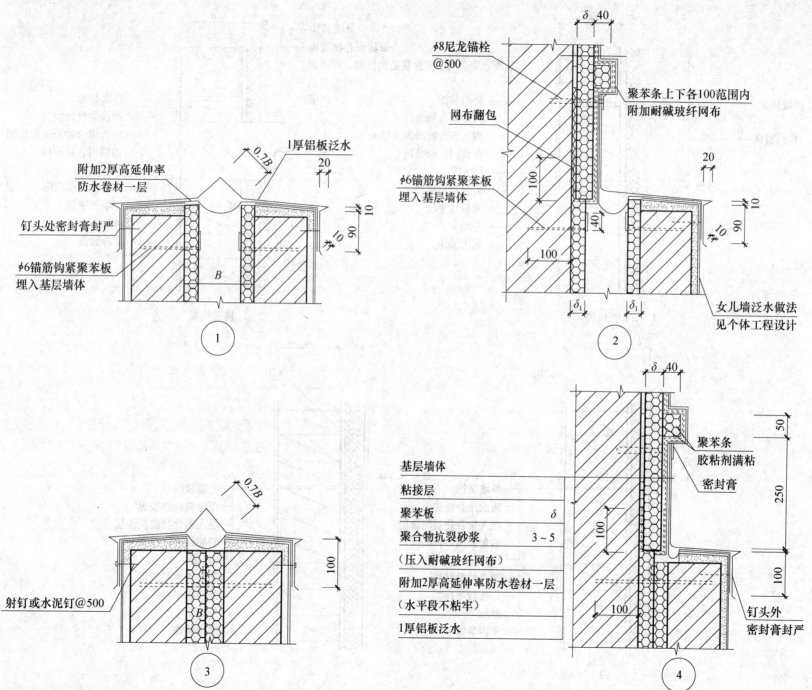

图1 标注：
- 附加2厚高延伸率防水卷材一层
- 1厚铝板泛水
- 0.7B
- 20
- 10
- 90
- 10
- 钉头处密封膏封严
- φ6锚筋钩紧聚苯板埋入基层墙体
- B
- ①

图2 标注：
- φ8尼龙锚栓@500
- δ 40
- 聚苯条上下各100范围内附加耐碱玻纤网布
- 网布翻包
- φ6锚筋钩紧聚苯板埋入基层墙体
- 100
- 40
- 100
- 20
- 10
- 90
- 10
- δ₁ δ₁
- 女儿墙泛水做法见个体工程设计
- ②

图3 标注：
- 0.7B
- 100
- 射钉或水泥钉@500
- B
- ③

图4 标注：
- 基层墙体
- 粘接层
- 聚苯板 δ
- 聚合物抗裂砂浆 3～5
- （压入耐碱玻纤网布）
- 附加2厚高延伸率防水卷材一层
- （水平段不粘牢）
- 1厚铝板泛水
- δ 40
- 聚苯条
- 胶粘剂满粘
- 密封膏
- 50
- 250
- 100
- 100
- 100
- 钉头外密封膏封严
- ④

（十二）装饰线脚

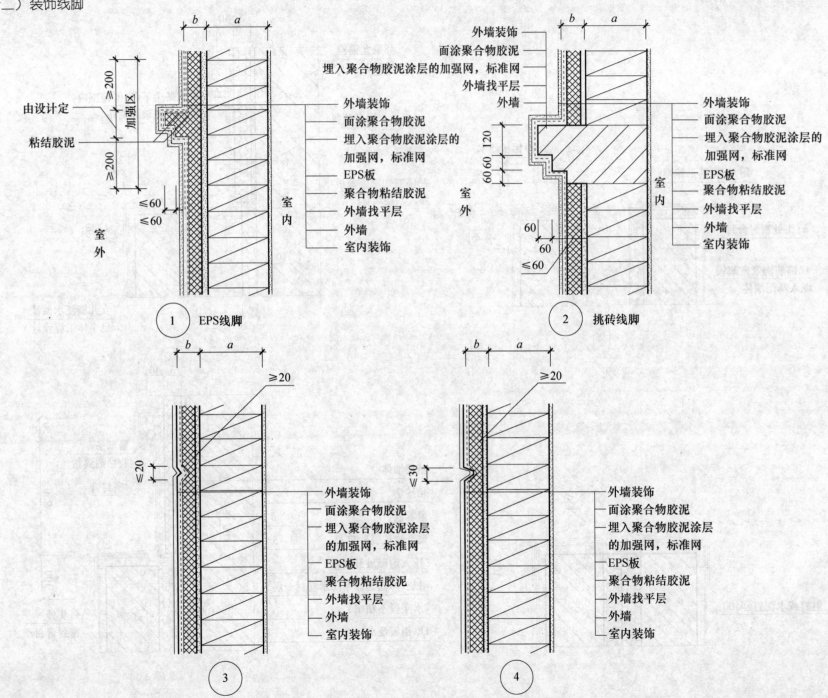

外墙装饰
面涂聚合物胶泥
埋入聚合物胶泥涂层的
加强网，标准网
EPS板
聚合物粘结胶泥
外墙找平层
外墙
室内装饰

由设计定
粘结胶泥

① EPS线脚

外墙装饰
面涂聚合物胶泥
埋入聚合物胶泥涂层的加强网，标准网
外墙找平层
外墙

外墙装饰
面涂聚合物胶泥
埋入聚合物胶泥涂层的
加强网，标准网
EPS板
聚合物粘结胶泥
外墙找平层
外墙
室内装饰

② 挑砖线脚

外墙装饰
面涂聚合物胶泥
埋入聚合物胶泥涂层
的加强网，标准网
EPS板
聚合物粘结胶泥
外墙找平层
外墙
室内装饰

③

外墙装饰
面涂聚合物胶泥
埋入聚合物胶泥涂层
的加强网，标准网
EPS板
聚合物粘结胶泥
外墙找平层
外墙
室内装饰

④

二、挤塑聚苯板（XPS）外墙外保温系统

（一）说明

（1）面砖饰面（XPS）板外墙外保温系统为 A 系统：涂料饰面（XPS）板外墙外保温系统为 B 系统。

A、B 系统粘贴固定 XPS 板的外墙外保温系统采用不带表皮型毛面挤塑板，挤塑板表面应均匀涂刷配套专用界面剂，涂刷界面剂厚度宜控制在 1mm 以内，在阴凉干燥处至少放置 12h。

（2）粘贴 XPS 板错缝、抹粘贴砂浆等要求同粘贴 EPS 板薄抹灰系统中要求。

（3）锚固件中心距基层边缘部位，如转角、洞口等的距离应不小于 XPS 板的 2 倍板厚（也不小于 60mm），边缘锚固件的间距应不大于 300mm。

（4）A 系统粘贴 24h 后钻孔安装锚固件，通过金属压盘压紧钢丝网固定 XPS 板。B 系统锚固件的圆盘不得凸出 XPS 板面。

（5）A 系统钢丝网搭接宽度应不小于 40mm，搭接部位距转角应大于 200mm。B 系统中网布搭接宽度应不小于 80mm，砂浆饱满度 100%，严禁干搭，也不得出现裸露。门窗洞口四角铺贴一层附加网布增强。

（6）A 系统中抗裂砂浆养护 7d 后方可粘贴面砖，粘贴前应对基层喷水润湿，吸水率大于 1% 的面砖，应预先浸水 2h 以上，面砖缝宽不得小于 5mm，常温施工 24h 后喷养护剂养护。勾缝面应凹进面砖表面 2mm。

B 系统中抹面胶浆固化后，刷弹性底涂，满刮柔性耐水腻子两遍，达到表面光洁，腻子层干燥即可涂刷或喷涂饰面涂料。

（7）抗裂分隔缝按设计要求设置，水平缝宜设在层间，垂直缝宜设在阴角等部位。

（二）面砖饰面墙体构造（A系统构造）

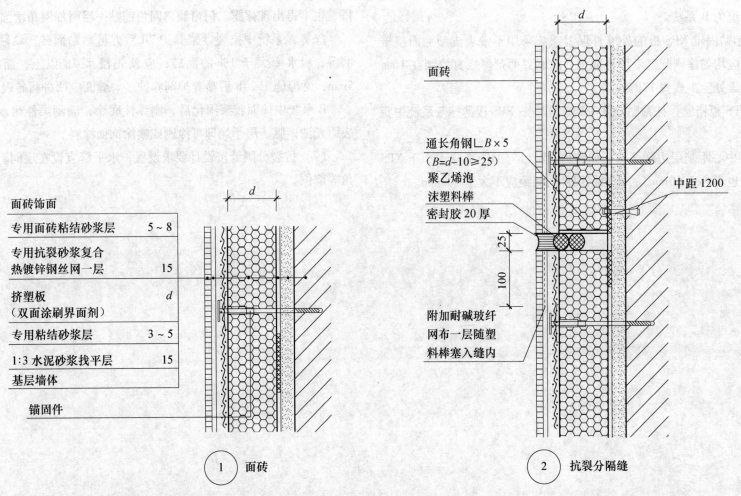

面砖饰面	
专用面砖粘结砂浆层	5~8
专用抗裂砂浆复合热镀锌钢丝网一层	15
挤塑板（双面涂刷界面剂）	d
专用粘结砂浆层	3~5
1:3水泥砂浆找平层	15
基层墙体	
锚固件	

① 面砖

通长角钢∟B×5（B=d-10≥25）
聚乙烯泡沫塑料棒
密封胶20厚
中距1200

附加耐碱玻纤网布一层随塑料棒塞入缝内

② 抗裂分隔缝

注：抗裂分隔缝可用于水平缝也可用垂直缝，水平缝中的通长角钢托每18m左右设置一处，其他水平缝和垂直缝均可不设角钢托。

（三）涂料饰面墙体构造（B系统构造）

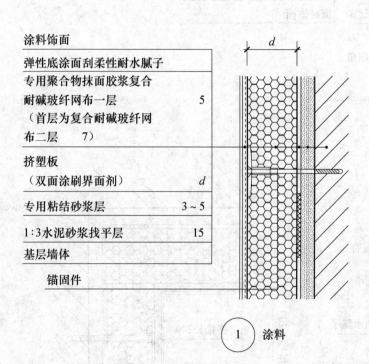

涂料饰面

弹性底涂面刮柔性耐水腻子

专用聚合物抹面胶浆复合
耐碱玻纤网布一层　　　　5
（首层为复合耐碱玻纤网
布二层　　7）

挤塑板
（双面涂刷界面剂）　　　d

专用粘结砂浆层　　　3～5

1:3水泥砂浆找平层　　　15

基层墙体

锚固件

① 涂料

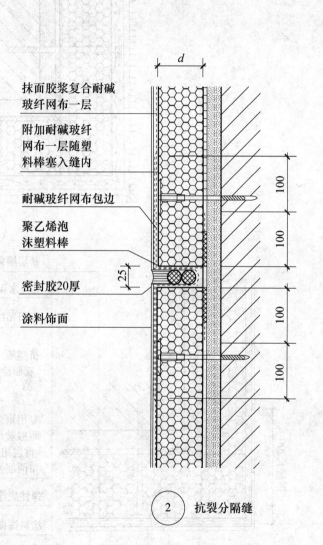

抹面胶浆复合耐碱
玻纤网布一层

附加耐碱玻纤
网布一层随塑
料棒塞入缝内

耐碱玻纤网布包边

聚乙烯泡
沫塑料棒

密封胶20厚

涂料饰面

② 抗裂分隔缝

注：抗裂分隔缝可用于水平缝也可用垂直缝。

107

（四）墙角

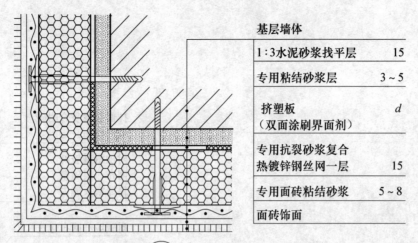

基层墙体	
1:3水泥砂浆找平层	15
专用粘结砂浆层	3~5
挤塑板 （双面涂刷界面剂）	d
专用抗裂砂浆复合 热镀锌钢丝网一层	15
专用面砖粘结砂浆	5~8
面砖饰面	

① A系统阳角

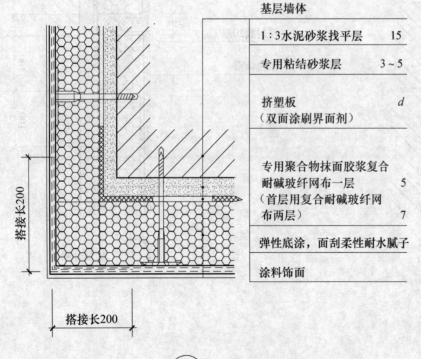

基层墙体	
1:3水泥砂浆找平层	15
专用粘结砂浆层	3~5
挤塑板 （双面涂刷界面剂）	d
专用聚合物抹面胶浆复合 耐碱玻纤网布一层 （首层用复合耐碱玻纤网 布两层）	5 7
弹性底涂，面刮柔性耐水腻子	
涂料饰面	

② B系统阳角

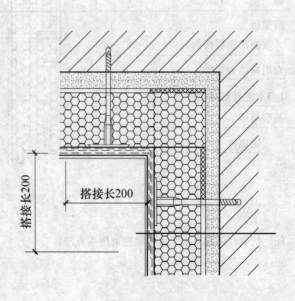

③ B系统阴角

（五）女儿墙、檐沟

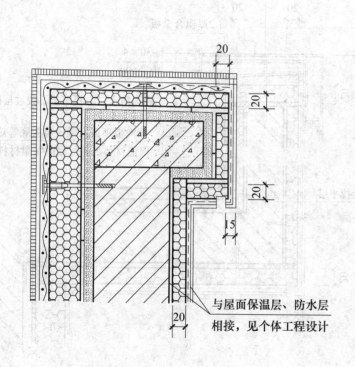

20

20

20

15

20

与屋面保温层、防水层
相接，见个体工程设计

① A系统女儿墙

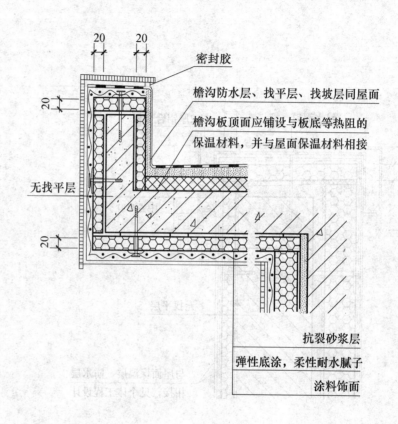

20   20

密封胶

檐沟防水层、找平层、找坡层同屋面

20

檐沟板顶面应铺设与板底等热阻的
保温材料，并与屋面保温材料相接

无找平层

20

抗裂砂浆层

弹性底涂，柔性耐水腻子

涂料饰面

② A系统檐沟

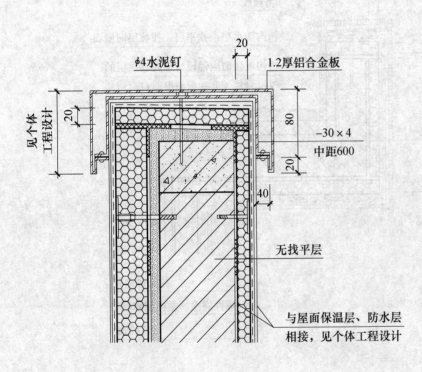

ϕ4水泥钉

1.2厚铝合金板

见个体工程设计

20

80

-30×4
中距600

20

40

无找平层

与屋面保温层、防水层
相接，见个体工程设计

③ B系统女儿墙

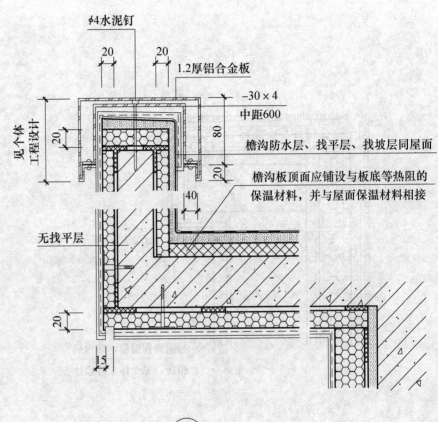

ϕ4水泥钉

20　20

1.2厚铝合金板

见个体工程设计

20

-30×4
中距600

80

20

檐沟防水层、找平层、找坡层同屋面

檐沟板顶面应铺设与板底等热阻的
保温材料，并与屋面保温材料相接

40

无找平层

20

15

④ B系统檐沟

（六）勒脚

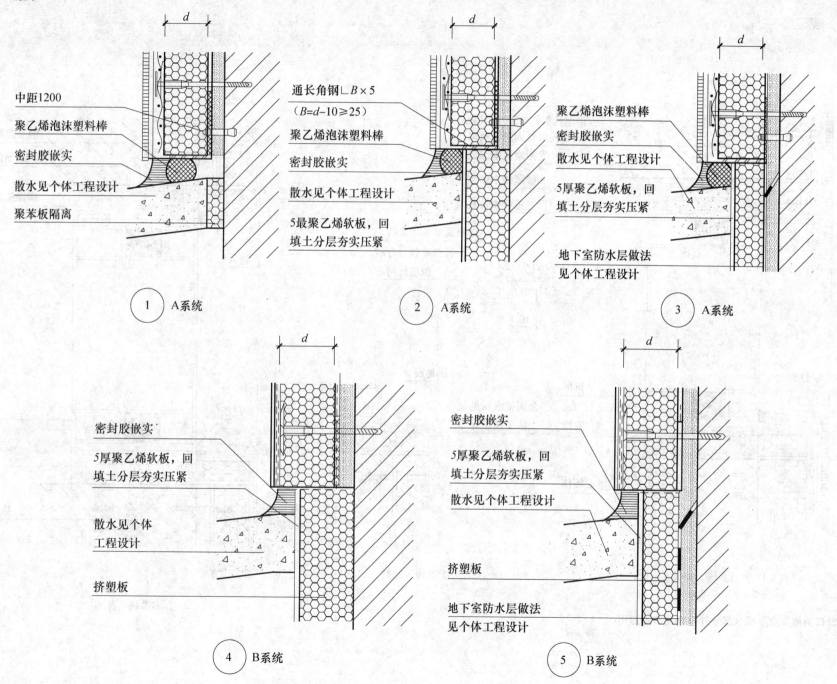

中距1200
聚乙烯泡沫塑料棒
密封胶嵌实
散水见个体工程设计
聚苯板隔离

① A系统

通长角钢∟B×5
（B=d-10≥25）
聚乙烯泡沫塑料棒
密封胶嵌实
散水见个体工程设计
5最聚乙烯软板，回填土分层夯实压紧

② A系统

聚乙烯泡沫塑料棒
密封胶嵌实
散水见个体工程设计
5厚聚乙烯软板，回填土分层夯实压紧
地下室防水层做法见个体工程设计

③ A系统

密封胶嵌实
5厚聚乙烯软板，回填土分层夯实压紧
散水见个体工程设计
挤塑板

④ B系统

密封胶嵌实
5厚聚乙烯软板，回填土分层夯实压紧
散水见个体工程设计
挤塑板
地下室防水层做法见个体工程设计

⑤ B系统

（七）窗口

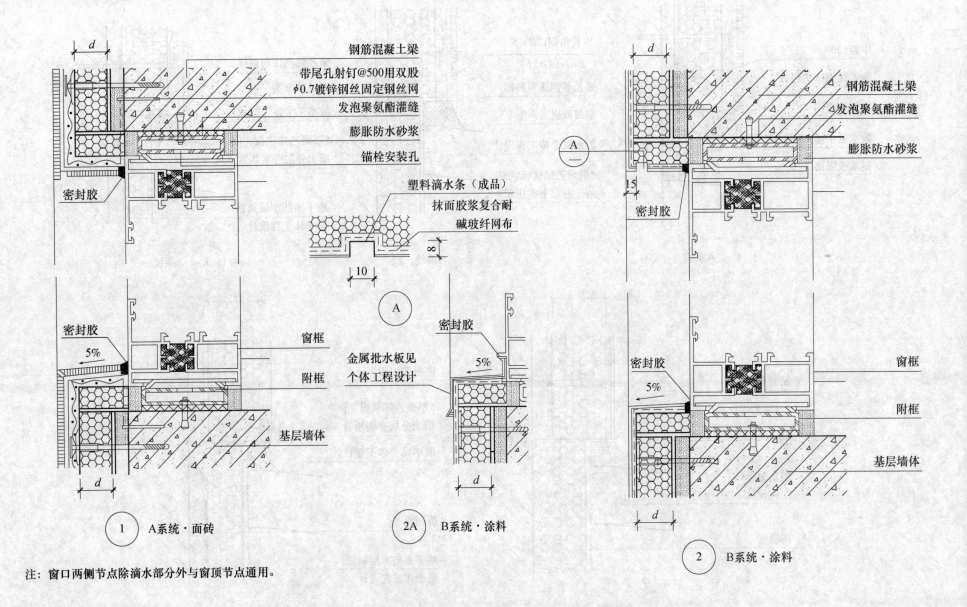

钢筋混凝土梁

带尾孔射钉@500用双股
φ0.7镀锌钢丝固定钢丝网

发泡聚氨酯灌缝

膨胀防水砂浆

锚栓安装孔

塑料滴水条（成品）

抹面胶浆复合耐
碱玻纤网布

密封胶

密封胶

5%

窗框

附框

金属批水板见
个体工程设计

基层墙体

① A系统·面砖

钢筋混凝土梁

发泡聚氨酯灌缝

膨胀防水砂浆

密封胶

密封胶

5%

窗框

附框

基层墙体

2A B系统·涂料

密封胶

5%

② B系统·涂料

注：窗口两侧节点除滴水部分外与窗顶节点通用。

112

（八）不封闭阳台

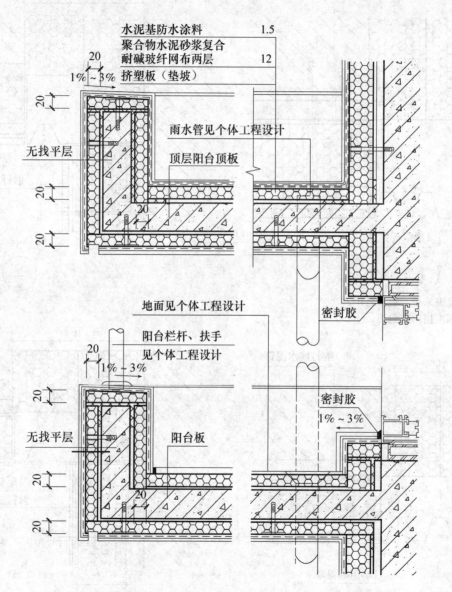

水泥基防水涂料 1.5
聚合物水泥砂浆复合
耐碱玻纤网布两层 12
挤塑板（垫坡）

雨水管见个体工程设计

顶层阳台顶板

无找平层

地面见个体工程设计

阳台栏杆、扶手
见个体工程设计

密封胶

无找平层

阳台板

密封胶

注：阳台各节点均按深料饰面的B系统绘制，也可用于面砖饰面A系统。

（九）变形缝

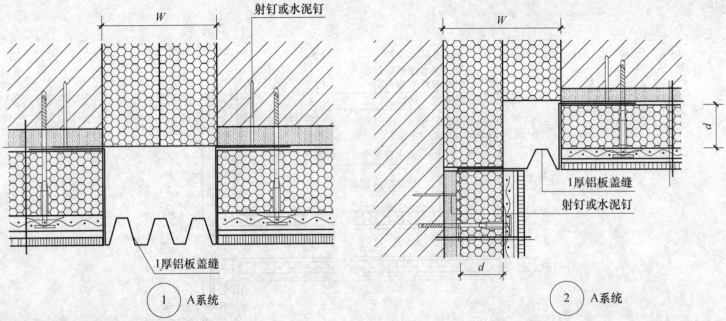

射钉或水泥钉

1厚铝板盖缝

① A系统

1厚铝板盖缝
射钉或水泥钉

② A系统

注：1.变形缝内满填低密度聚苯板，板厚各 $W/2$。
　　2.变形缝处挤塑板端部应用网布包边。

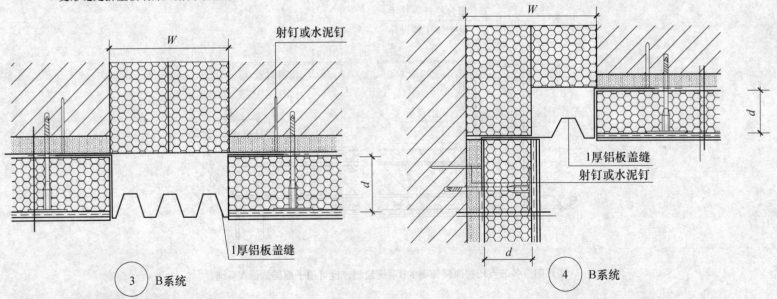

射钉或水泥钉

1厚铝板盖缝

③ B系统

1厚铝板盖缝
射钉或水泥钉

④ B系统

注：1.变形缝内满填低密度聚苯板，板厚各 $W/2$。
　　2.变形缝处挤塑板端部应用网布包边。

三、硬泡聚氨酯复合板（锚粘）薄抹灰外墙外保温系统

（一）说明

硬泡聚氨酯复合板（锚粘）薄抹灰外墙外保温系统，是与常规聚苯乙烯泡沫（EPS）薄抹灰外墙外保温系统相似。

但在硬泡聚氨酯复合板（锚粘）薄抹灰外墙外保温系统中，所采用的硬泡聚氨酯复合板（或称 WH 聚氨酯水泥层复合板），是充分利用硬泡聚氨酯发泡材料自粘合性能极强的特点，在工业化连续发泡生产线上，将硬泡聚氨酯原料直接在双面柔性水泥增强卷材中间发泡而成的功能型聚氨酯硬泡复合板材。

1. 特点

（1）在硬泡聚氨酯复合板生产中，发泡过程中产生的压力使得聚氨酯泡体渗入增强卷材表面的毛细孔中，并排出界面所吸附的空气，硬泡聚氨酯与两侧增强卷材有效粘结成一牢固整体，在达到保温效果的同时，有效增加板材的强度、减少收缩变形。

（2）在泡体燃烧性能达到相关标准（如氧指数为 26%）条件下，由于无机增强卷材复合的作用，极大提高聚氨酯硬泡阻燃、耐温性能，减少在贮存、运输或施工现场因焊接滴落焊渣等因素而造成意外火灾事故。

（3）减少在工厂或施工现场将泡体表面再进行喷刷界面剂的工序，而且施工方便、快速，克服常规裸板薄抹灰外墙外保温系统施工许多不足。

（4）采用常规薄抹灰外墙外保温系统（如 EPS 板薄抹灰外墙外保温系统）施工要求，由于增强卷材的材质与胶粘剂及抹面胶浆材质相同，因而相互间粘合牢固，系统安全可靠。

（5）在聚氨酯硬泡复合板表面有增强卷材作用，在贮存、贮存和施工时可增加泡体耐老化性能。

（6）硬泡聚氨酯复合板除用于薄抹灰外墙外保温系统施工法，也可用于大模内置法外墙外保温系统施工，以及屋面保温工程施工。

2. 适用范围

适用我国各个地区的多层、高层（在 100m 以内高度）的新建建筑、既有建筑节能改造项目的外墙外保温工程。

3. 材料要求

（1）聚氨酯硬泡、胶粘剂、抹面胶浆、耐碱玻纤网布、热镀锌焊接钢丝网、面砖和锚栓等配套材料质量见相关产品标准的要求。

锚栓长度：有效锚固深度 + 找平层厚度 + 原有抹灰砂浆厚度（若有）+ 胶粘剂厚度 + 保温材料厚度。按墙体具体类型（如混凝土和实心砖墙体、加气块或空心砖墙体）选用相应锚栓直径和钻孔机类型。

（2）硬泡聚氨酯复合板应按设计规格尺寸进行切割。

（3）避免硬泡聚氨酯复合板出现变形，产品生产后，应在 30℃ 以上温度且不低于 3d 熟化时间后方可使用。硬泡聚氨酯复合板尺寸允许偏差应符合表 3-2 的要求。

表 3-2 硬泡聚氨酯复合板尺寸允许偏差

项　目		允许偏差
长度（mm）		±2.0
宽度（mm）		±2.0
厚度（mm）	≤50	±1.5
	>50	±2.0
对角线差（mm）		3.0
板边直度（mm）		±2.0
板面平整度（mm/m）		1.0

4. 施工要点

（1）基层墙体应坚实平整（砌筑墙体应将灰缝刮平），凸出物应剔除找平，墙面应清洁，无妨碍粘结的污染物。

（2）所放垂直线或水平线与平面的距离为所贴水泥层复合板的厚度与设计胶粘剂厚度之和。

（3）涂在硬泡聚氨酯复合板上胶粘剂控制厚度为 3mm 左右。一般采用点框法或条粘法布胶，粘贴面积应大于硬泡聚氨酯复合板面积的 40%。建筑高度在 60m 以上时，粘贴面积应大于 60%。

（4）粘贴应自下而上进行，水平方向应由墙角及门窗处向两侧粘贴，竖缝逐行错缝粘贴，阴阳角应错槎搭接。

粘贴板缝应挤紧，相邻板应齐平，板缝隙大于 2mm 时，应切割保温板条将缝塞满或用聚氨酯填缝剂填缝。

（5）门窗洞口四角应用整块板粘贴，保温板的拼缝不得位于门窗洞口的四角处，墙面边角处铺贴保温板的最小尺寸应不低于 200mm，门窗洞口侧边应粘贴保温板并做好收头处理。

装饰线条凸出墙面在100~400mm间，应直接粘贴于基层，并设置辅助锚固件。

（6）先涂2mm厚抹面胶浆，将网布压入其内。

（7）应在胶粘剂固化后钻孔锚固，且应根据砌体具体类型确定孔直径，钻孔深度应比锚栓锚固深度深10~15mm。

（二）系统构造、点框粘结

（8）抹面胶浆外观以完全覆盖增强网、微见增强网轮廓为宜。

（9）面砖饰面固定热镀锌钢丝网时，平均锚固数量不少于4个/m²。保证钢丝网搭接宽度，搭接部位用铝线固定，间距不大于300mm并用膨胀锚栓固定。

（10）粘贴面砖间缝宽不小于5mm，先勾平缝再勾竖缝，应连续、平直，缝深宜控制在2~3mm成凹形。

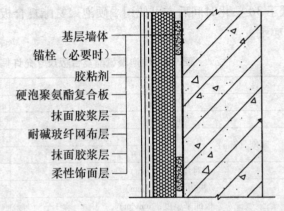

基层墙体
锚栓（必要时）
胶粘剂
硬泡聚氨酯复合板
抹面胶浆层
耐碱玻纤网布层
抹面胶浆层
柔性饰面层

① 硬泡聚氨酯复合板外墙外保温柔性饰面系统图

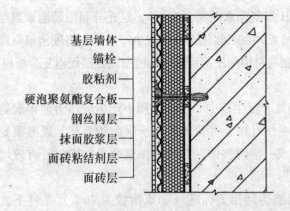

基层墙体
锚栓
胶粘剂
硬泡聚氨酯复合板
钢丝网层
抹面胶浆层
面砖粘结剂层
面砖层

② 硬泡聚氨酯复合板外墙外保温系统面砖饰面系统图

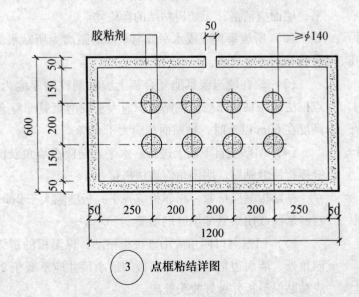

③ 点框粘结详图

注：
1.柔性饰面时，防护层普通型厚度为3~5mm，加强型厚度为5~7mm。
2.面砖饰面防护层的厚度为8mm。
3.点框粘结面积不小于40%。

（三）钢丝网、网布平面搭接

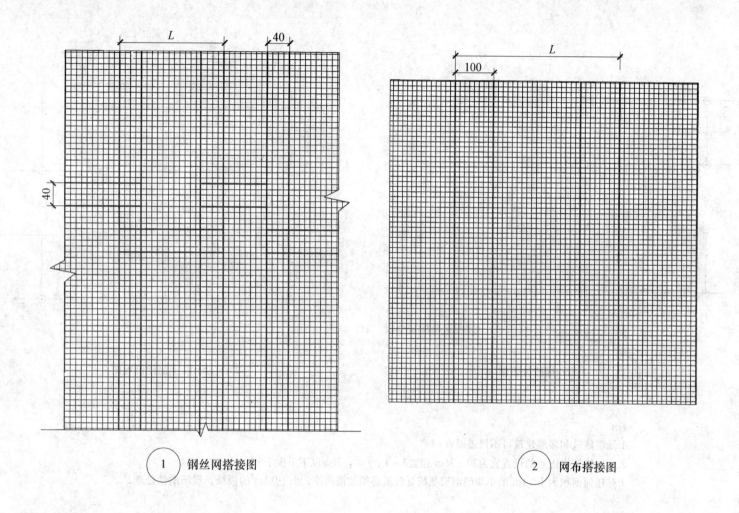

① 钢丝网搭接图　　　② 网布搭接图

注：1.①节点为大面钢丝网搭接示意，钢丝网采用搭接，搭接时应错缝，搭接处钢丝网须用锚栓固定。

2.钢丝网宽度L根据产品出厂宽度确定，但不得大于1.2m。

（四）锚栓布置图

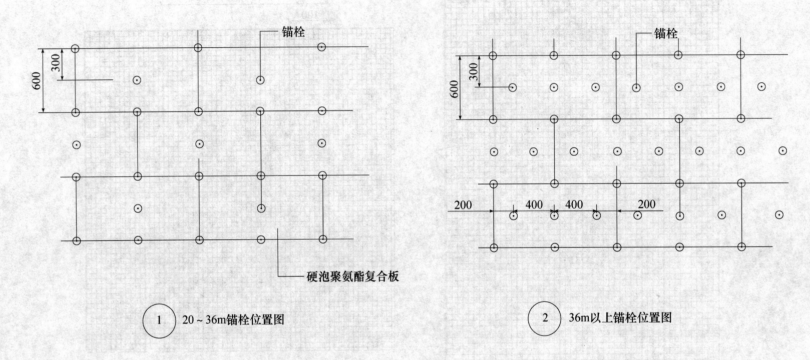

① 20~36m锚栓位置图

② 36m以上锚栓位置图

注：
1.低层建筑和多层建筑可不设锚固点。
2.高层建筑锚固点的设置宜为20~36m 设置3~4个/m²，36m以下不少于6个/m²。
3.对任何面积大于0.1m²的单块硬泡聚氨酯复合板必须加锚固件，小于0.1m²的板块，现场酌情处理。

（五）转角部位详图

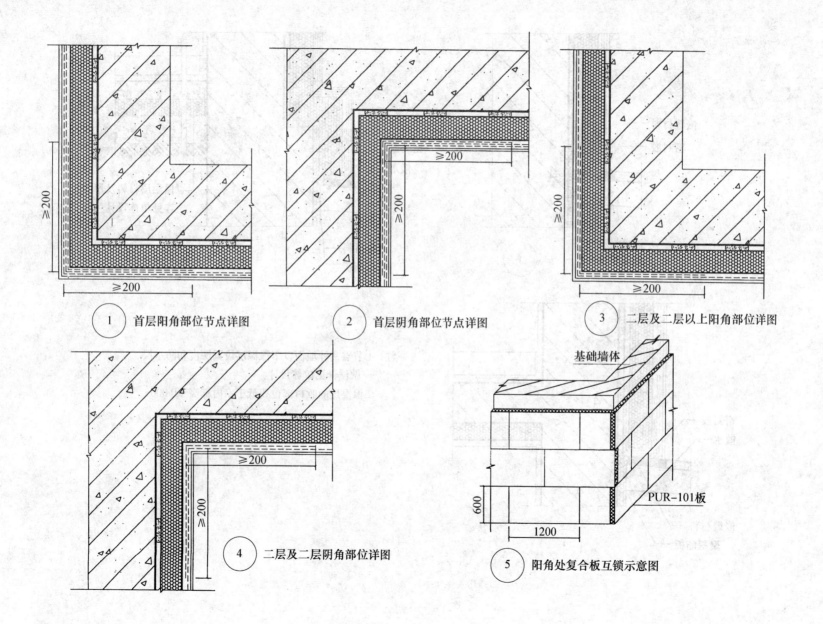

① 首层阳角部位节点详图

② 首层阴角部位节点详图

③ 二层及二层以上阳角部位详图

④ 二层及二层阴角部位详图

⑤ 阳角处复合板互锁示意图

基础墙体

PUR-101板

119

（六）勒脚

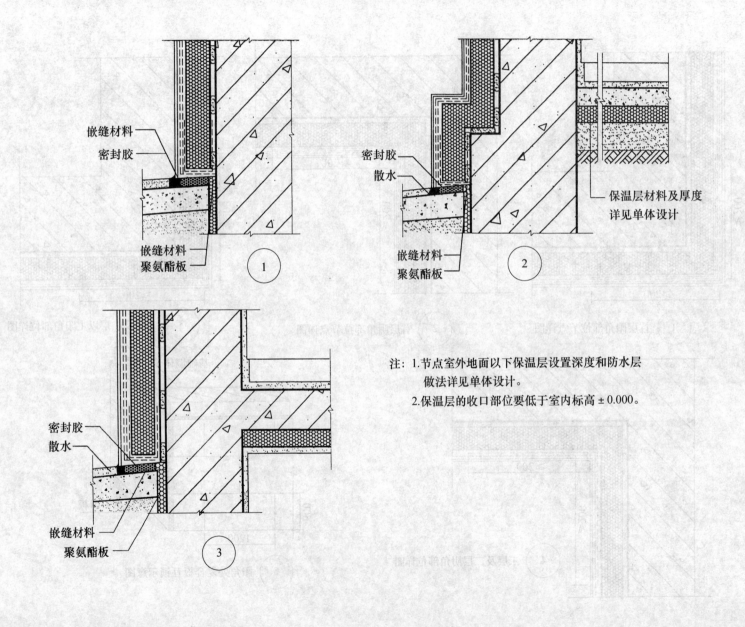

嵌缝材料
密封胶

嵌缝材料
聚氨酯板

①

密封胶
散水

嵌缝材料
聚氨酯板

保温层材料及厚度
详见单体设计

②

密封胶
散水

嵌缝材料
聚氨酯板

③

注：1.节点室外地面以下保温层设置深度和防水层
　　　做法详见单体设计。
　　2.保温层的收口部位要低于室内标高±0.000。

（七）女儿墙、檐口、檐沟

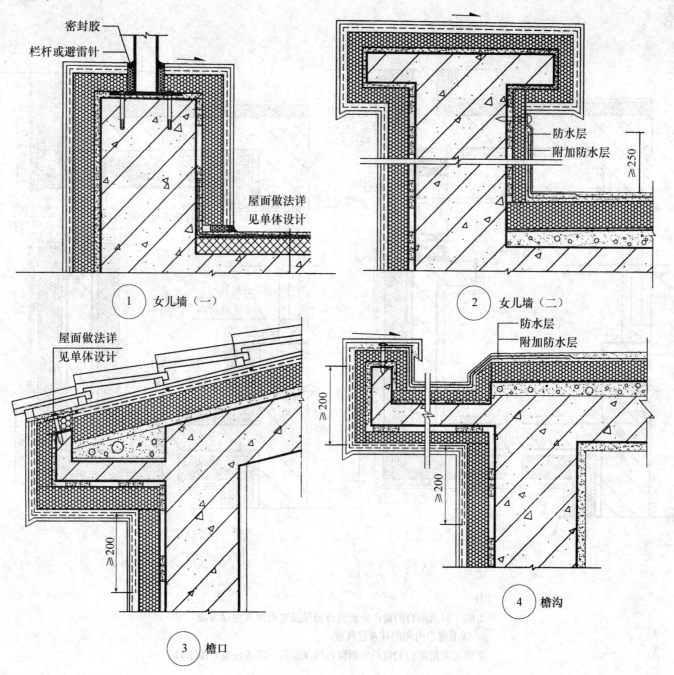

密封胶
栏杆或避雷针

屋面做法详
见单体设计

① 女儿墙（一）

防水层
附加防水层

≥250

② 女儿墙（二）

屋面做法详
见单体设计

≥200

③ 檐口

防水层
附加防水层

≥200

≥200

④ 檐沟

121

（八）阳台节点详图

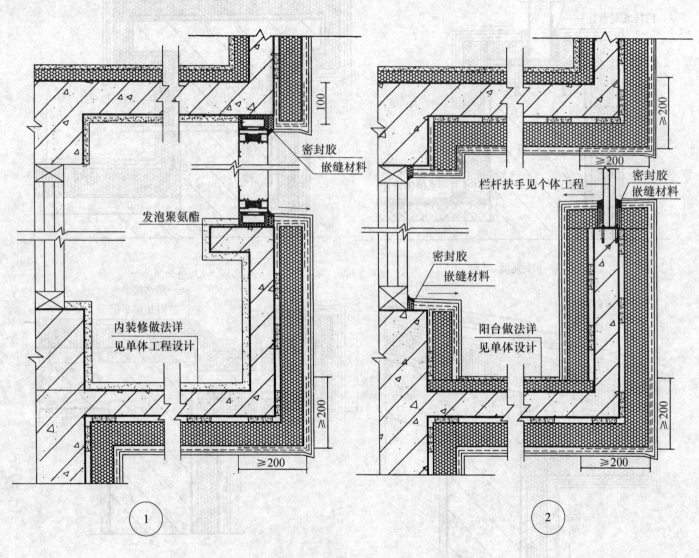

① ②

注：
1.图①封闭阳台的窗户外侧窗台的保温完成面高度尽可能
　低于窗户内侧的抹灰层高度。
2.图①封闭阳台的窗户外侧窗台的保温层不能盖住窗户溢水口。

122

（九）雨篷、水落管、穿墙管道、空调支架

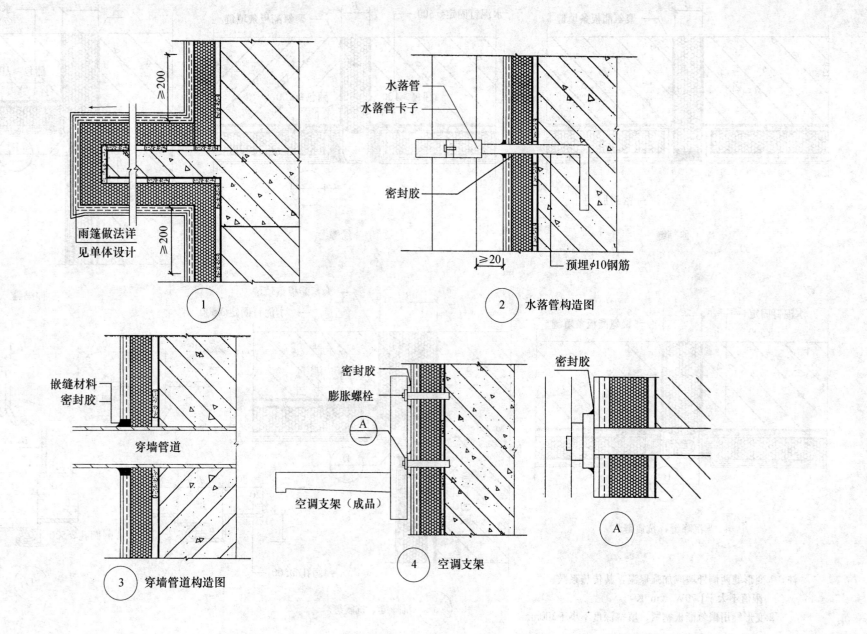

①

② 水落管构造图

③ 穿墙管道构造图

④ 空调支架

（十）变形缝构造

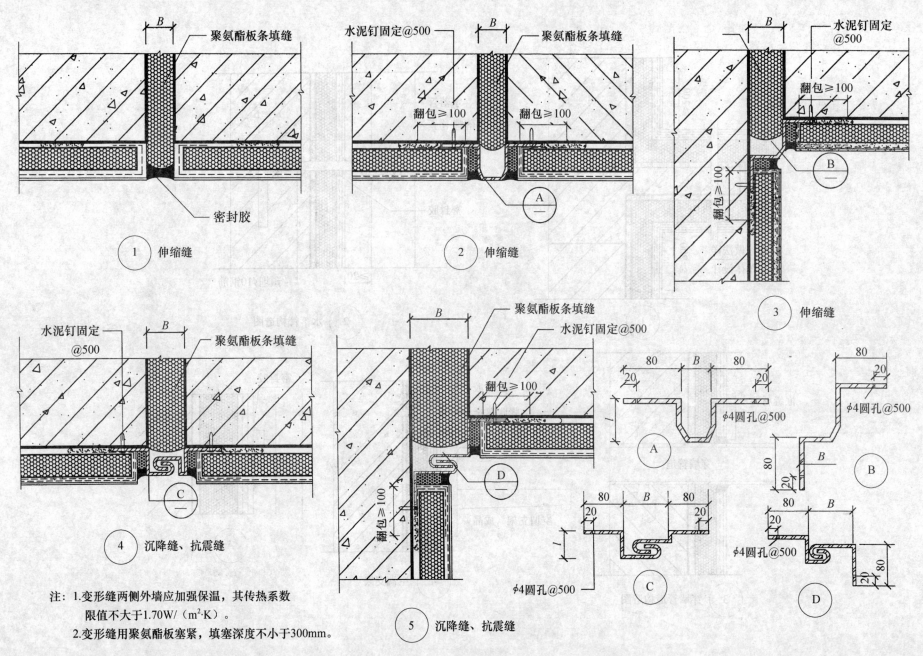

注：1.变形缝两侧外墙应加强保温，其传热系数
限值不大于1.70W/（m²·K）。
2.变形缝用聚氨酯板塞紧，填塞深度不小于300mm。

124

（十一）线条、滴水、鹰嘴、分格缝

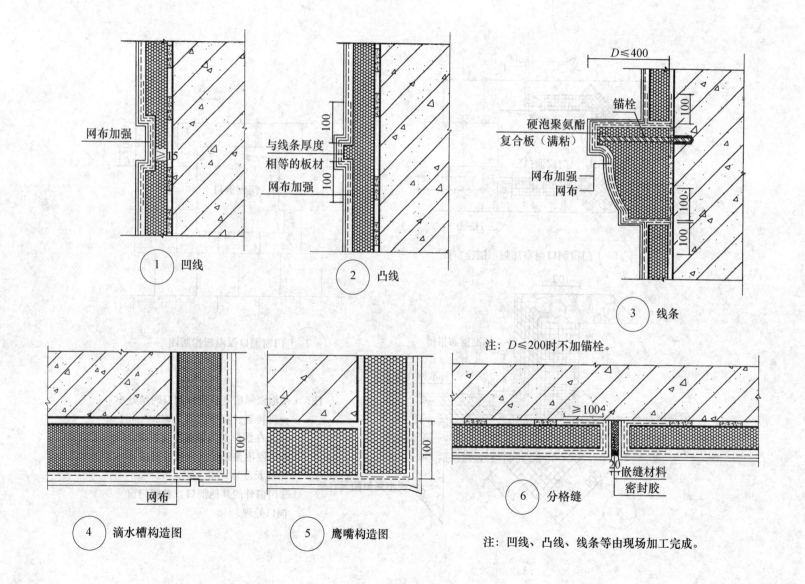

注：$D \leqslant 200$时不加锚栓。

注：凹线、凸线、线条等由现场加工完成。

125

（十二）外墙门窗洞口布置详图

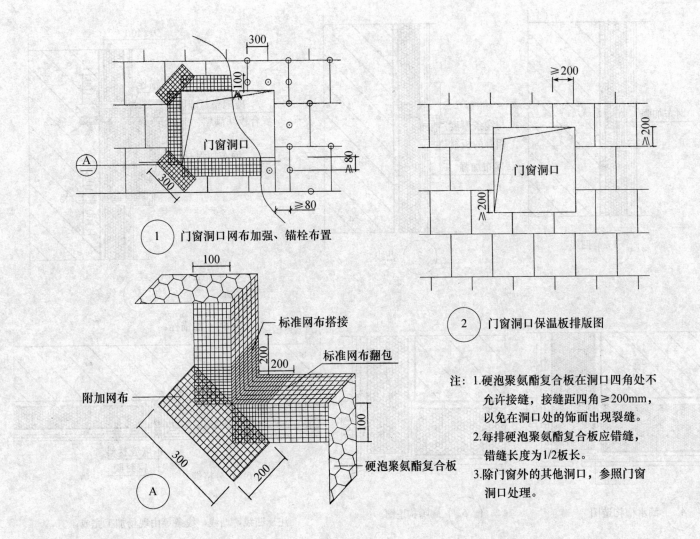

① 门窗洞口网布加强、锚栓布置

② 门窗洞口保温板排版图

标准网布搭接

标准网布翻包

附加网布

硬泡聚氨酯复合板

注：1.硬泡聚氨酯复合板在洞口四角处不
　　　允许接缝，接缝距四角≥200mm，
　　　以免在洞口处的饰面出现裂缝。
　　2.每排硬泡聚氨酯复合板应错缝，
　　　错缝长度为1/2板长。
　　3.除门窗外的其他洞口，参照门窗
　　　洞口处理。

（十三）窗上口、窗下口构造

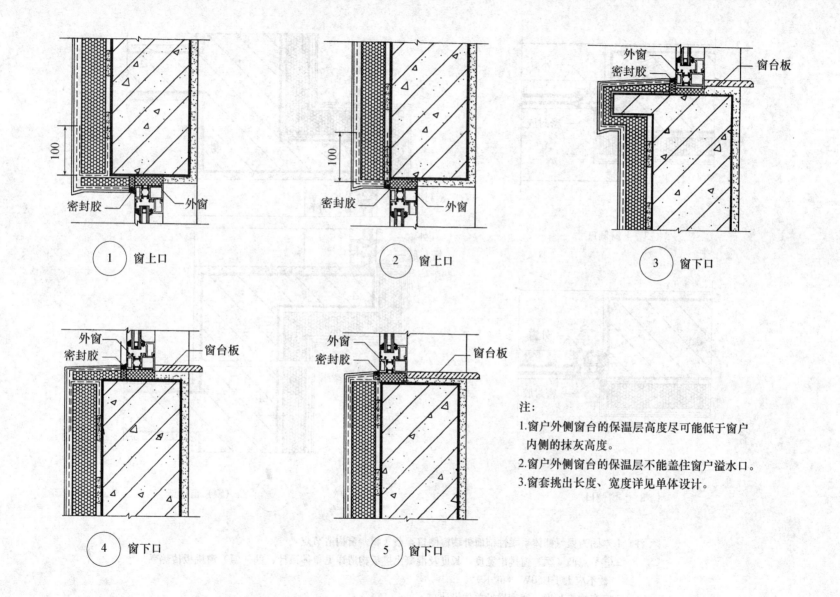

1 窗上口

2 窗上口

3 窗下口

4 窗下口

5 窗下口

注：
1. 窗户外侧窗台的保温层高度尽可能低于窗户内侧的抹灰高度。
2. 窗户外侧窗台的保温层不能盖住窗户溢水口。
3. 窗套挑出长度、宽度详见单体设计。

127

（十四）窗侧口、凸（飘）窗及附加网布构造

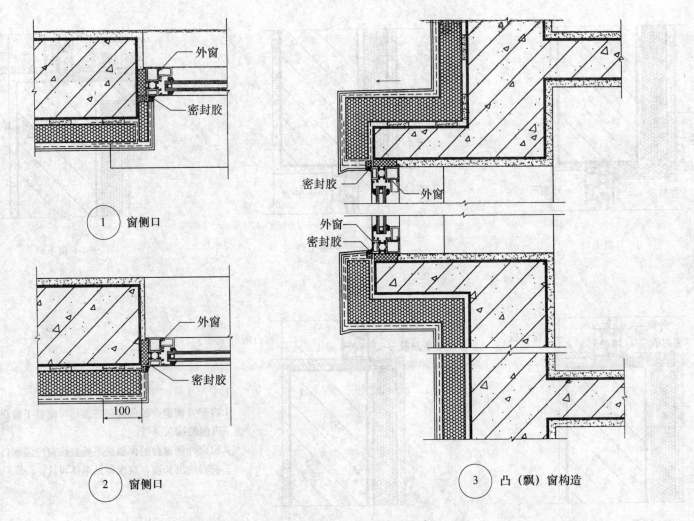

1 窗侧口

2 窗侧口

3 凸（飘）窗构造

注：1.本图为聚氨酯体系柔性饰面外墙窗侧口、凸（飘）窗构造节点。
　　2.③节点凸（飘）窗挑出宽度、长度及混凝土挑板构造详见单体设计，凸（飘）窗挑板传热系
　　　数不应大于1.50W/（m²·K）。
　　3.窗套挑出长度、宽度详见单体设计。

（十五）石材幕墙保温构造、幕墙阴角、阳角保温构造

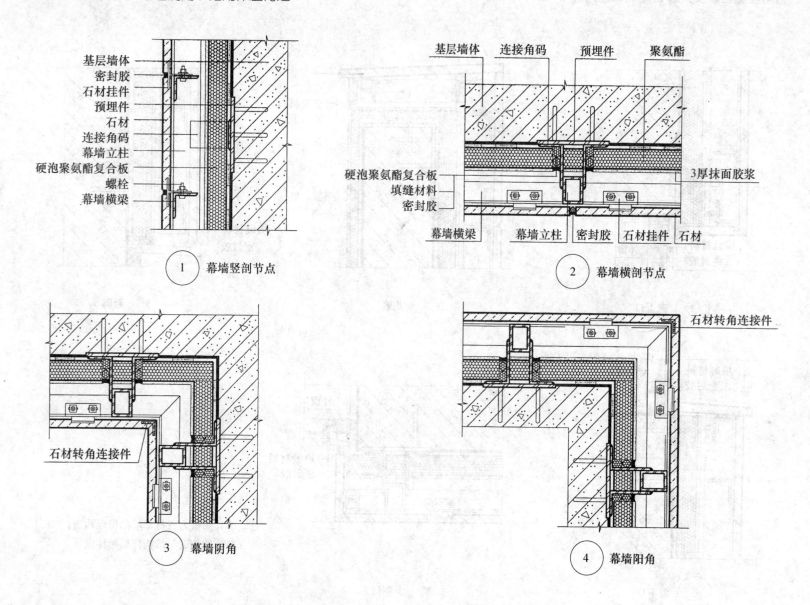

基层墙体
密封胶
石材挂件
预埋件
石材
连接角码
幕墙立柱
硬泡聚氨酯复合板
螺栓
幕墙横梁

① 幕墙竖剖节点

基层墙体　连接角码　预埋件　聚氨酯

硬泡聚氨酯复合板
填缝材料
密封胶

3厚抹面胶浆

幕墙横梁　幕墙立柱　密封胶　石材挂件　石材

② 幕墙横剖节点

石材转角连接件

③ 幕墙阴角

石材转角连接件

④ 幕墙阳角

注：本详图仅为石材幕墙的保温构造，幕墙的构造与结构详见单体设计。

129

（十六）石材幕墙窗口、女儿墙、勒脚保温构造

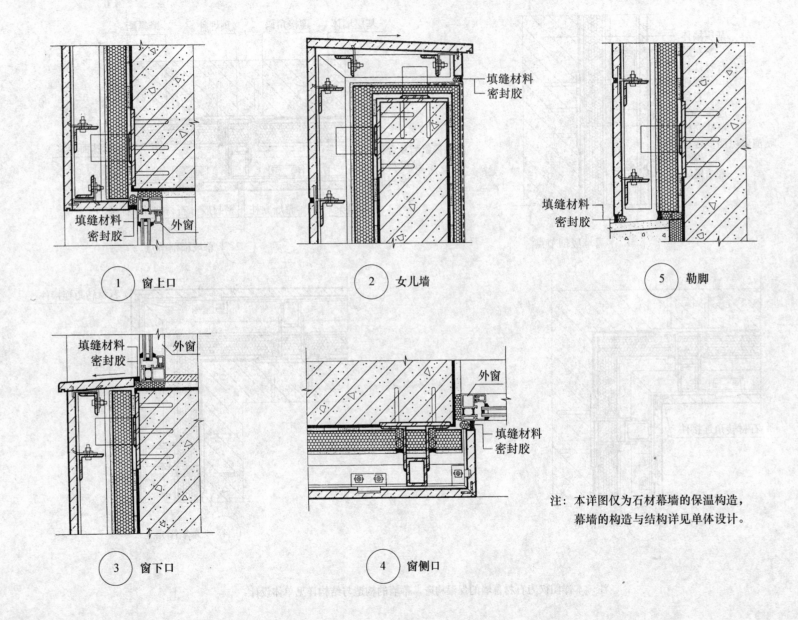

填缝材料
密封胶

填缆材料
密封胶

外窗

① 窗上口

② 女儿墙

⑤ 勒脚

填缝材料
密封胶

外窗

外窗

填缝材料
密封胶

③ 窗下口

④ 窗侧口

注：本详图仅为石材幕墙的保温构造，
幕墙的构造与结构详见单体设计。

第四节　聚苯板（泡沫板）现浇混凝土外墙外保温系统

一、无网架聚苯板（EPS）现浇混凝土外墙外保温系统

（一）说明

（1）本系统是以聚苯板为保温隔热层，置于混凝土墙体外侧（外墙外模内侧）与之一次浇筑成型，并以锚栓为辅助固定件与钢筋混凝土墙现浇为一体。聚苯板的抹面层以抗裂砂浆复合玻纤网布作防护层，属薄抹灰面层，以涂料为饰面外墙外保温系统。

（2）保温性能优异，与主体结构连接紧密，安装牢固。工效高，工期短，降低造价。

（3）适用于现浇混凝土剪力墙结构的外墙外保温。

（4）聚苯板（或背面有凹槽）内外表面均满喷砂界面剂。

（5）聚苯板拼装时，板间的各相邻边均应全部满刷一遍胶粘剂，使板缝紧密粘结，胶粘剂的粘结强度应大于 0.1MPa。

（6）聚苯板拼装完毕后，在锚栓定位处先用电烙铁钻成以能塞进尼龙锚栓适度的孔，塞入锚栓后，随即拧进螺杆，并与墙体钢筋绑扎固定，绑扎不宜过紧。

（7）必须采用钢制大模板施工。墙体混凝土应分层浇筑，分层振捣，分层高度应控制在 500mm 以内，严禁对聚苯板下料，振捣棒不得接触聚苯板。

（8）浇筑混凝土后，应做现场拉拔试验，其粘结强度应大于 0.1MPa（应为聚苯板破坏）。

（9）在聚苯板表面用保温浆料找平，其找平厚度不得大于 10mm。

（10）抗裂砂浆防护层在每层层间宜设水平分层缝，垂直分格缝的位置按缝间面积 30m² 左右确定。防护层施工前应在洞口四角部位附加耐碱玻纤网布。

（二）首层墙体构造及墙角

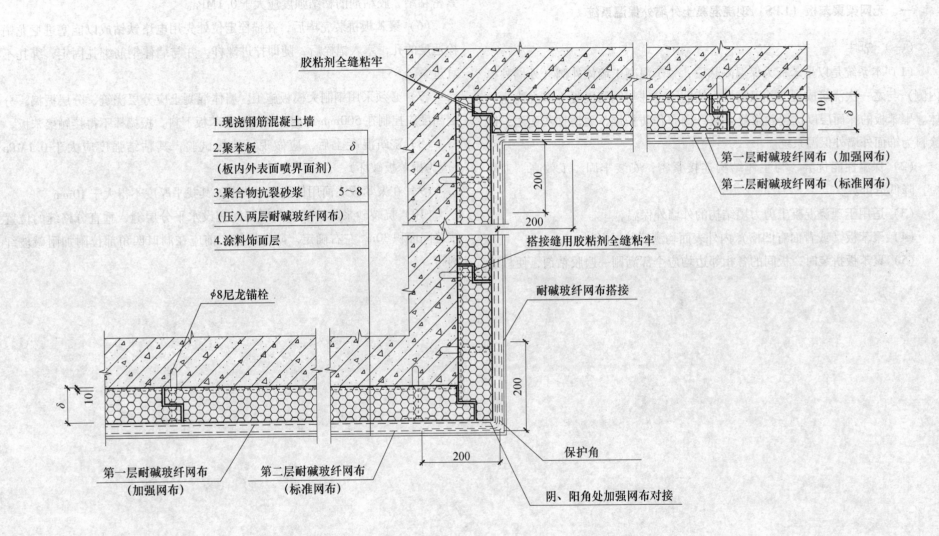

胶粘剂全缝粘牢

1.现浇钢筋混凝土墙

2.聚苯板　　　　　　　　δ
（板内外表面喷界面剂）

3.聚合物抗裂砂浆　　　5～8
（压入两层耐碱玻纤网布）

4.涂料饰面层

ϕ8尼龙锚栓

第一层耐碱玻纤网布（加强网布）

第二层耐碱玻纤网布（标准网布）

搭接缝用胶粘剂全缝粘牢

耐碱玻纤网布搭接

保护角

阴、阳角处加强网布对接

第一层耐碱玻纤网布
（加强网布）

第二层耐碱玻纤网布
（标准网布）

200

200

200

（三）勒脚

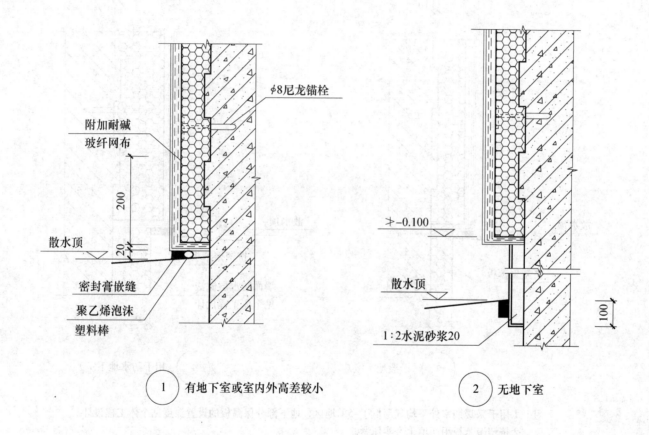

φ8尼龙锚栓

附加耐碱
玻纤网布

200

散水顶
20

密封膏嵌缝

聚乙烯泡沫
塑料棒

①　有地下室或室内外高差较小

≥−0.100

散水顶

1：2水泥砂浆20

100

②　无地下室

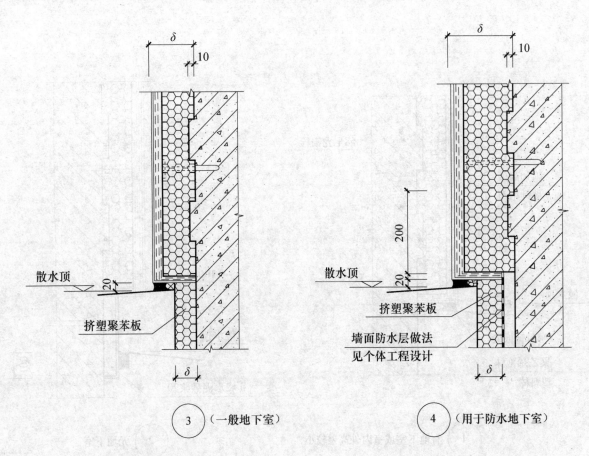

散水顶

挤塑聚苯板

③ （一般地下室）

散水顶

挤塑聚苯板

墙面防水层做法
见个体工程设计

④ （用于防水地下室）

注：1.用于采暖期室外平均气温低于-5℃地区，地下部分保温板的设置深度见个体工程设计。
　　2.挤塑聚苯板用回填土夯实压紧。

（四）窗口

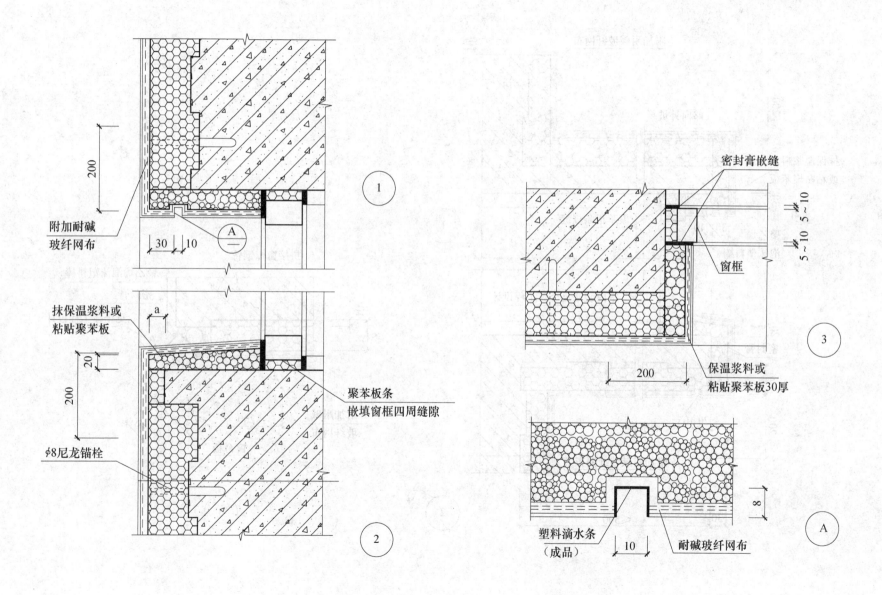

附加耐碱
玻纤网布

30   10

抹保温浆料或
粘贴聚苯板

聚苯板条
嵌填窗框四周缝隙

φ8尼龙锚栓

密封膏嵌缝

窗框

保温浆料或
粘贴聚苯板30厚

塑料滴水条
（成品）

耐碱玻纤网布

135

（五）挑窗窗口

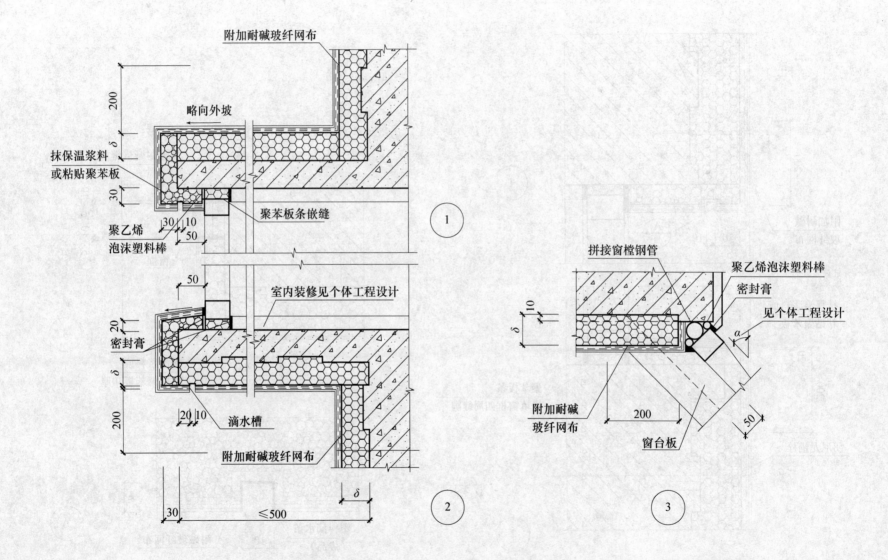

附加耐碱玻纤网布

略向外坡

抹保温浆料
或粘贴聚苯板

200
δ
30

聚苯板条嵌缝

聚乙烯
泡沫塑料棒

30 10
50

①

50

室内装修见个体工程设计

密封膏

20
δ
200

20 10
滴水槽

附加耐碱玻纤网布

30
≤500
δ

②

拼接窗橙钢管

聚乙烯泡沫塑料棒

密封膏

见个体工程设计

δ 10
α
50
200

附加耐碱
玻纤网布

窗台板

③

（六）保温阳台

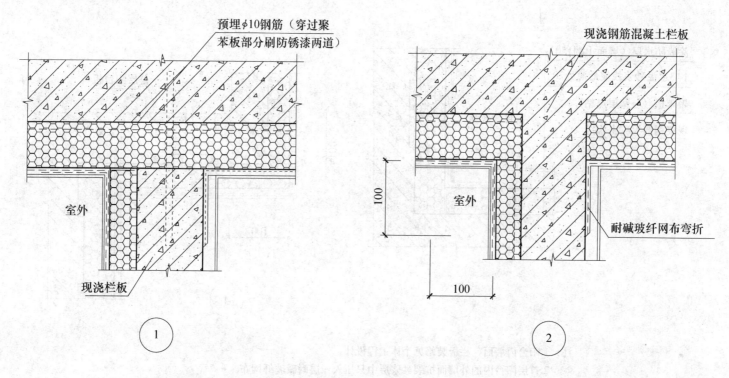

注：1.阳台内墙面、栏板装修见个体工程设计。
　　2.首层阳台内的外墙面抗裂砂浆层中只压入一层耐碱玻纤网布。
　　3.图①中，墙内预埋ϕ10钢筋，可视构造需要设置，由个体工程设计确定。
　　4.阳台部位的聚苯板与墙体聚苯板同厚，当墙体聚苯板大于50mm时，阳台部位的聚苯板可适当减薄。

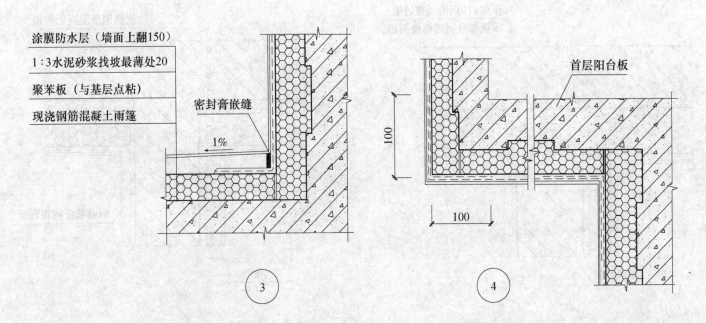

涂膜防水层（墙面上翻150）

1:3水泥砂浆找坡最薄处20

聚苯板（与基层点粘）

现浇钢筋混凝土雨篷

密封膏嵌缝

1%

100

100

首层阳台板

③

④

注：1.阳台内墙面、栏板装修见个体工程设计。
　　2.首层阳台内的外墙面抗裂砂浆层中只压入一层耐碱玻纤网布。
　　3.阳台部位的聚苯板与墙体聚苯板同厚，当墙体聚苯板＞50时，阳台部位的聚苯板可适当减薄。

（七）墙身变形缝（剖面）

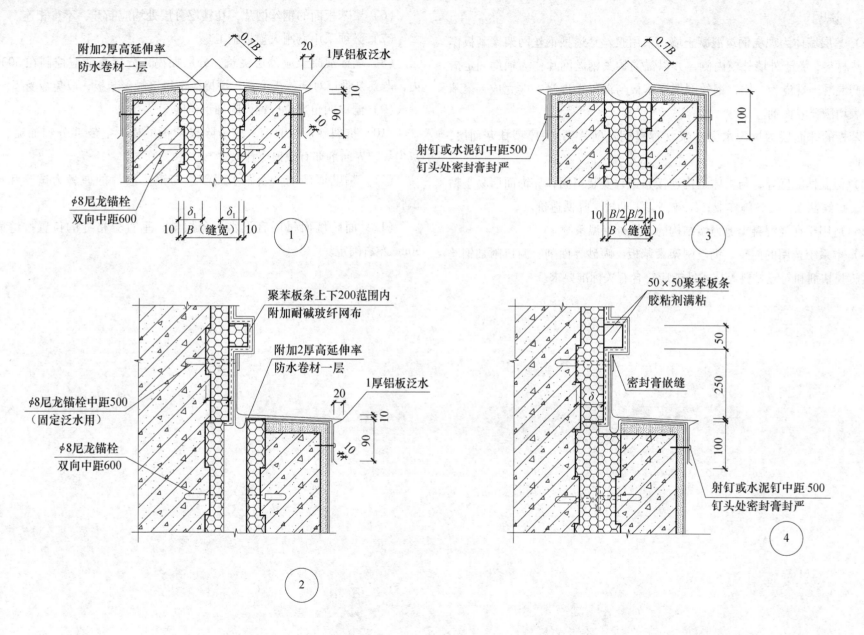

附加2厚高延伸率防水卷材一层

0.7B

20 1厚铝板泛水

10

90

φ8尼龙锚栓双向中距600

10 | B（缝宽） | 10

①

0.7B

100

射钉或水泥钉中距500钉头处密封膏封严

10 | B/2 | B/2 | 10
B（缝宽）

③

聚苯板条上下200范围内附加耐碱玻纤网布

附加2厚高延伸率防水卷材一层

1厚铝板泛水

φ8尼龙锚栓中距500（固定泛水用）

20

10

90

φ8尼龙锚栓双向中距600

②

50×50聚苯板条胶粘剂满粘

50

密封膏嵌缝

250

100

射钉或水泥钉中距500钉头处密封膏封严

④

二、钢丝网架聚苯板（EPS）现浇混凝土外墙外保温系统

（一）说明

（1）基层墙体为现浇钢筋混凝土墙，采用腹丝穿透型钢丝网架聚苯板作保温隔热材料，置于外墙外模内侧，并以锚筋钩紧钢丝网片作为辅助固定措施与钢筋混凝土现浇为一体，钢丝网架聚苯板与混凝土现浇一次完成，聚苯板内外表均满喷界面剂。

聚苯板的抹面层为抗裂水泥砂浆（覆裹钢丝网片），属厚型抹灰面层，面砖饰面。

（2）保温性能优异，与主体结构连接紧密，安装牢固；外饰面层易于粘贴面砖，耐候性强，可冬施作业；工效高，工期短，降低造价。

（3）适用于现浇混凝土剪力墙结构的外墙外保温系统。

（4）本系统选用的面砖、钢丝网架聚苯板、喷砂界面剂、洞口附加钢丝网、面砖胶粘剂和勾缝材料等技术性能应符合有关标准要求。

（5）聚苯板安装就位后，将 $\phi6$ 锚筋穿透板身与混凝土墙体钢筋绑牢，锚筋穿过聚苯板的部分应刷两遍防锈漆。

（6）聚苯板面的钢丝网片，在楼层分层处均应断开，不得相连。

（7）必须采用钢制大模板施工。

（8）墙体混凝土应分层浇筑，分层振捣，分层高度应控制在 500mm 以内，严禁泵管正对聚苯板下料，振捣棒不得接触聚苯板，以免板受损。

（9）洞口四角部位应铺设附加钢丝网。

（10）抗裂砂浆抹面前，应清除聚苯板酥松、空鼓部分和油渍、污物、灰尘等，界面剂如有缺损应补喷。

（11）粘贴面砖前，须做水泥砂浆与钢丝网片的握裹力试验和抗拉拔试验。

（12）面砖墙面每层宜设水平分层缝，垂直分格缝的位置按缝间面积 $30m^2$ 左右确定。

（二）墙体构造及墙角

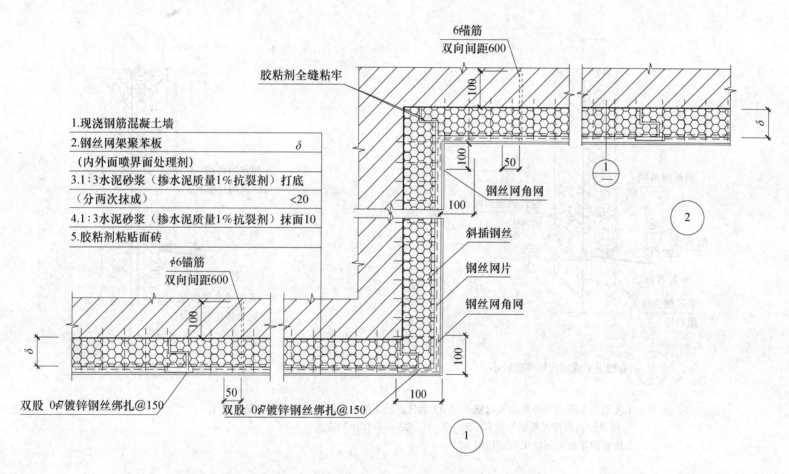

1.现浇钢筋混凝土墙

2.钢丝网架聚苯板　　　　　　　　　　　δ
（内外面喷界面处理剂）

3.1:3水泥砂浆（掺水泥质量1%抗裂剂）打底
（分两次抹成）　　　　　　　　　　　<20

4.1:3水泥砂浆（掺水泥质量1%抗裂剂）抹面10

5.胶粘剂粘贴面砖

注：钢丝网角网的做法同钢丝网片，角网与纲丝网片用双股$\phi 0.7$镀锌钢丝绑扎@150。

141

（三）勒脚

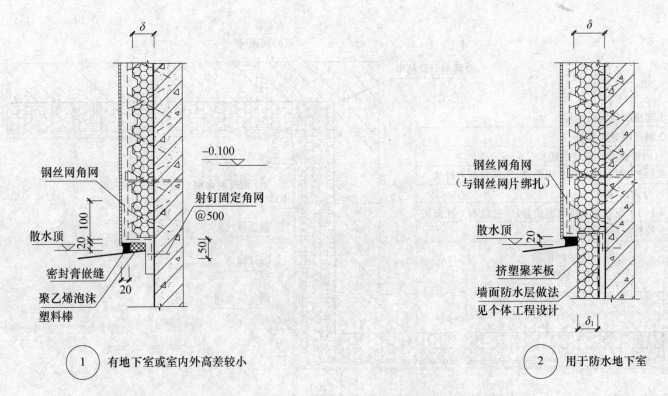

钢丝网角网

射钉固定角网
@500

散水顶

密封膏嵌缝

聚乙烯泡沫
塑料棒

－0.100

钢丝网角网
（与钢丝网片绑扎）

散水顶

挤塑聚苯板

墙面防水层做法
见个体工程设计

① 有地下室或室内外高差较小

② 用于防水地下室

注：1.②用于采暖期室外平均气温低于-5.0℃地区，地下部分保温板的设置深度见个体工
程设计，该保温板的厚度$\delta_1 = 50 \sim 70$。（按$\delta_1 = \delta - 10 \leq 70$设置）
2.挤塑聚苯板用回填土夯实压紧。

（四）女儿墙和挑檐

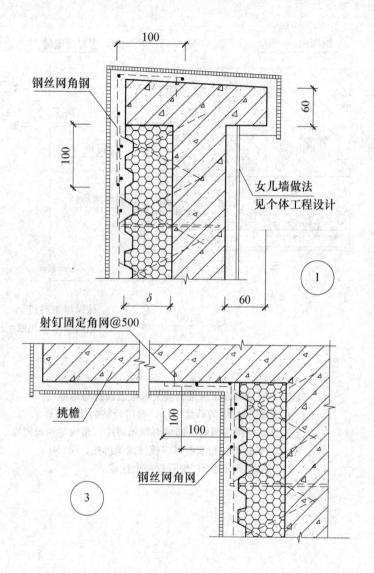

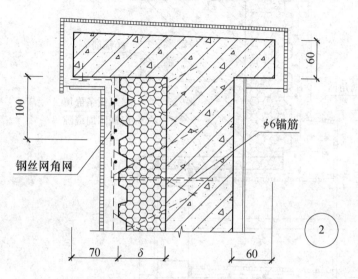

注：钢丝网角网做法同墙面钢丝网片，角网与网片搭接部位用双股$\phi0.7$镀锌钢丝绑扎，@150。

（五）带窗套窗口

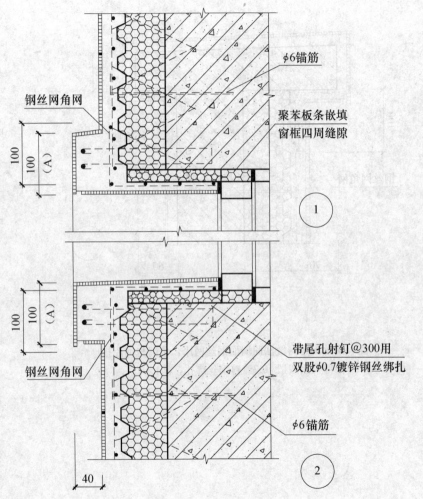

钢丝网角网

$\phi 6$锚筋

聚苯板条嵌填
窗框四周缝隙

①

钢丝网角网

带尾孔射钉@300用
双股$\phi 0.7$镀锌钢丝绑扎

$\phi 6$锚筋

②

40

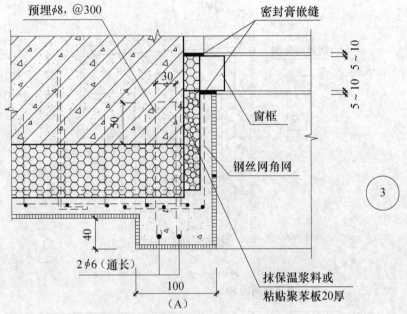

预埋$\phi 8$，@300

密封膏嵌缝

$5\sim 10$ $5\sim 10$

30

50

窗框

钢丝网角网

③

40

$2\phi 6$（通长）

100
（A）

抹保温浆料或
粘贴聚苯板20厚

注：1.窗口周边保温浆料或聚苯板表面抹与墙面
材料相同的砂浆12厚，再用胶粘剂粘贴面砖。
2.钢丝网角网做法同墙面钢丝网片，角网与钢丝网片
搭接部位用双股$\phi 0.7$镀锌钢丝绑扎，@150。
3.窗套部分用C15细石混凝土抹成。

（六）阳台

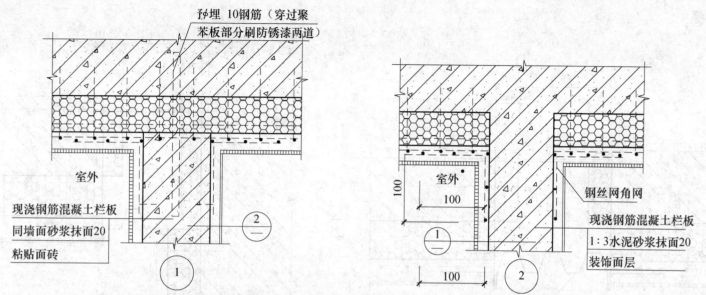

予φ埋 10钢筋（穿过聚苯板部分刷防锈漆两道）

室外

现浇钢筋混凝土栏板

同墙面砂浆抹面20

粘贴面砖

①

室外

100

100

100

钢丝网角网

现浇钢筋混凝土栏板

1：3水泥砂浆抹面20

装饰面层

②

注：1.钢丝网角网做法同墙面钢丝网片，角网与钢丝网片搭接部位用双股φ0.7镀锌钢丝网绑扎，@150。
　　2.①中，墙内预埋φ10钢筋，可视需要设置，由个体工程设计确定。

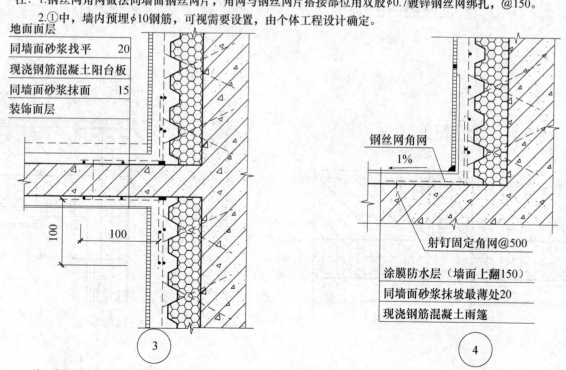

地面面层

同墙面砂浆找平 20

现浇钢筋混凝土阳台板

同墙面砂浆抹面 15

装饰面层

100

100

③

钢丝网角网

1%

射钉固定角网@500

涂膜防水层（墙面上翻150）

同墙面砂浆抹坡最薄处20

现浇钢筋混凝土雨篷

④

注：钢丝网角网做法同墙面钢丝网片，角网与钢丝网片搭接部位用双股φ0.7镀锌钢丝网绑扎，@150。

（七）墙身变形缝

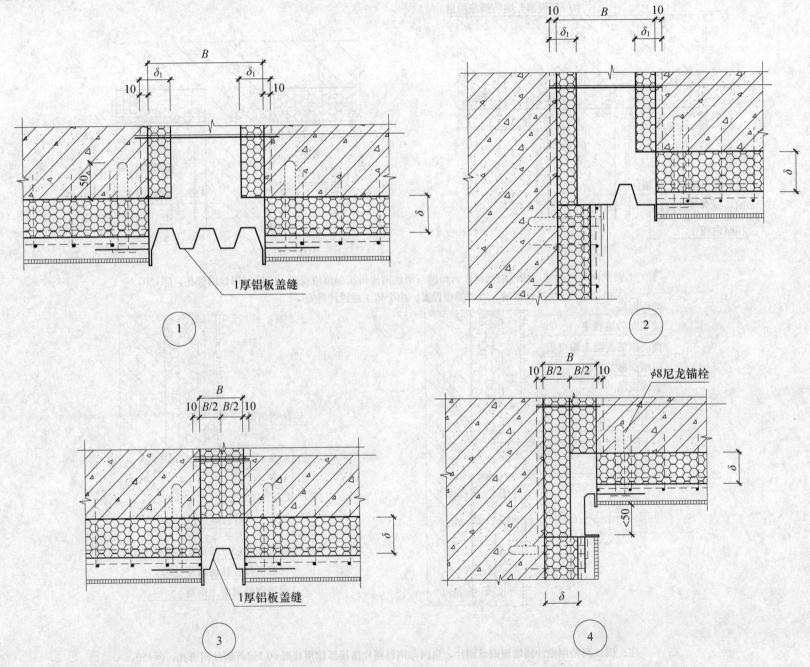

（八）线角、分格缝、分格色带

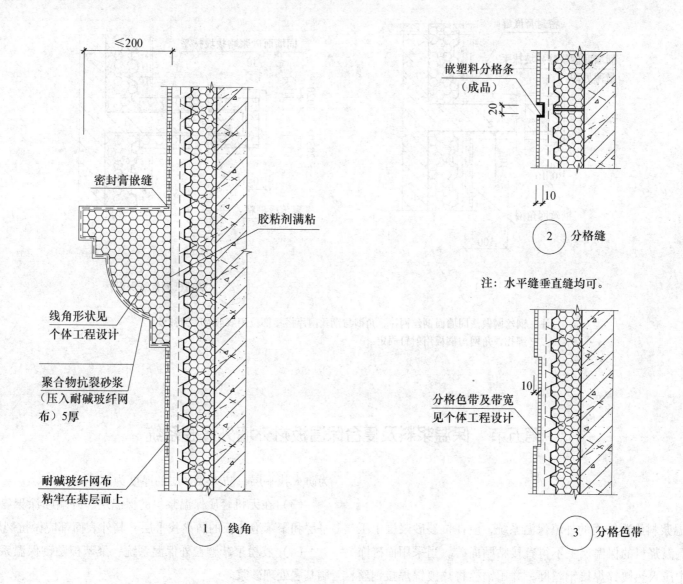

密封膏嵌缝

胶粘剂满粘

线角形状见
个体工程设计

聚合物抗裂砂浆
（压入耐碱玻纤网
布）5厚

耐碱玻纤网布
粘牢在基层面上

①　线角

嵌塑料分格条
（成品）

20

10

②　分格缝

注：水平缝垂直缝均可。

分格色带及带宽
见个体工程设计

10

③　分格色带

注：钢丝网做法同墙面钢丝网片，角网与钢丝网片搭接部位用双股φ0.7镀锌钢丝绑扎，角网与搁板用射钉固定。

147

（九）空调机搁板

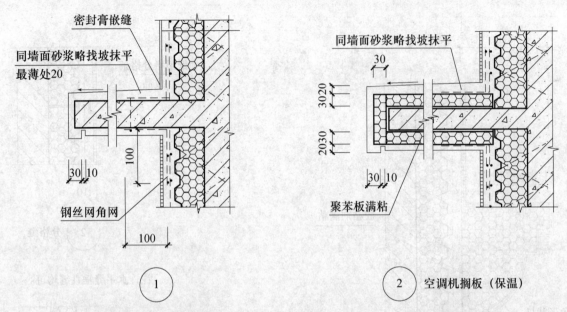

密封膏嵌缝

同墙面砂浆略找坡抹平
最薄处20

同墙面砂浆略找坡抹平

30

3020

2030

30 10

钢丝网角网

100

100

聚苯板满粘

30 10

① ② 空调机搁板（保温）

注：钢丝网做法同墙面钢丝网片，角钢与钢丝网片搭接部位用双股φ0.7镀锌丝
绑扎，角网与搁板用射钉固定。

第五节 保温浆料及复合保温板材外墙外保温系统

一、说明

（1）无机轻质保温浆料涂料饰面的外墙保温系统，应在抗裂砂浆层中压入耐碱玻纤网布。在保温浆料的保温层上不得直接粘贴面砖。当采用面砖饰面时，应在抗裂砂浆中压入热镀锌焊接钢丝网，并用锚栓将热镀锌焊接钢丝网与基层墙体锚固。

（2）采用有机保温材料的外墙外保温工程，其表面宜采用无机轻质浆料

为防火找平层，防火找平层的厚度为20～40mm。

（3）在无机轻质保温浆料的保温层、外墙喷涂聚氨酯硬泡保温的防火找平层和聚苯泡沫板的防火找平层，其外表面都应做抗裂层。

（4）胶粉聚苯颗粒外保温系统、聚苯板贴砌保温系统的基层墙面，应涂刷基层处理砂浆。

（5）采用无机轻质保温浆料的保温墙体及复合外墙外保温工程的抗裂层应设变形分格缝，变形分格缝的纵横间距不应大于6mm，其缝宽为10～

20mm，缝深为 10mm 左右，并做防水嵌缝处理。

（6）无机轻质保温浆料用在有机保温材料（如聚氨酯硬泡、EPS 板、钢丝网架 EPS 板、XPS 板）的防火找平层时，应在有机保温层表面预先喷刷界面处理砂浆。

（7）保温浆料施工，形成无空腔、无拼缝大面积连续保温层，具有逐层渐变柔性释放应力达到抗裂的效果。不易因保温层自身应力造成饰面层产生裂纹或面砖脱落。

（8）施工工艺：

1）保温浆料（胶粉聚苯颗粒）工艺流程

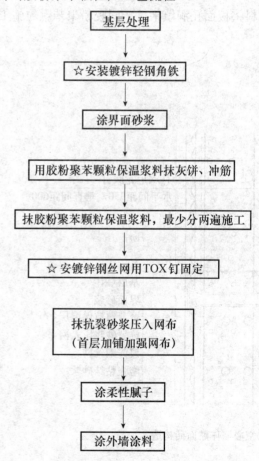

注：☆为保温层厚度＞60mm 时有此工序。

2）现浇混凝土有网（无网）聚苯板复合聚苯颗粒保温墙体工艺流程

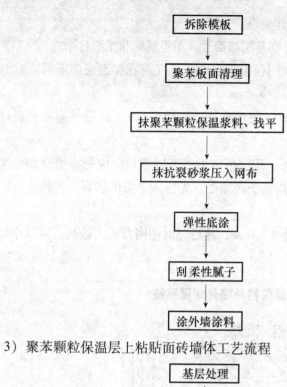

3）聚苯颗粒保温层上粘贴面砖墙体工艺流程

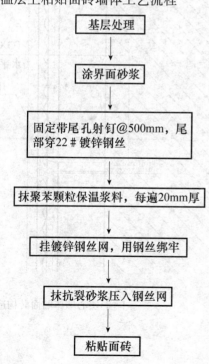

149

（9）胶粉聚苯颗粒操作要点：

1）界面砂浆应均匀涂在基层墙面上，不得漏刷和涂刷过厚。

2）沿水平和垂直方向用保温浆料或苯板（可在保温层中不拆除）分别做保温墙体厚度控制线。

3）分两遍抹保温浆料（阴角宜从外向内压抹），最后一遍抹到设计厚度，用大杠刮平。

4）做保温层分格条时，用壁纸刀沿线开凹槽后，应先将聚合物砂浆抹入凹槽中，再将裁好网布搭接于凹槽处，先压入下层的网布，再将上层的网布搭接其上。

5）聚合物砂浆先抹厚2~3mm，然后竖向把网布压入砂浆，再从中间向四周抹压，搭接（200mm左右）饱满度应达到100%。第二遍砂浆抹平压实，总厚度不超5mm。

在首层铺两层网布，应先将加强网布对接，后铺标准网布；在首层墙面阳角设金属护角，夹在两层网布之间。

门窗洞口四角增加附加网布加强。

6）浮雕涂料可直接在弹性底涂上进行喷涂；面砖采用粘结砂浆粘贴。

7）粘贴面砖的外墙，应在抹抗裂砂浆前镀锌钢丝网与墙体上带尾孔射钉双向绑扎，使镀锌网埋入抗裂砂浆中。

（10）现浇混凝土无（有）网聚苯板复合聚苯颗粒施工，应清理保温板表面污物后，用浆料将板面孔洞填平后，同胶粉聚苯颗粒施工要点。

二、胶粉聚苯颗粒保温浆料外墙外保温系统

（一）聚苯颗粒外保温基本做法

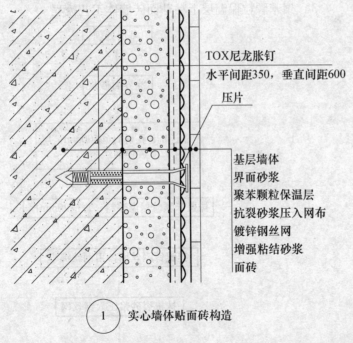

TOX尼龙胀钉
水平间距350，垂直间距600

压片

基层墙体
界面砂浆
聚苯颗粒保温层
抗裂砂浆压入网布
镀锌钢丝网
增强粘结砂浆
面砖

①　实心墙体贴面砖构造

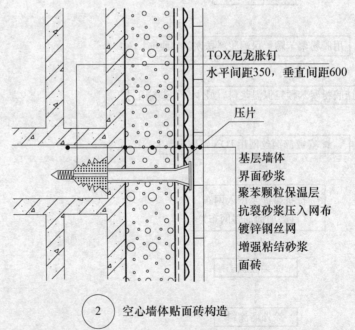

TOX尼龙胀钉
水平间距350，垂直间距600

压片

基层墙体
界面砂浆
聚苯颗粒保温层
抗裂砂浆压入网布
镀锌钢丝网
增强粘结砂浆
面砖

②　空心墙体贴面砖构造

（二）外墙阳角构造详图

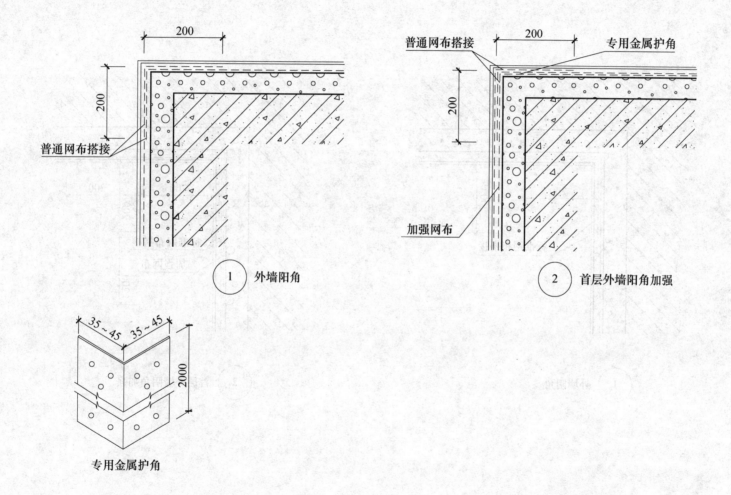

200

200

普通网布搭接

① 外墙阳角

普通网布搭接   200   专用金属护角

200

加强网布

② 首层外墙阳角加强

35～45 35～45

2000

专用金属护角

（三）外墙阴角构造详图

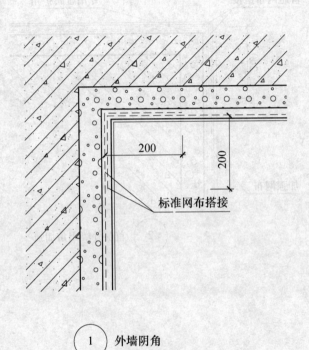

标准网布搭接

① 外墙阴角

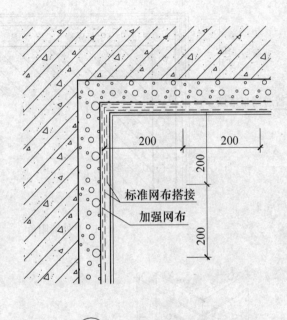

标准网布搭接
加强网布

② 首层外墙阴角加强

（四）勒脚构造详图

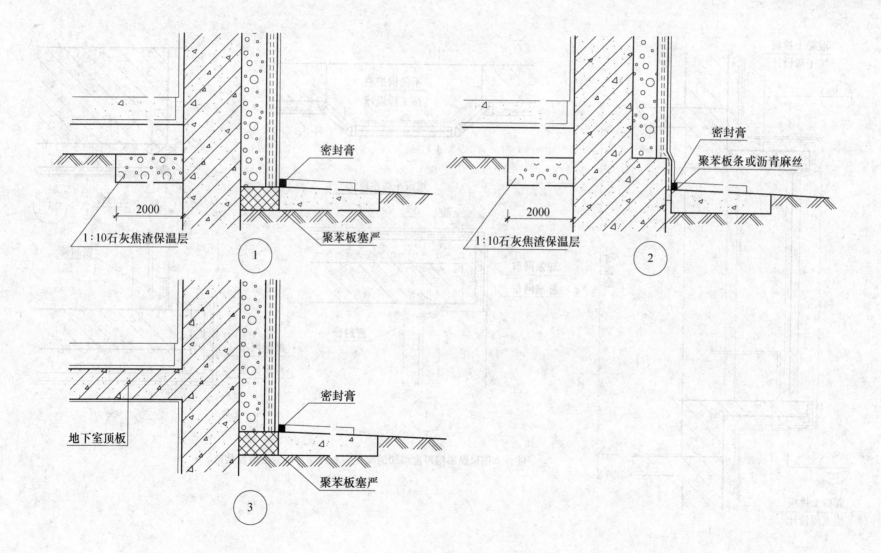

密封膏

聚苯板条或沥青麻丝

密封膏

2000

1：10石灰焦渣保温层

聚苯板塞严

1

2000

1：10石灰焦渣保温层

2

地下室顶板

密封膏

聚苯板塞严

3

（五）挑窗构造详图

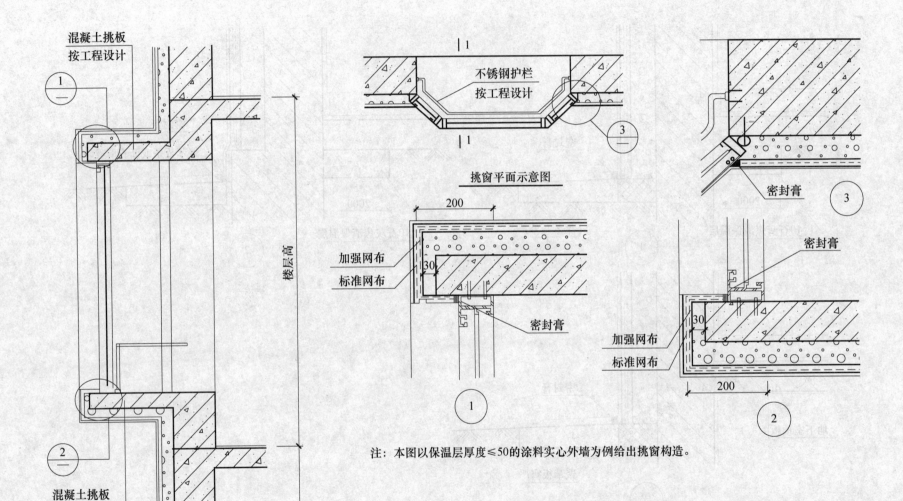

混凝土挑板
按工程设计

① —

楼层高

混凝土挑板
按工程设计

1—1

不锈钢护栏
按工程设计

③ —

挑窗平面示意图

200

加强网布

标准网布

30

密封膏

①

密封膏

③

密封膏

加强网布

标准网布

30

200

②

注：本图以保温层厚度≤50的涂料实心外墙为例给出挑窗构造。

（六）外窗口构造详图

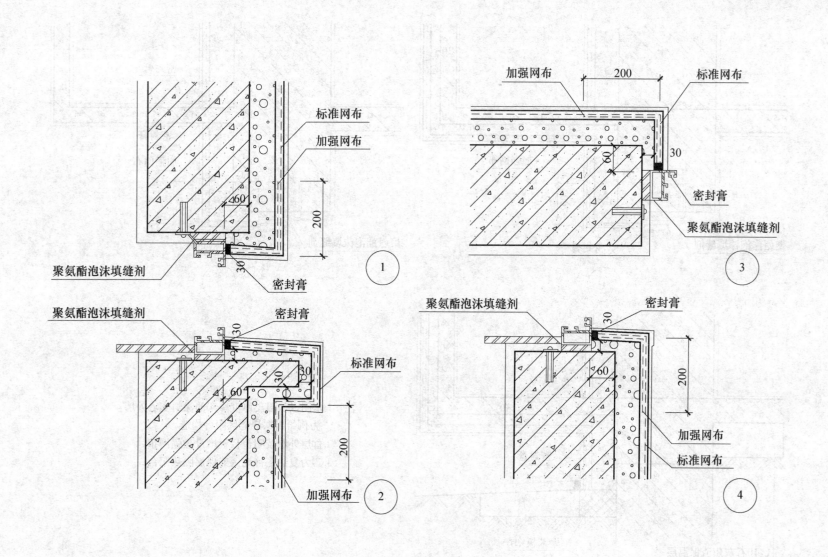

标准网布
加强网布
200
≤60
30
聚氨酯泡沫填缝剂
密封膏
① 1

加强网布
200
标准网布
60
30
密封膏
聚氨酯泡沫填缝剂
③ 3

聚氨酯泡沫填缝剂
密封膏
30
标准网布
30
60
200
加强网布
② 2

聚氨酯泡沫填缝剂
密封膏
30
200
60
加强网布
标准网布
④ 4

（七）阳台构造详图

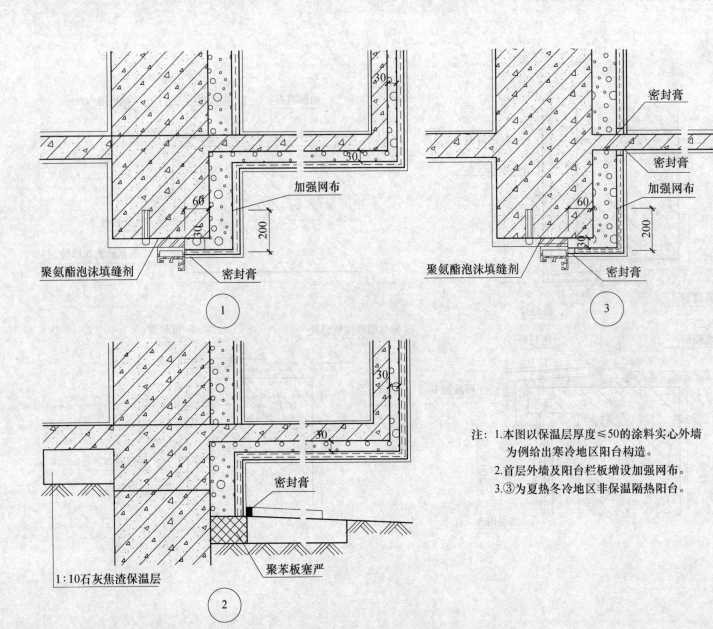

加强网布

密封膏

密封膏

加强网布

聚氨酯泡沫填缝剂

密封膏

聚氨酯泡沫填缝剂

密封膏

①

③

密封膏

1:10石灰焦渣保温层

聚苯板塞严

②

注：1.本图以保温层厚度≤50的涂料实心外墙
　　　为例给出寒冷地区阳台构造。
　　2.首层外墙及阳台栏板增设加强网布。
　　3.③为夏热冬冷地区非保温隔热阳台。

（八）雨篷构造详图

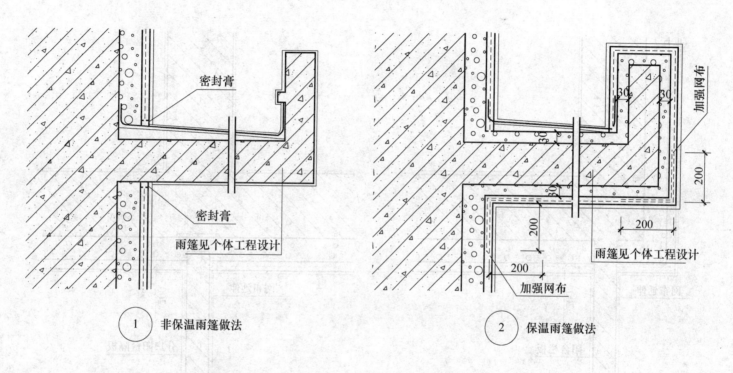

① 非保温雨篷做法

② 保温雨篷做法

注：1.本图以保温层厚度≤50的涂料实心外墙为例给出雨篷构造。
　　2.非保温雨篷用于不封闭阳台的房屋。

（九）阳台栏板节点构造

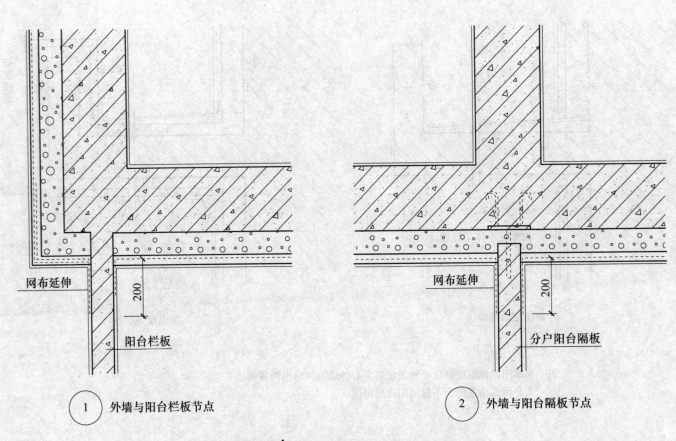

网布延伸

200

阳台栏板

① 外墙与阳台栏板节点

网布延伸

200

分户阳台隔板

② 外墙与阳台隔板节点

注：本图以保温层厚度≤50的涂料外墙为例给出阳台栏板构造。

（十）檐口构造

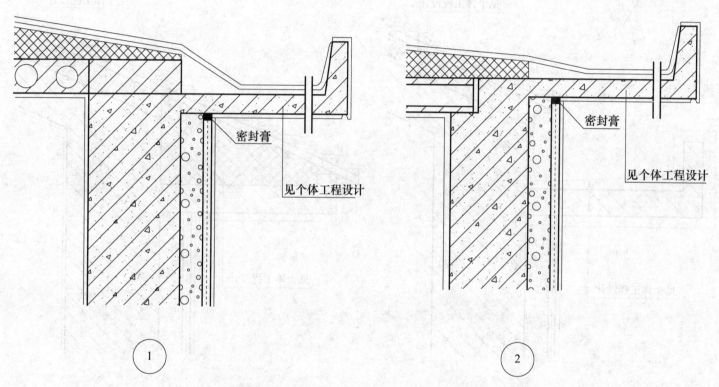

注：本图以保温层厚度≤50的涂料外墙为例给出檐口构造。

（十一）坡屋面构造

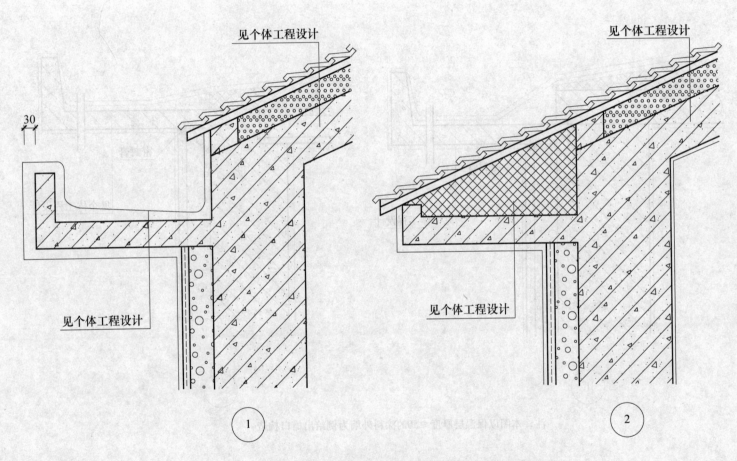

注：本图以保温层厚度≤50的涂料外墙为例给出坡屋面构造。

（十二）女儿墙构造

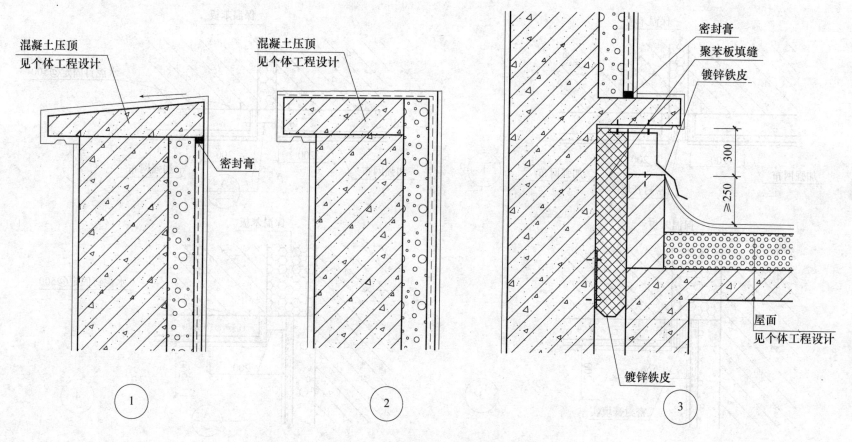

混凝土压顶
见个体工程设计

密封膏

①

混凝土压顶
见个体工程设计

②

密封膏
聚苯板填缝
镀锌铁皮
300
≥250
屋面
见个体工程设计
镀锌铁皮

③

注：本图以保温层厚度≤50的涂料外墙为例给出女儿墙构造。

（十三）系统变形缝构造

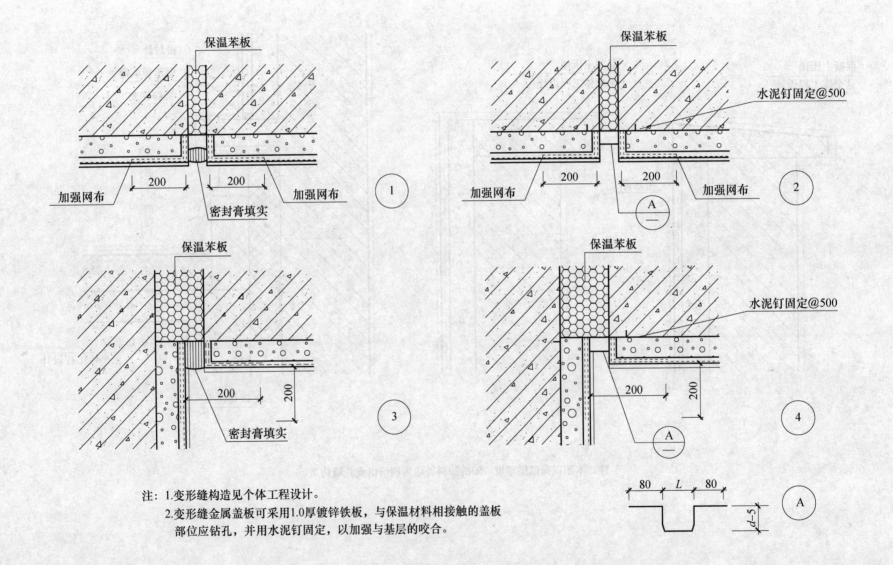

保温苯板

加强网布   加强网布

200   200

密封膏填实

①

保温苯板

水泥钉固定@500

加强网布   加强网布

200   200

A
—

②

保温苯板

200   200

密封膏填实

③

保温苯板

水泥钉固定@500

200   200

A
—

④

注：1.变形缝构造见个体工程设计。
　　2.变形缝金属盖板可采用1.0厚镀锌铁板，与保温材料相接触的盖板
　　　部位应钻孔，并用水泥钉固定，以加强与基层的咬合。

80   L   80

d-5

A

（十四）外墙分格缝做法

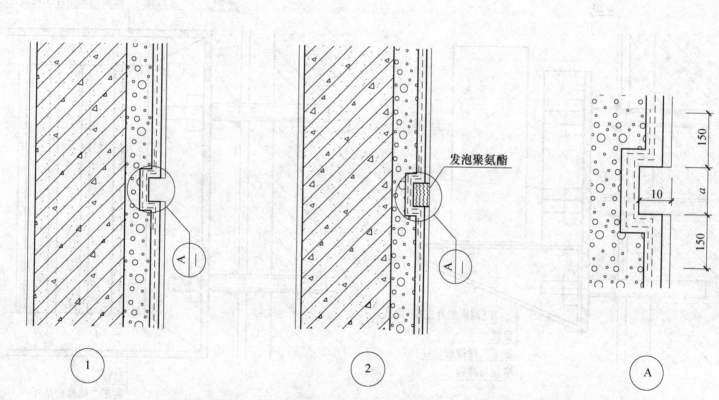

发泡聚氨酯

① ② A

注：1. 本图以保温层厚度≤50，且高度小于30m的涂料外墙为例给出外墙分格缝做法构造。
　　2. 墙面的连续高，宽超过6m且未设其他变形缝处设置分格缝。

（十五）空调机室外支架、防盗网详图

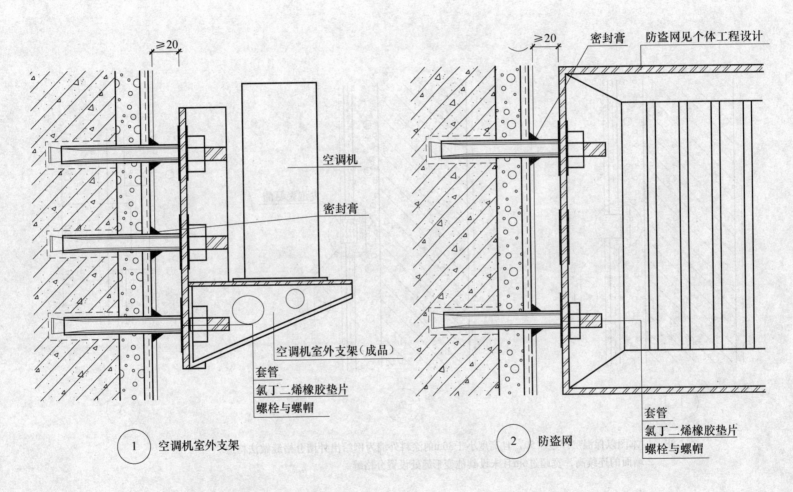

≥20

空调机

密封膏

空调机室外支架（成品）

套管
氯丁二烯橡胶垫片
螺栓与螺帽

① 空调机室外支架

≥20

密封膏

防盗网见个体工程设计

套管
氯丁二烯橡胶垫片
螺栓与螺帽

② 防盗网

注：1.空调机室外支架宜在保温层施工前安装。
    2.膨胀螺栓规格和埋深见个体工程设计。

164

（十六）水落管、穿墙管道、标牌详图

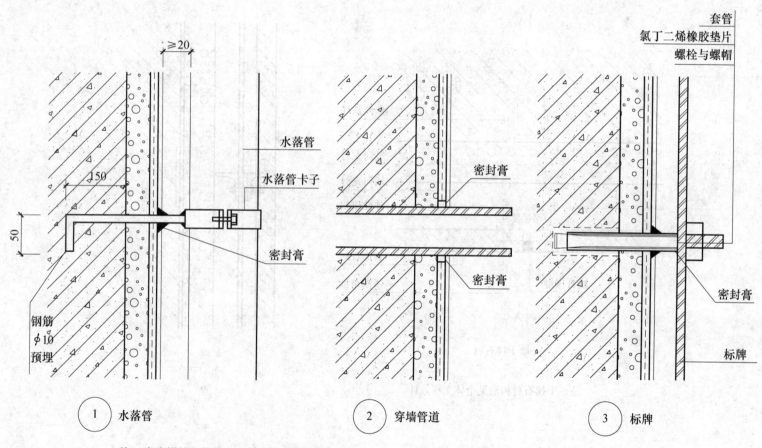

① 水落管

② 穿墙管道

③ 标牌

注：膨胀螺栓规格和埋深见个体工程设计。

（十七）外墙干挂石材详图

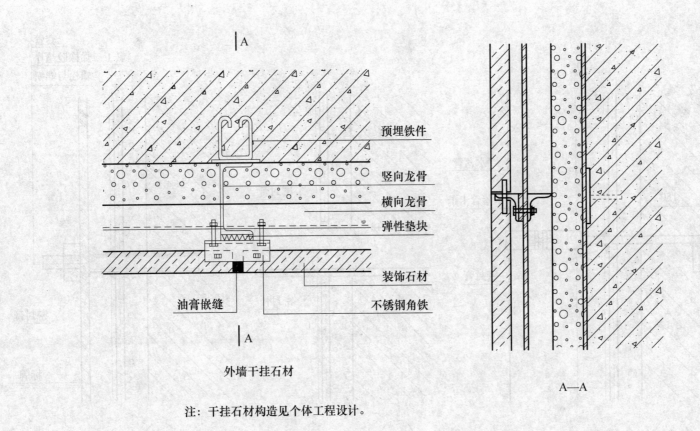

预埋铁件

竖向龙骨

横向龙骨

弹性垫块

装饰石材

油膏嵌缝   不锈钢角铁

外墙干挂石材

A—A

注：干挂石材构造见个体工程设计。

三、胶粉聚苯颗粒保温浆料复合有网聚苯板材外墙外保温系统

（一）有网聚苯板复合聚苯颗粒外保温基本做法

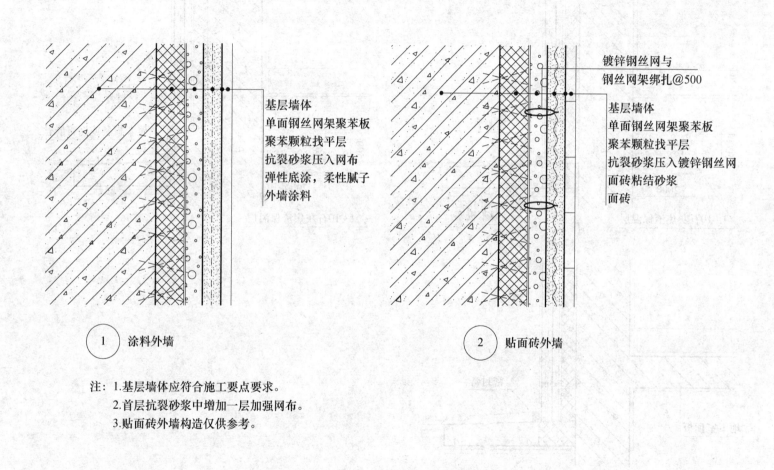

基层墙体
单面钢丝网架聚苯板
聚苯颗粒找平层
抗裂砂浆压入网布
弹性底涂，柔性腻子
外墙涂料

镀锌钢丝网与
钢丝网架绑扎@500

基层墙体
单面钢丝网架聚苯板
聚苯颗粒找平层
抗裂砂浆压入镀锌钢丝网
面砖粘结砂浆
面砖

① 涂料外墙

② 贴面砖外墙

注：1.基层墙体应符合施工要点要求。
　　2.首层抗裂砂浆中增加一层加强网布。
　　3.贴面砖外墙构造仅供参考。

（二）有网聚苯板复合聚苯颗粒勒脚构造

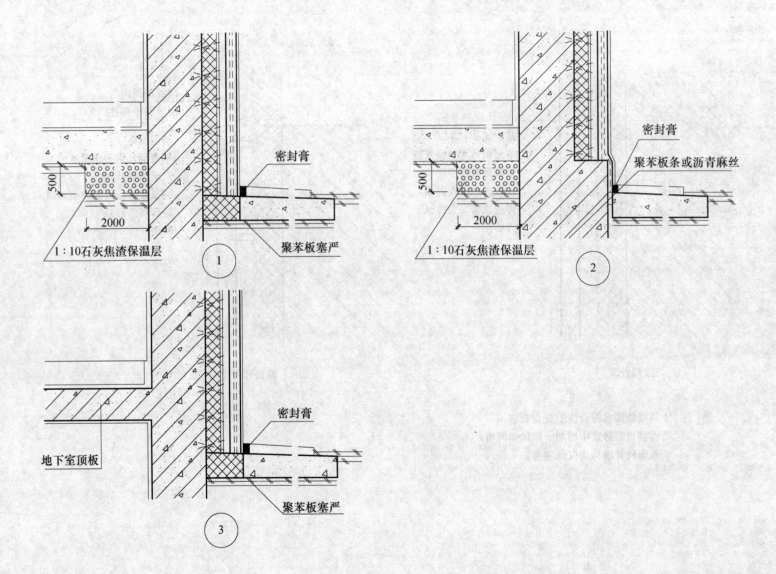

密封膏

1:10石灰焦渣保温层

聚苯板塞严

①

密封膏

聚苯板条或沥青麻丝

1:10石灰焦渣保温层

②

地下室顶板

密封膏

聚苯板塞严

③

（三）有网聚苯板复合聚苯颗粒外墙窗口构造

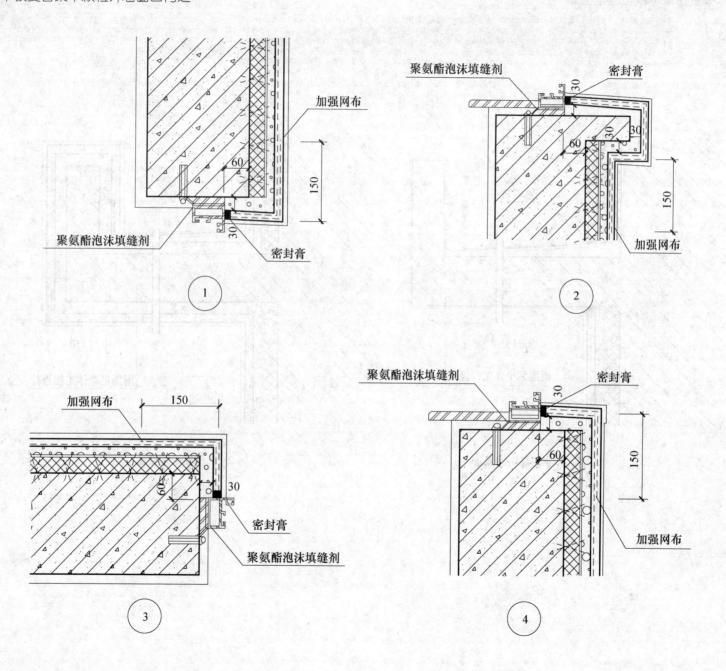

图中标注：

图1：加强网布、聚氨酯泡沫填缝剂、密封膏、60、150、30

图2：聚氨酯泡沫填缝剂、密封膏、30、30、60、150、加强网布

图3：加强网布、150、60、30、密封膏、聚氨酯泡沫填缝剂

图4：聚氨酯泡沫填缝剂、密封膏、30、60、150、加强网布

①　②　③　④

（四）有网聚苯板复合聚苯颗粒雨篷构造

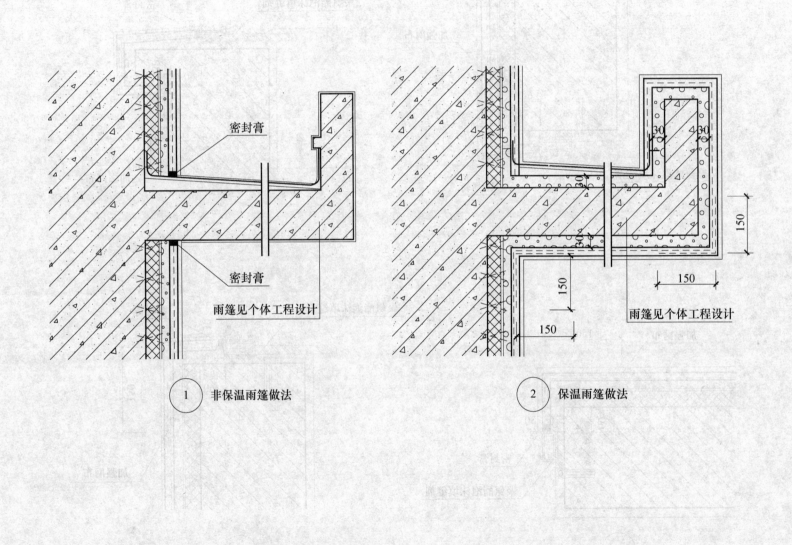

1　非保温雨篷做法　　　　　　　　2　保温雨篷做法

四、胶粉聚苯颗粒保温浆料复合无网聚苯板材外墙外保温系统

（一）无网聚苯板复合聚苯颗粒外保温基本做法

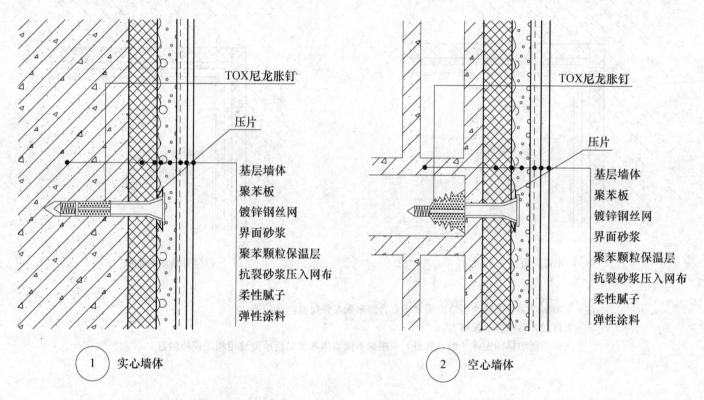

① 实心墙体   ② 空心墙体

注：1.基层墙体应符合施工要点要求。
　　2.聚苯板塑料固定件（尼龙胀钉）应根据不同墙体和保温层厚度选用相应规格的钉。

（二）无网聚苯板复合聚苯颗粒外保温阴角构造

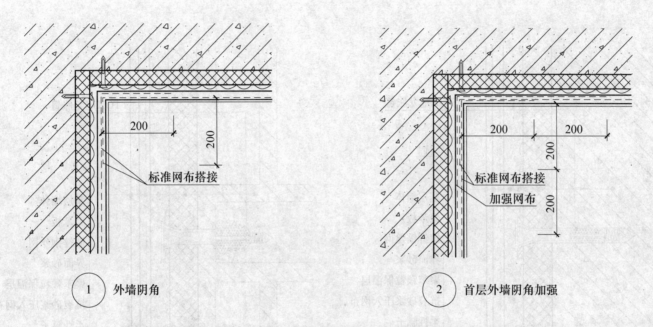

200

200

标准网布搭接

① 外墙阴角

200　200

200

200

标准网布搭接
加强网布

② 首层外墙阴角加强

注：1.本图以实心外墙为例给出聚苯板复合聚苯颗粒外保温阴角构造。
　　2.首层外墙增设加强网布。
　　3.聚苯板塑料固定件（尼龙胀钉）应根据不同墙体和保温层厚度选用相应规格的钉。

（三）无网聚苯板复合聚苯颗粒勒脚构造

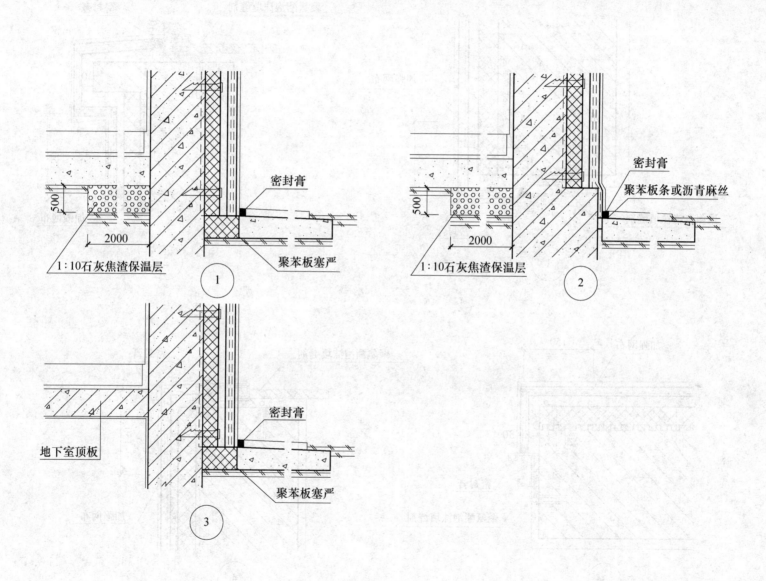

500
2000
1:10石灰焦渣保温层
密封膏
聚苯板塞严
①

500
2000
1:10石灰焦渣保温层
密封膏
聚苯板条或沥青麻丝
②

地下室顶板
密封膏
聚苯板塞严
③

（四）无网聚苯板复合聚苯颗粒外墙窗口构造

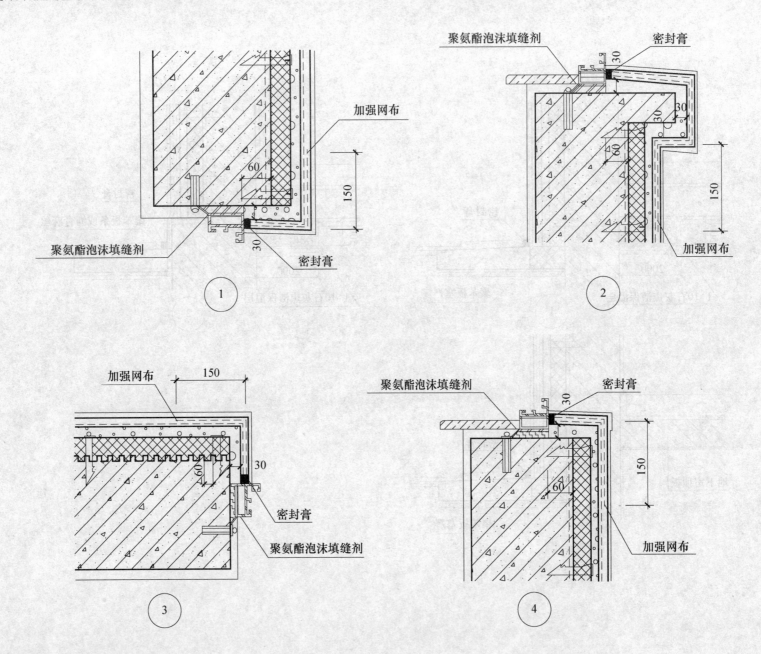

（五）无网聚苯板复合聚苯颗粒外墙阳台构造

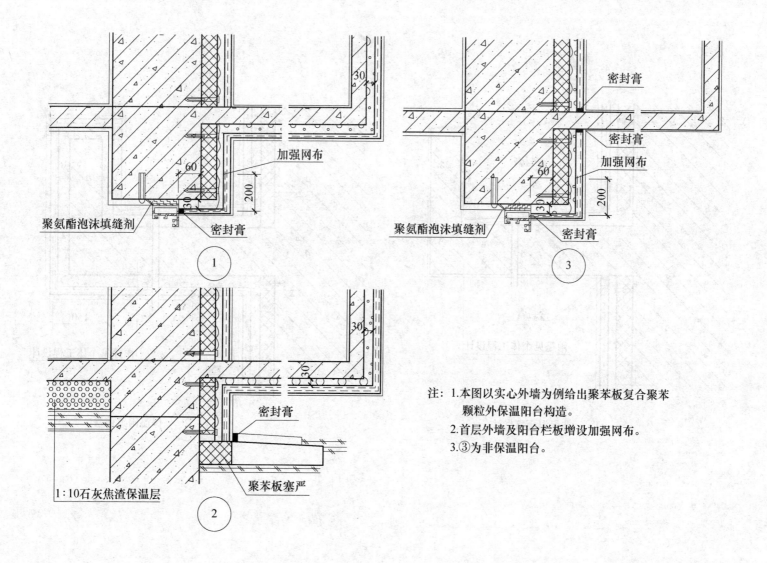

加强网布

聚氨酯泡沫填缝剂

密封膏

①

密封膏

密封膏

加强网布

聚氨酯泡沫填缝剂

密封膏

③

1:10石灰焦渣保温层

密封膏

聚苯板塞严

②

注：1.本图以实心外墙为例给出聚苯板复合聚苯
颗粒外保温阳台构造。
2.首层外墙及阳台栏板增设加强网布。
3.③为非保温阳台。

175

（六）无网聚苯板复合聚苯颗粒雨篷构造

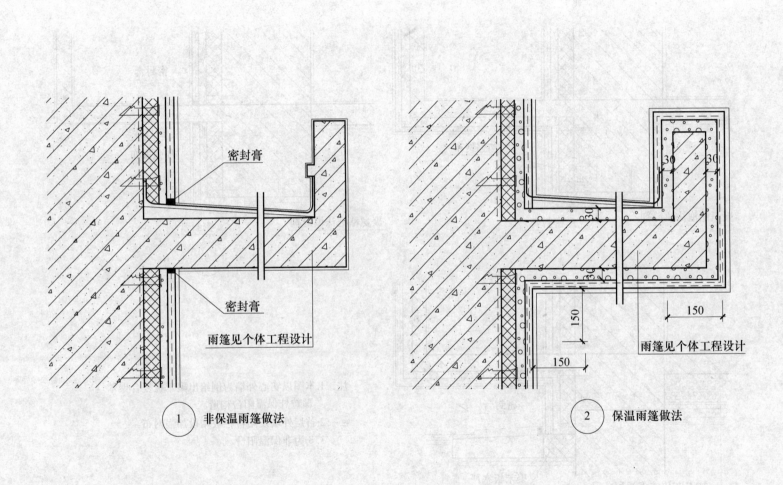

密封膏

密封膏

雨篷见个体工程设计

① 非保温雨篷做法

30 30

30

150

150

雨篷见个体工程设计

② 保温雨篷做法

（七）无网聚苯板复合聚苯颗粒外保温阳台栏板构造

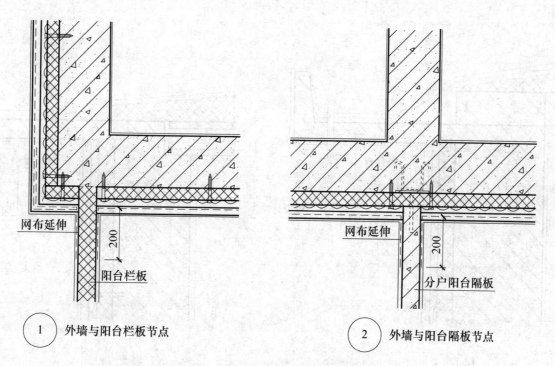

网布延伸

200

阳台栏板

① 外墙与阳台栏板节点

网布延伸

200

分户阳台隔板

② 外墙与阳台隔板节点

注：本图以实心外墙为例给出聚苯板复合聚苯颗粒外保温阳台栏板构造。

（八）无网聚苯板复合聚苯颗粒外保温檐口构造

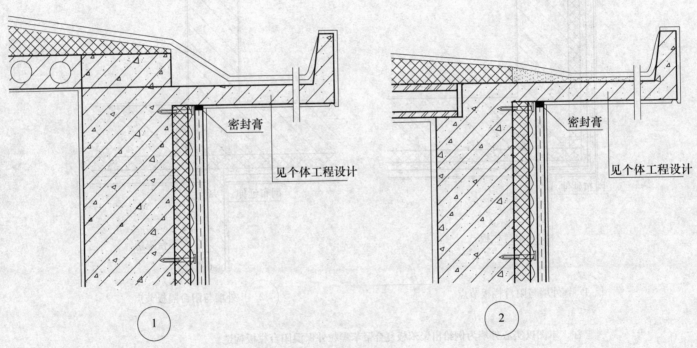

密封膏

见个体工程设计

①

密封膏

见个体工程设计

②

注：本图以实心外墙为例给出聚苯板复合聚苯颗粒外保温檐口构造。

（九）无网聚苯板复合聚苯颗粒外保温女儿墙构造

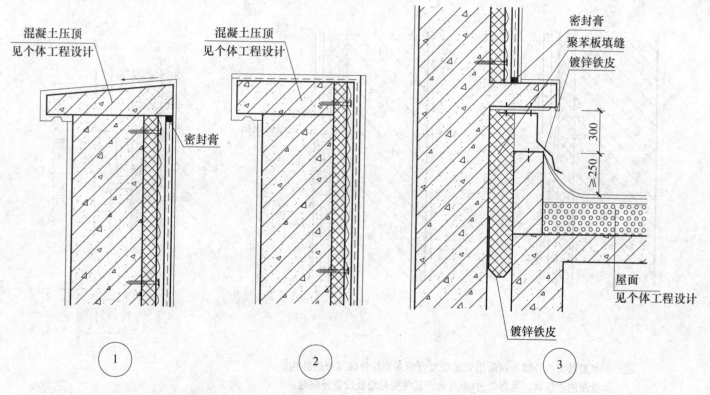

注：本图以实心外墙为例给出聚苯板复合聚苯颗粒外保温女儿墙构造。

（十）无网聚苯板复合聚苯颗粒外保温分格缝构造

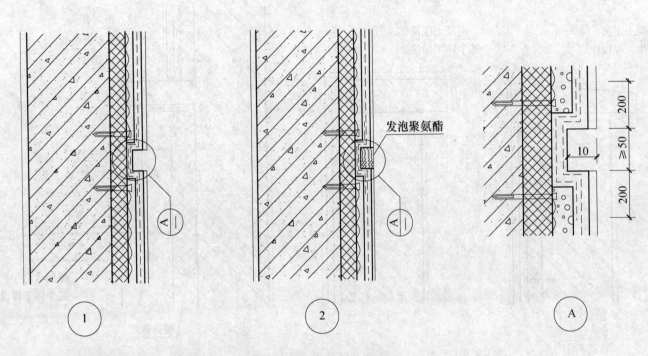

发泡聚氨酯

注：1.本图以实心外墙为例给出聚苯板复合聚苯颗粒外保温分格缝构造。
　　2.墙面的连续高、宽每超过6m且未设其他变形缝处设置分格缝。

（十一）无网聚苯板复合聚苯颗粒外保温水落管、穿墙管道、标牌构造

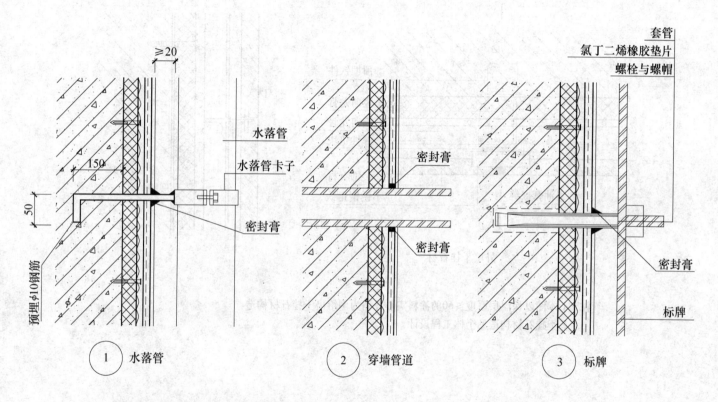

① 水落管

② 穿墙管道

③ 标牌

注：1.本图以实心外墙为例给出聚苯板复合聚苯颗粒外保温水落管、穿墙管道、标牌构造。
　　2.膨胀螺栓规格和埋深见个体工程设计。
　　3.穿墙管周边与聚苯板间隙较大时应用聚苯颗粒浆料填满。

（十二）聚苯板复合聚苯颗粒外保温外墙干挂石材构造

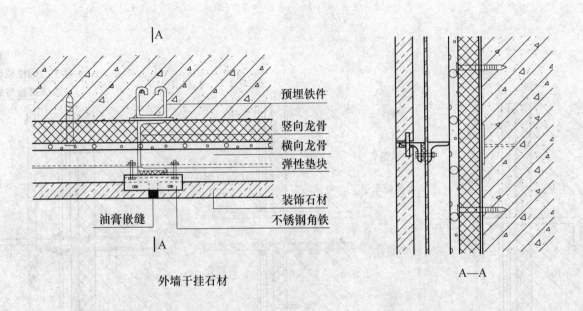

外墙干挂石材

预埋铁件
竖向龙骨
横向龙骨
弹性垫块
装饰石材
油膏嵌缝
不锈钢角铁

A—A

注：1.本图以保温层厚度≤60的涂料实心外墙为例给出干挂石材构造。
　　2.干挂石材构造见个体工程设计。

（十三）无网聚苯板复合聚苯颗粒用塑料锚固件

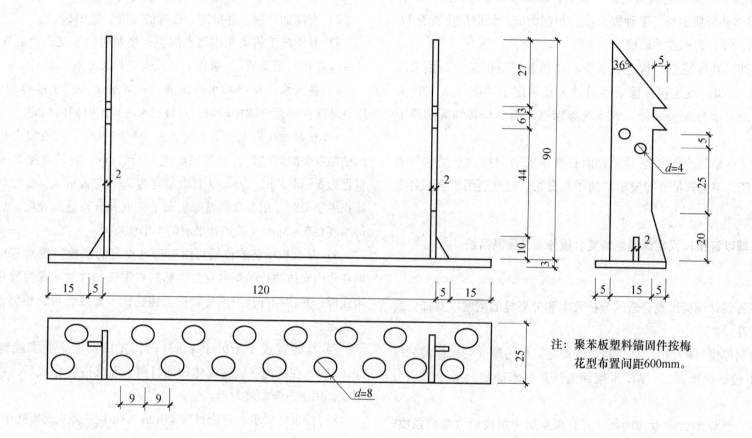

注：聚苯板塑料锚固件按梅花型布置间距600mm。

第六节 保温装饰复合板外墙外保温系统

保温装饰复合板（简称复合板）由饰面板（包括面板与涂层）与保温层（或含有背板）构成，在工厂经机械化生产成型。饰面板由金属材质（铝合金）、无机树脂等多种材质面板与多种饰面涂层预制而成。保温层主要有PU硬泡、EPS、XPS、PF、岩棉或玻璃棉。

根据复合板外形具体特点、构造、规格和墙体基层等因素，分别采用粘贴（辅以钉扣）、锚固或连接件固定等具体方式固定于墙面（或龙骨），是一种干法施工的外墙外保温系统，该系统集保温、隔热和装饰等功能于一体。

该系统主要特点是复合板质量稳定，而且现场安装简捷，不受季节限制，质量容易保证，不但满足节能要求，使用寿命长，而且适用于全国各个地区的各类建筑。

一、粘贴（辅以钉扣）固定保温装饰复合板外墙外保温系统

（一）说明

（1）个体工程设计应提出复合板的分格要求和分格缝的宽度以及饰面涂料的品种、颜色等。

（2）保温材料厚度（d）由个体工程设计确定。板的厚度均指保温材料层的净厚度（不包括面板厚）。厚度根据保温隔热要求确定（最小限值为20mm）。

（3）Ⅰ型复合板以铝合金板为面板，并在保温层中增设铝合金增强板；Ⅱ型复合板以无机树脂板为面板，当板的幅面大于1m^{2}时，保温材料层中也增设铝合金增强板。

（4）复合板的最大安装尺寸：Ⅰ型复合板（铝合金面板）宽为1200~1500mm，长为≤3200mm；Ⅱ型复合板（无机树脂板面板）为2000~1200mm。

（5）安装要点：

1）基层抹灰层不起泡、掉砂，露缝间隙不大于5mm。

2）在墙面弹线，并确定分格缝的宽度，做出标记。

3）夏季施工将墙面用清水润湿；粘贴时，基层表面温度不得低于4℃；夏季应避开阳光暴晒，5级以上大风天气和雨天不得施工。

4）按胶水、粉料和水的比例，先将水加入胶水搅拌均匀后再加粉料，用电动搅拌器充分搅拌均匀，且每批次在规定时间内用完。

5）粘贴面积应大于等于复合板面积的40%。先在复合板背面按已设定的粘贴点位涂胶粘剂（涂胶厚度应大于15mm，建筑高度50m以下胶粘剂用量宜为5~6kg/m^2，50m以上用量宜为7~10kg/m^2），然后复合板揉贴在墙体找平层表面，用吸盘调整好板面平整度和分格缝的宽度，胶粘剂的压缩定形厚度在3~8mm（考虑找平层的不平整度）。

6）复合板粘贴就位后再沿板边已设定的锚栓位置对基层墙体钻孔，随即在孔内安放锚栓的塑料套管，然后将钢板扣件插入保温层中，扣住铝合金增强板，并将扣件孔对准套管拧入锚栓，卡紧复合板，相邻各板按此顺序逐一固定。

7）板缝宽度小于等于10mm时，先用发泡聚氨酯灌缝；当缝宽大于10mm时，在缝内嵌填与墙体相同材料。灌或嵌缝完成后，在缝口部位必须留空，用密封膏勾缝封严。

8）按设计要求，打密封胶24h后，在十字交叉或板缝中间按3~5m^{2}间距安装排气塞。

9）既有墙体（瓷砖或涂料墙面）应敲掉松动或空鼓瓷砖（或起皮涂膜），用1:3水泥砂浆找平空鼓部位。在基层表面涂刷胶粘剂，固化后安装复合板。

（二）保温隔热复合装饰板外墙外保温构造

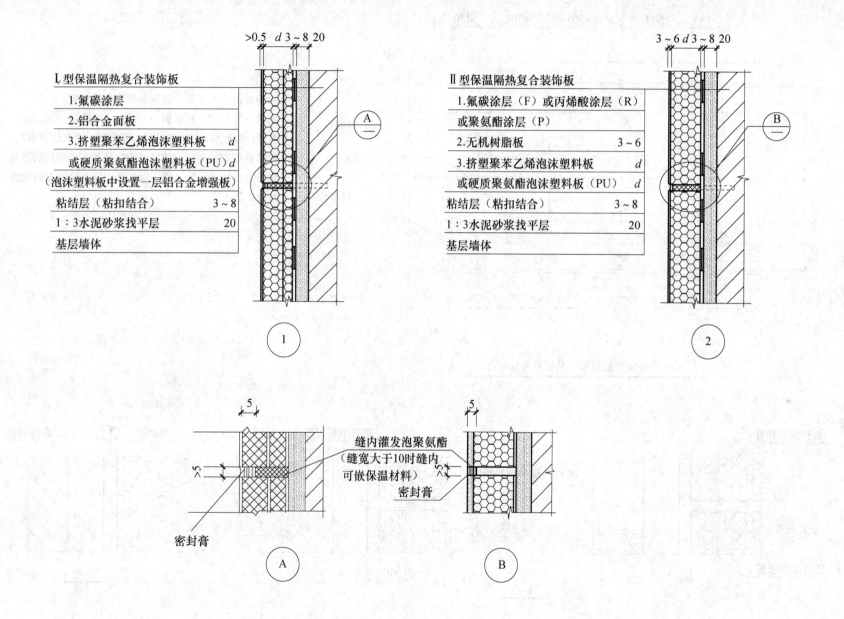

I型保温隔热复合装饰板	
1.氟碳涂层	
2.铝合金面板	
3.挤塑聚苯乙烯泡沫塑料板	d
或硬质聚氨酯泡沫塑料板（PU）	d
（泡沫塑料板中设置一层铝合金增强板）	
粘结层（粘扣结合）	3~8
1：3水泥砂浆找平层	20
基层墙体	

1

II型保温隔热复合装饰板	
1.氟碳涂层（F）或丙烯酸涂层（R）	
或聚氨酯涂层（P）	
2.无机树脂板	3~6
3.挤塑聚苯乙烯泡沫塑料板	d
或硬质聚氨酯泡沫塑料板（PU）	d
粘结层（粘扣结合）	3~8
1：3水泥砂浆找平层	20
基层墙体	

2

密封膏

A

缝内灌发泡聚氨酯
（缝宽大于10时缝内
可嵌保温材料）

密封膏

B

（三）保温隔热复合装饰板安装

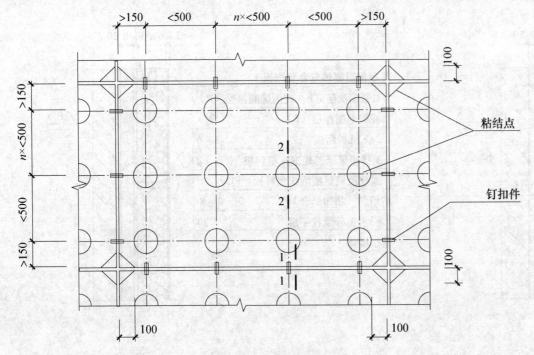

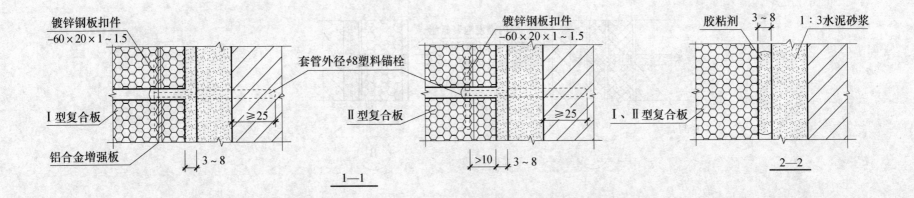

注：
1. 粘结面积应大于等于该保温板面积的40%。
2. 粘结点的布置：板面积<1.0m²时，可按5～10点均匀布置；板面积1.0～2.2m²时，可按10～18点均匀布置。
3. 粘结点涂胶粘剂时，涂胶厚度按15计，粘贴后的胶粘剂压定形厚度按5～6计，据此确定每个涂胶点的涂胶面积。

Ⅰ、Ⅱ型复合板钉扣、粘结点布置示意

（四）阴阳角构造

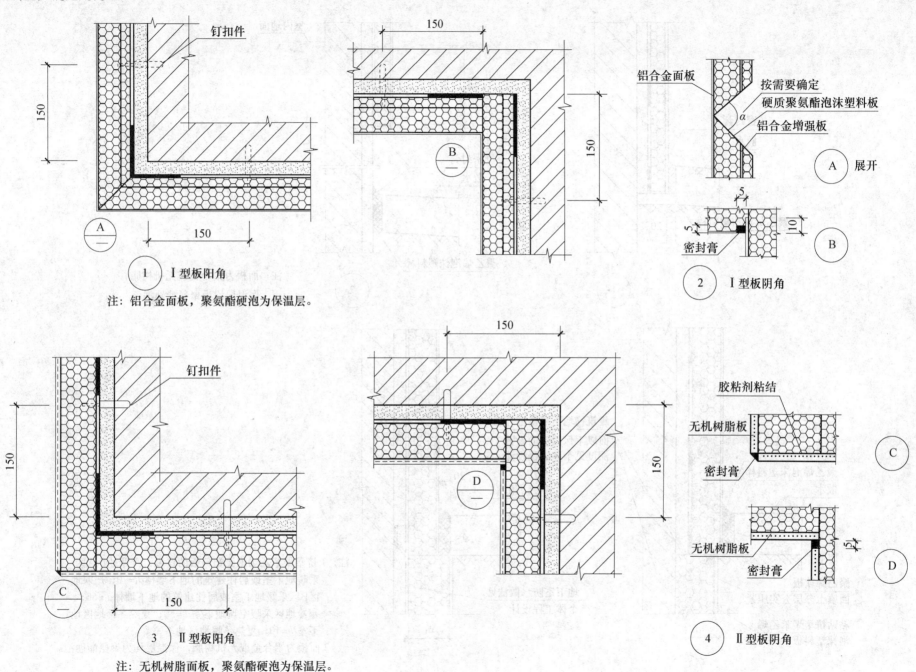

钉扣件

150

150

$\frac{A}{}$

150

① Ⅰ型板阳角

注：铝合金面板，聚氨酯硬泡为保温层。

150

$\frac{B}{}$

150

铝合金面板

按需要确定

硬质聚氨酯泡沫塑料板

铝合金增强板

α

$\frac{A}{}$ 展开

5

5

10

密封膏

$\frac{B}{}$

② Ⅰ型板阴角

钉扣件

150

150

$\frac{C}{}$

150

③ Ⅱ型板阳角

注：无机树脂面板，聚氨酯硬泡为保温层。

150

$\frac{D}{}$

150

胶粘剂粘结

无机树脂板

密封膏

$\frac{C}{}$

无机树脂板

密封膏

15

$\frac{D}{}$

④ Ⅱ型板阴角

（五）勒脚

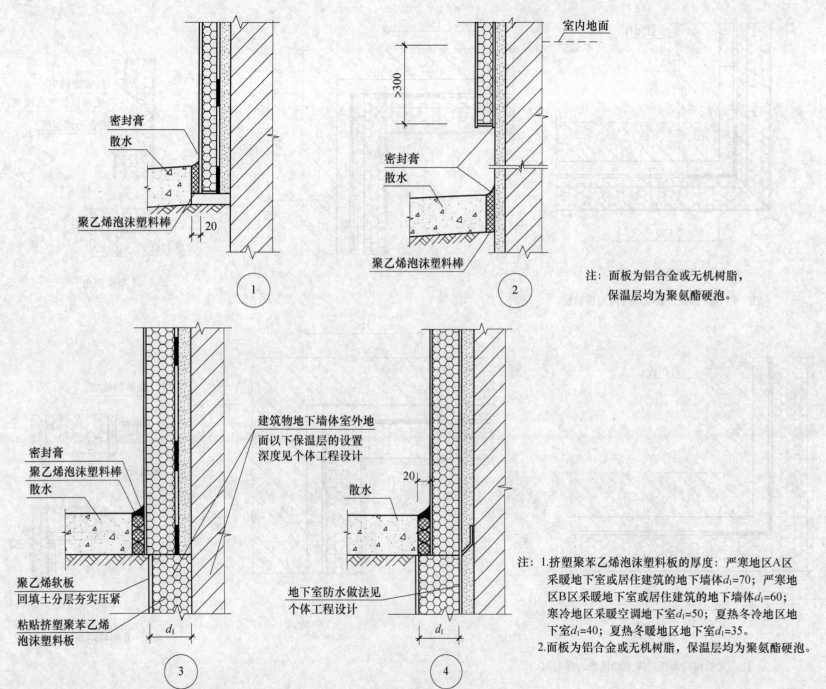

密封膏
散水
聚乙烯泡沫塑料棒
20

①

室内地面
>300
密封膏
散水
聚乙烯泡沫塑料棒

②

注：面板为铝合金或无机树脂，
保温层均为聚氨酯硬泡。

密封膏
聚乙烯泡沫塑料棒
散水
聚乙烯软板
回填土分层夯实压紧
粘贴挤塑聚苯乙烯
泡沫塑料板
d_1

③

建筑物地下墙体室外地
面以下保温层的设置
深度见个体工程设计
散水
20
地下室防水做法见
个体工程设计
d_1

④

注：1.挤塑聚苯乙烯泡沫塑料板的厚度：严寒地区A区
采暖地下室或居住建筑的地下墙体d_1=70；严寒地
区B区采暖地下室或居住建筑的地下墙体d_1=60；
寒冷地区采暖空调地下室d_1=50；夏热冬冷地区地
下室d_1=40；夏热冬暖地区地下室d_1=35。
2.面板为铝合金或无机树脂，保温层均为聚氨酯硬泡。

（六）女儿墙和檐沟

1. Ⅰ型保温隔热复合装饰板

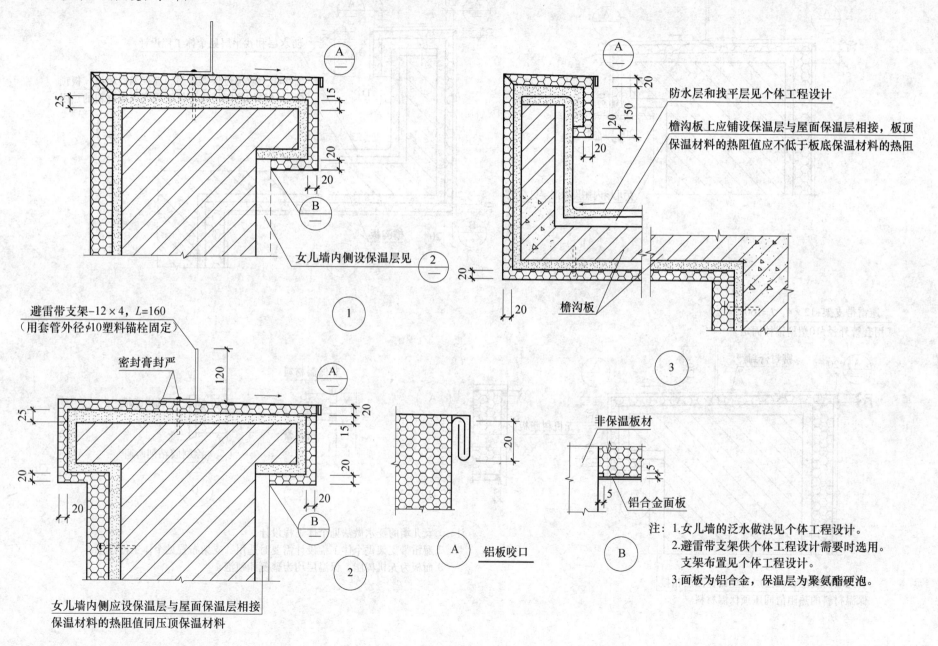

防水层和找平层见个体工程设计

檐沟板上应铺设保温层与屋面保温层相接，板顶保温材料的热阻值应不低于板底保温材料的热阻

女儿墙内侧设保温层见 ②

避雷带支架−12×4，L=160
（用套管外径φ10塑料锚栓固定）

密封膏封严

女儿墙内侧应设保温层与屋面保温层相接
保温材料的热阻值同压顶保温材料

檐沟板

Ⓐ 铝板咬口

非保温板材

铝合金面板

注：1.女儿墙的泛水做法见个体工程设计。
2.避雷带支架供个体工程设计需要时选用。
支架布置见个体工程设计。
3.面板为铝合金，保温层为聚氨酯硬泡。

2. Ⅱ型保温隔热复合装饰板

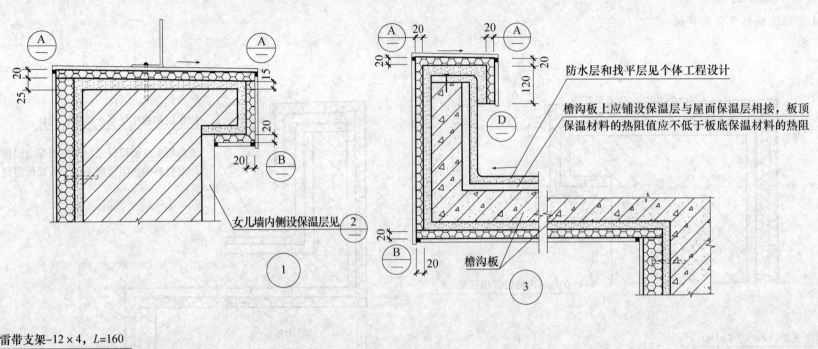

防水层和找平层见个体工程设计

檐沟板上应铺设保温层与屋面保温层相接，板顶保温材料的热阻值应不低于板底保温材料的热阻

女儿墙内侧设保温层见 ②

檐沟板

① ③

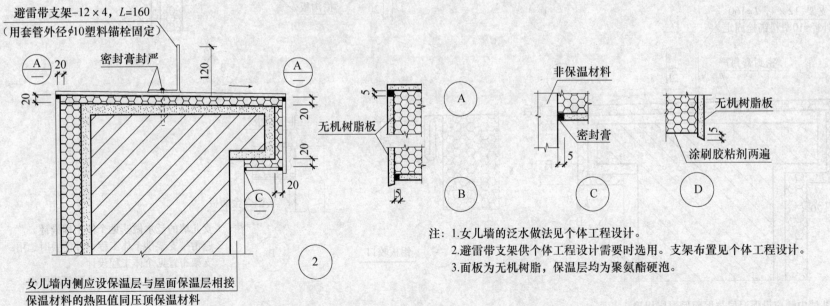

避雷带支架-12×4，L=160
（用套管外径φ10塑料锚栓固定）

密封膏封严

女儿墙内侧应设保温层与屋面保温层相接
保温材料的热阻值同压顶保温材料

②

非保温材料

无机树脂板

密封膏

无机树脂板

涂刷胶粘剂两遍

A B C D

注：1.女儿墙的泛水做法见个体工程设计。
　　2.避雷带支架供个体工程设计需要时选用。支架布置见个体工程设计。
　　3.面板为无机树脂，保温层均为聚氨酯硬泡。

（七）窗口

1. I型保温隔热复合装饰板

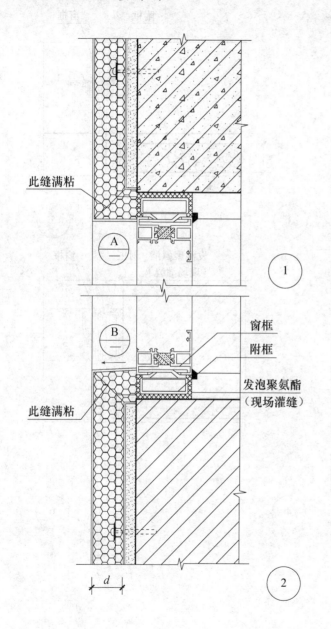

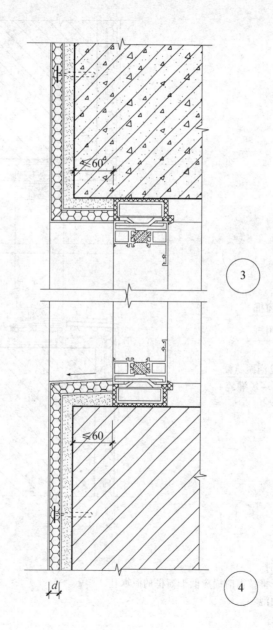

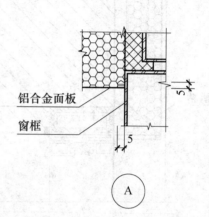

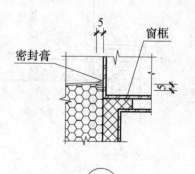

注：1.③、④仅用于保温材料厚度d≤25时。
　　2.外窗台排水坡顶应高出附框顶10，用于
　　　推拉窗时尚应低于窗框的泄水孔。
　　3.窗洞口两侧节点同①和③。
　　4.面板为铝合金，保温层为聚氨酯硬泡。

191

2. Ⅱ型保温隔热复合装饰板

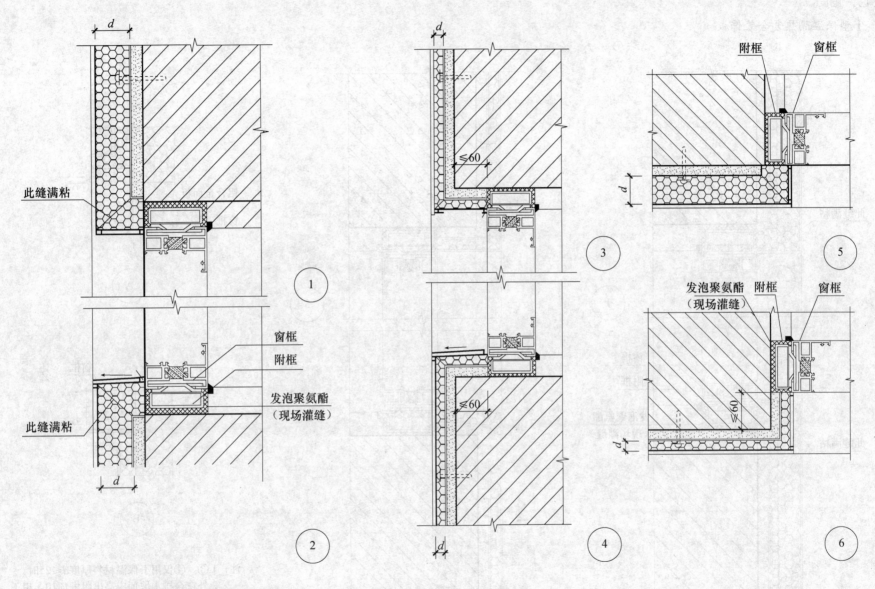

此缝满粘

此缝满粘

窗框

附框

发泡聚氨酯
（现场灌缝）

附框　　窗框

发泡聚氨酯
（现场灌缝）　附框　　窗框

①

②

③

④

⑤

⑥

注：1.③、④、⑥仅用于保温材料厚度d≤25时。
　　2.外窗台排水坡顶应高出附框顶10，用于推拉窗时尚应低于窗框的泄水孔。
　　3.面板为无机树脂，保温层均为聚氨酯硬泡。

（八）带窗套窗口（Ⅱ型保温隔热复合装饰板）

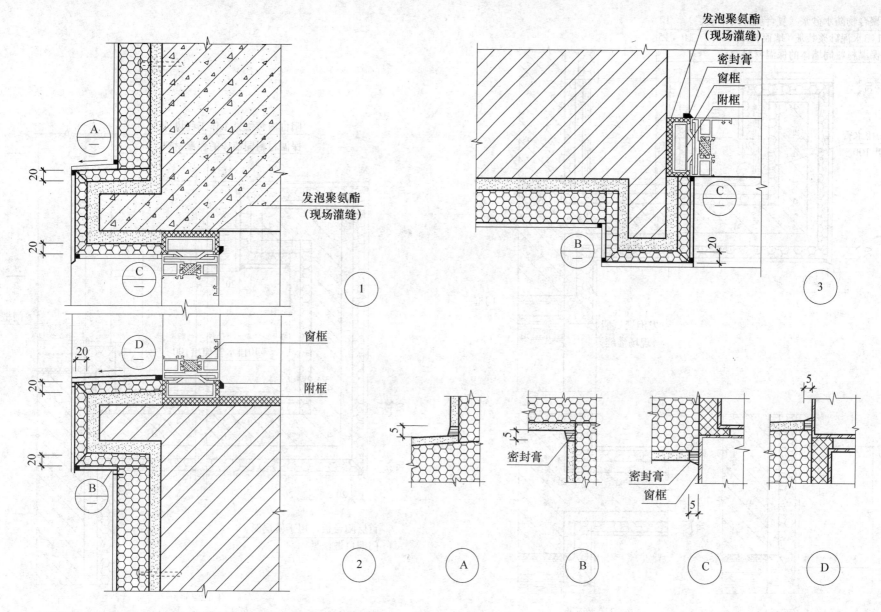

在外窗排水坡顶应高出附框顶10，用于推拉窗时应低于窗框的泄水孔。

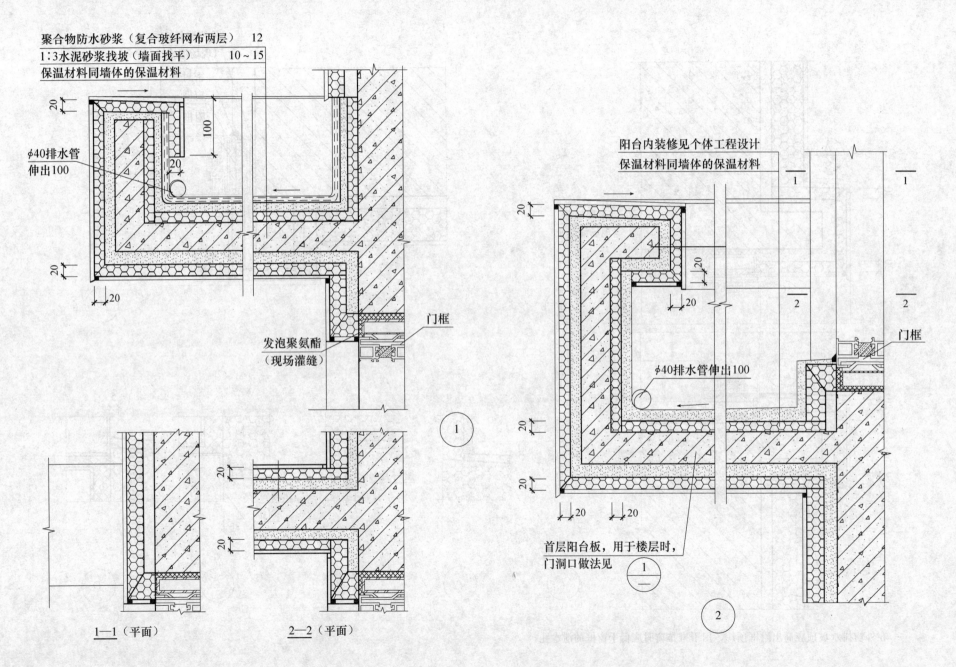

聚合物防水砂浆（复合玻纤网布两层） 12
1:3水泥砂浆找坡（墙面找平） 10～15
保温材料同墙体的保温材料

φ40排水管
伸出100

发泡聚氨酯
（现场灌缝）

门框

①

阳台内装修见个体工程设计
保温材料同墙体的保温材料

φ40排水管伸出100

门框

首层阳台板，用于楼层时，
门洞口做法见 ①

②

1—1（平面）　　2—2（平面）

（十）墙身变形缝（内保温）

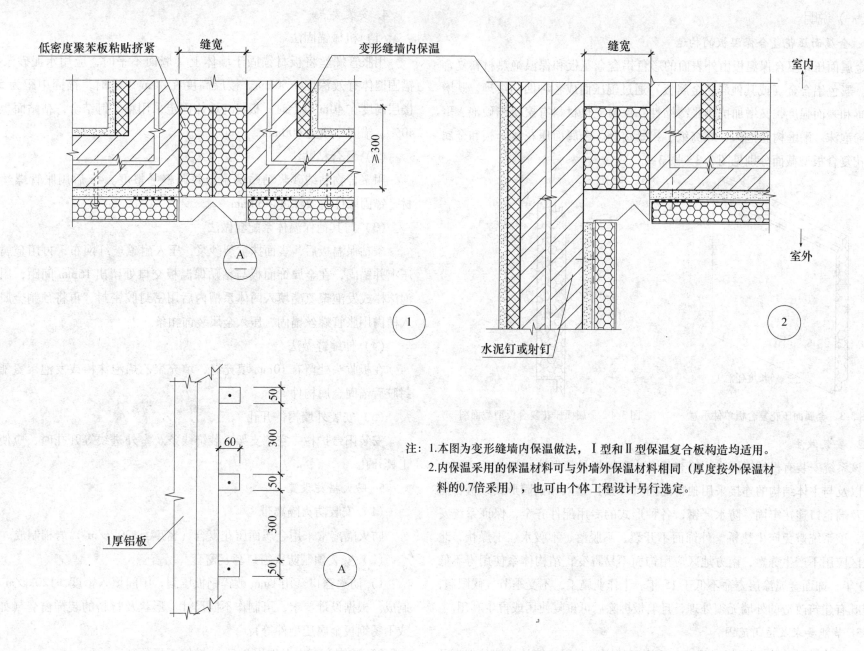

低密度聚苯板粘贴挤紧

缝宽

变形缝墙内保温

缝宽

室内

≥300

A
—

室外

①

②

水泥钉或射钉

50
60
300
50
300
50

1厚铝板

Ⓐ

注：1.本图为变形缝墙内保温做法，Ⅰ型和Ⅱ型保温复合板构造均适用。
　　2.内保温采用的保温材料可与外墙外保温材料相同（厚度按外保温材
　　　料的0.7倍采用），也可由个体工程设计另行选定。

二、机械锚固金属面压花复合保温板外墙外保温系统

（一）说明

1. 金属面压花复合保温板的构造

金属面压花复合保温板由外表面的彩色铝合金花板和保温绝热材料复合而成。彩色铝合金（或其他彩色金属板）通过辊压而成各种凹凸纹理，既增加质感和表面强度，又增加抗热胀冷缩性；保温绝热材料有聚氨酯硬泡、聚苯乙烯泡沫、酚醛树脂泡沫、蜂窝纸、铝蜂窝等。金属面压花复合板和金属面压花复合板型截面分别见图3-3、图3-4。

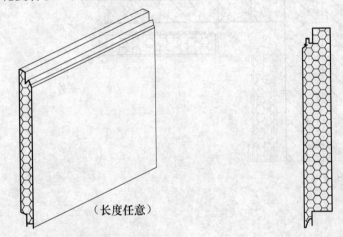

（长度任意）

图3-3　金属面压花复合板单件示意　　图3-4　金属面压花复合板型截面图

2. 安装做法

该系统安装有机械锚固法、填充复合法和轻钢骨架做法。板与板之间的连接以及与主体结构的连接采用独特的插口（接）镶入和锚固形式，板材插接口及端企口连接牢固、防水严密，各种形式的专用配件齐全，保证系统安全性；该系统避免产生热桥，外饰面不开裂、不脱落、不吸水、干燥快，北方地区应用不产生冻融，南方地区应用饰面不易霉变；结构体系使用寿不低于40年，饰面金属涂层寿命不低于15年。干作业施工，不受季节气候限制，用于既有建筑改造的外墙无须处理，且墙板拆除后可重复使用或再生利用。

3. 节能要求及适用范围

该系统满足节能65%指标要求。适用于住宅、公用建筑的外墙外保温及装饰体系；框架结构建筑的围护墙体；既有建筑的内外墙保温、装饰翻新工程，也适用于别墅类建筑及中低层建筑的外围护墙体。

4. 安装要点

（1）机械锚固法

用胀管螺丝将板材锚固于墙体上（墙面不平时，应用水泥砂浆找平），锚固墙体有效深度≥50mm。楼层高度在40m以下时，锚固中距为500mm；楼层高度在40m以上时，板材与墙体固定采用粘、钉结合，粘贴面积应大于40%，锚固中距为400mm。

（2）复合粘贴法

用聚合物粘结砂浆粘贴保温板并调整平整度。4h后用胀管螺丝锚固板材，锚固墙体有效深度≥50mm。

（3）与其他保温体系配套做法

条粘保温板后，表面抹抗裂砂浆，压入耐碱玻纤网布，再用金属饰面板压上并锚固，在金属饰面板与粘贴保温板交口处留出16mm间距，用聚乙烯泡沫棒或发泡聚氨酯填入两体系槽内后用密封胶密封，再将预制金属接口压入槽内用胀管螺丝锚固，压入金属装饰扣条。

（4）伸缩缝做法

在板收头处留有10mm填充缝，填充聚乙烯泡沫棒或发泡聚氨酯，填密封胶后锚固金属构件。

（5）安装外墙构件开孔

安装阳台护栏、空调支架、装饰线条及室外进线等开孔时，应使用专用工具开孔。

5. 防火措施设置

（1）安装防火隔离带

防火隔离常采用金属面压花复合（密度≥120kg/m³）岩棉制成。

（2）安装预制防火窗口套、窗套

1）防火窗口套用1mm镀锌钢板压制，中间填入密度≥120kg/m³的岩棉制成。根据设计要求，可制作不同尺寸、形状及材料的装饰窗套（如铝塑板或不锈钢板金属压型件等）。

2）装饰窗套内卡件用0.5mm镀锌钢板预制。

6. 避雷措施设置

可在建筑物外墙顶部、底部及中间部位设置水平通长热镀锌扁钢并用胀管螺丝与建筑主体固定，金属饰面板通过胀管螺丝与扁钢连接，形成闭合的避雷系统。

（二）铝型材配件

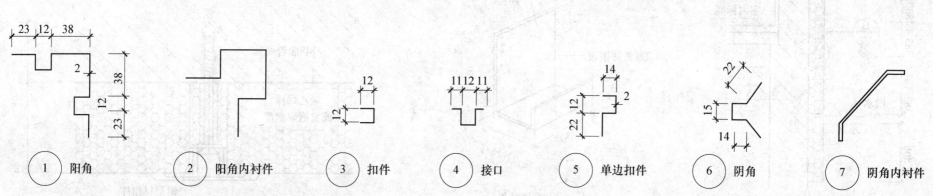

注：金属压型阴阳角及接口用材料1mm镀锌钢板、不锈钢板或铝板。

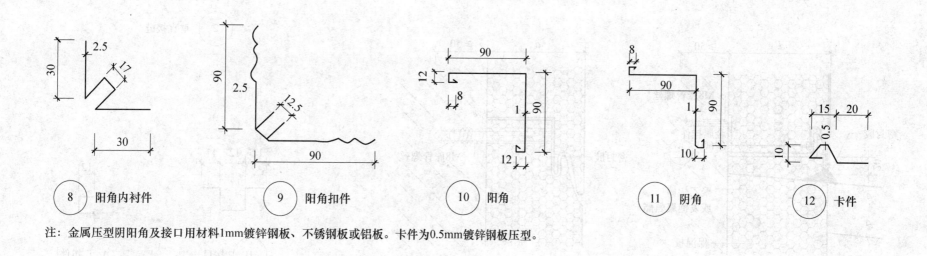

注：金属压型阴阳角及接口用材料1mm镀锌钢板、不锈钢板或铝板。卡件为0.5mm镀锌钢板压型。

（三）勒脚、插接口构造（机械锚固做法）

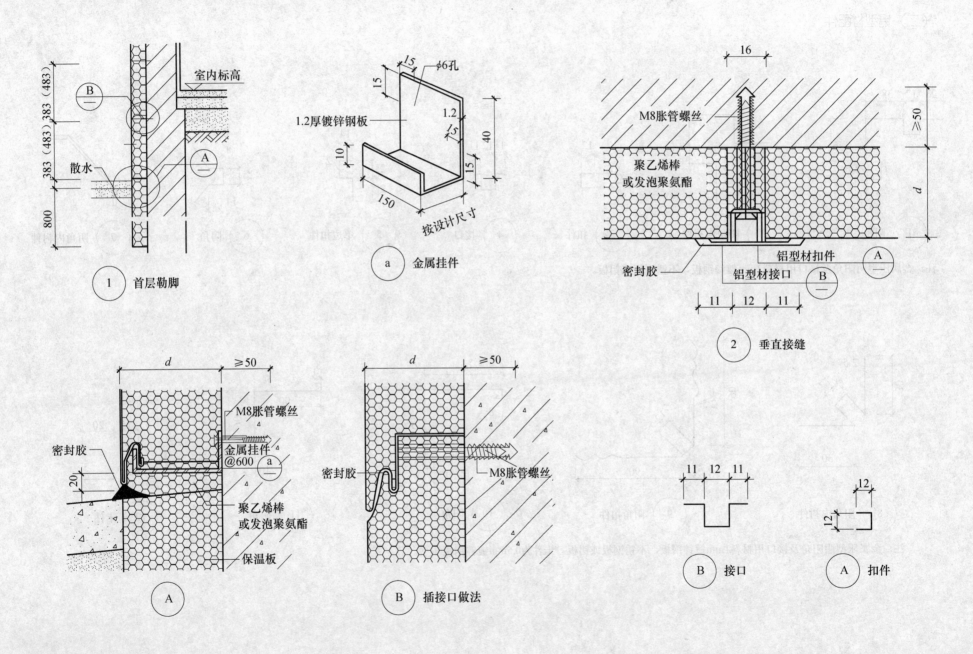

① 首层勒脚

ⓐ 金属挂件

② 垂直接缝

Ⓐ

Ⓑ 插接口做法

Ⓑ 接口

Ⓐ 扣件

（四）窗口保温构造（机械锚固做法）

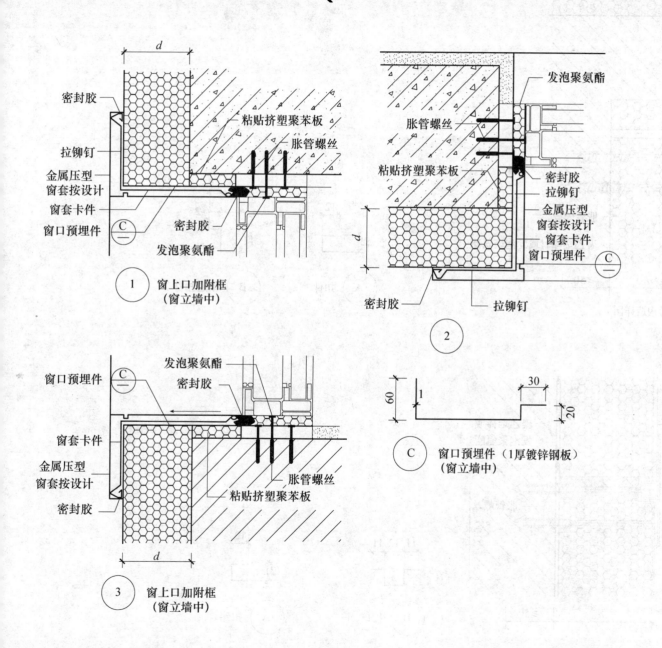

密封胶
拉铆钉
金属压型
窗套按设计
窗套卡件
窗口预埋件
密封胶
发泡聚氨酯
粘贴挤塑聚苯板
胀管螺丝

① 窗上口加附框
（窗立墙中）

发泡聚氨酯
胀管螺丝
粘贴挤塑聚苯板
密封胶
拉铆钉
金属压型
窗套按设计
窗套卡件
窗口预埋件
密封胶
拉铆钉

②

窗口预埋件
发泡聚氨酯
密封胶
窗套卡件
金属压型
窗套按设计
密封胶
胀管螺丝
粘贴挤塑聚苯板

③ 窗上口加附框
（窗立墙中）

60　1　30　20

Ⓒ 窗口预埋件（1厚镀锌钢板）
（窗立墙中）

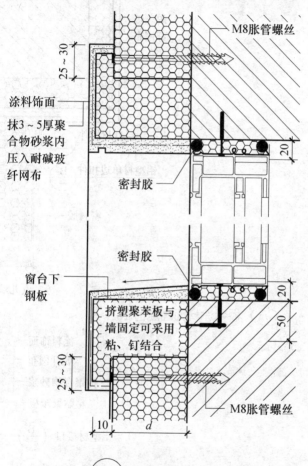

M8胀管螺丝
涂料饰面
抹3～5厚聚
合物砂浆内
压入耐碱玻
纤网布
密封胶
25～30
20

密封胶
窗台下
钢板
挤塑聚苯板与
墙固定可采用
粘、钉结合
25～30
20
50
M8胀管螺丝
10　d

④ 外墙外保温混合窗套节点

注：1.当外墙外保温窗套不采用金属压型板或铝塑板等
　　材料，而采用聚合物砂浆涂料饰面时，可采用该
　　做法。
　2.窗套可根据要求设计成防火窗套。
　3.窗套外型尺寸按设计求。
　4.窗台下钢板采用$50 \times (d+10) \times$窗宽的镀锌钢板。

（五）女儿墙构造详图（机械锚固做法）

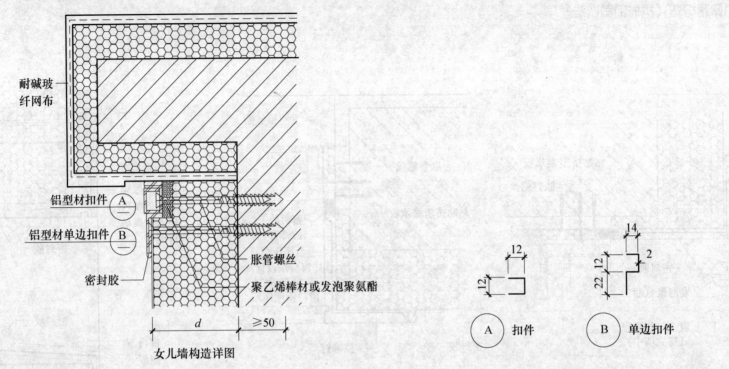

耐碱玻纤网布

铝型材扣件 Ⓐ

铝型材单边扣件 Ⓑ

胀管螺丝

密封胶

聚乙烯棒材或发泡聚氨酯

d　≥50

女儿墙构造详图

Ⓐ 扣件　　Ⓑ 单边扣件

（六）板与涂料饰面混合做法

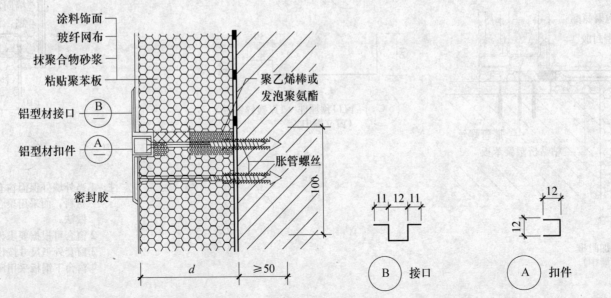

涂料饰面
玻纤网布
抹聚合物砂浆
粘贴聚苯板

铝型材接口 Ⓑ

铝型材扣件 Ⓐ

聚乙烯棒或
发泡聚氨酯

胀管螺丝

密封胶

d　≥50

Ⓑ 接口　　Ⓐ 扣件

（七）空调外机板保温构造（机械锚固做法）

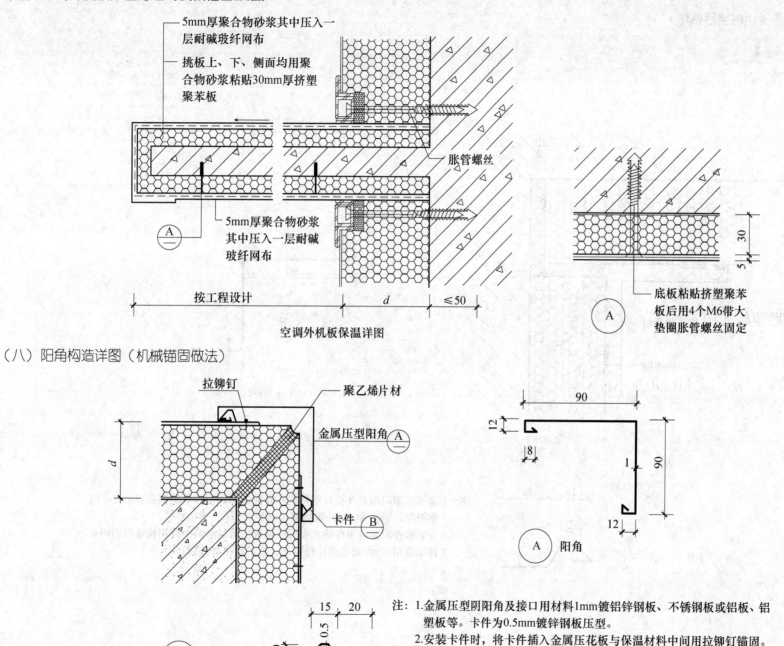

5mm厚聚合物砂浆其中压入一层耐碱玻纤网布

挑板上、下、侧面均用聚合物砂浆粘贴30mm厚挤塑聚苯板

胀管螺丝

5mm厚聚合物砂浆其中压入一层耐碱玻纤网布

按工程设计

空调外机板保温详图

底板粘贴挤塑聚苯板后用4个M6带大垫圈胀管螺丝固定

（八）阳角构造详图（机械锚固做法）

拉铆钉

聚乙烯片材

金属压型阳角

卡件

阳角

卡件

注：1.金属压型阴阳角及接口用材料1mm镀铝锌钢板、不锈钢板或铝板、铝塑板等。卡件为0.5mm镀锌钢板压型。
2.安装卡件时，将卡件插入金属压花板与保温材料中间用拉铆钉锚固。
3.伸缩缝用10mm聚乙烯片材填入，最后用密封胶封口。

（九）阴角构造详图（机械锚固做法）

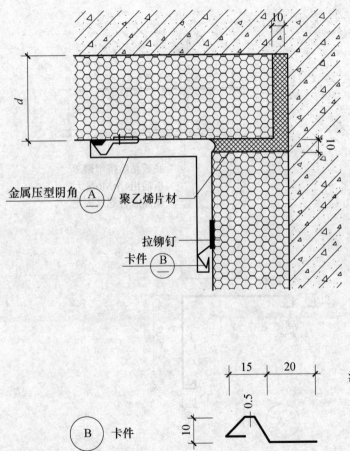

金属压型阴角 (A)
聚乙烯片材

拉铆钉
卡件 (B)

(B) 卡件

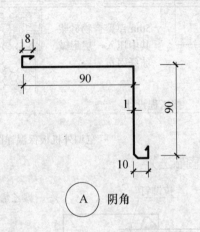

(A) 阴角

注：1.金属压型阴阳角及接口用材料1mm镀铝锌钢板、不锈钢板或铝板、铝塑板等。卡件为0.5mm镀锌钢板压型。
2.安装卡件时，将卡件插入金属压花板与保温材料中间用拉铆钉锚固。
3.伸缩缝用10mm聚乙烯片材填入，最后用密封胶封口。

（十）勒脚、插接口（填充复合做法）

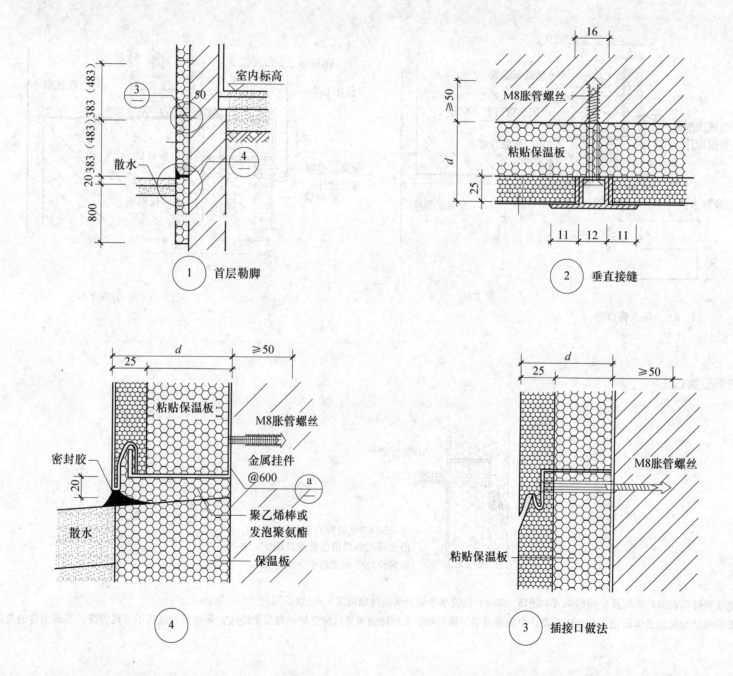

室内标高

③

50

散水

④

483 (483) 383 (483) 383 20 800

① 首层勒脚

16

M8胀管螺丝

≥50

粘贴保温板

d

25

11 12 11

② 垂直接缝

d

25 ≥50

粘贴保温板

M8胀管螺丝

密封胶

金属挂件
@600

a

20

散水

聚乙烯棒或
发泡聚氨酯

保温板

④

d

25 ≥50

M8胀管螺丝

粘贴保温板

③ 插接口做法

（十一）窗口防火构造（填充复合做法）

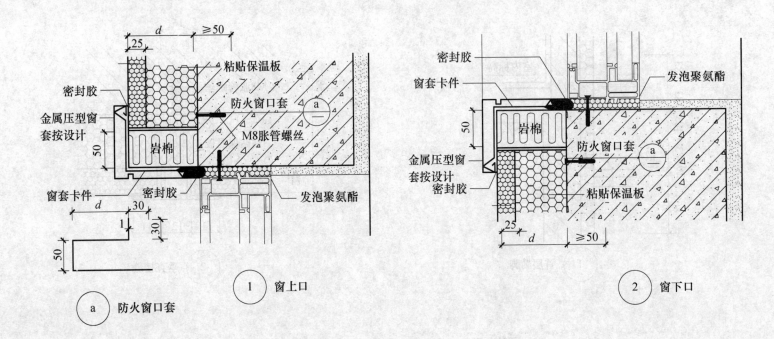

密封胶
金属压型窗
套按设计
窗套卡件
粘贴保温板
防火窗口套
M8胀管螺丝
密封胶
发泡聚氨酯
岩棉

密封胶
窗套卡件
金属压型窗
套按设计
密封胶
发泡聚氨酯
防火窗口套
粘贴保温板
岩棉

① 窗上口

② 窗下口

ⓐ 防火窗口套

（十二）避雷措施设置做法

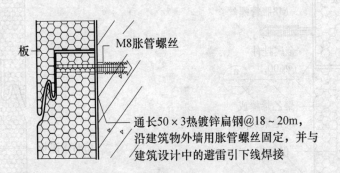

板
M8胀管螺丝
通长50×3热镀锌扁钢@18~20m，
沿建筑物外墙用胀管螺丝固定，并与
建筑设计中的避雷引下线焊接

注：1.在建筑物外墙顶部、底部及中间部位（中距18~20m）设置水平通长热镀锌扁钢50×3（镀锌厚度≥50~70μm）；
   2.用胀管螺丝与建筑主体固定，并与建筑设计中的避雷引下线焊接，金属饰面板通过胀管螺丝与扁钢连接，扁钢又与避雷引下线焊接，形成闭合的避雷系统。

三、保温装饰板用复合材料龙骨固定外墙外保温系统

（一）说明

（1）该系统构造由保温装饰复合板（简称保温板）、复合材料龙骨（简称复合龙骨）、连接件和空气层构成。其中保温装饰复合板由表面层（彩色铝板）、保温层（聚氨酯硬泡）和内层（铝箔）三部分组成。

（2）在该外墙外保温系统构造上，保温板与外墙间形成25mm厚的空气层，可达到外墙整体双重保温隔热效果，既满足保温节能又防止外部湿气侵蚀墙体，且装饰性强。

施工完全为干法施工，不受季节气候影响，不需对墙面进行烦琐的预处理，施工方法简便、效率高。

（3）适用全国各地区新建、既有建筑的外墙保温和节能改造工程。

（4）保温板的保温材料厚度选用见表3-3厚度选用表。

表3-3　厚度选用表

聚氨酯硬泡厚度 (b) (mm)	基层墙体		
	180mm 厚钢筋混凝土墙 传热系数 [W/ (m²·K)]	190mm 厚砌块墙 传热系数 [W/ (m²·K)]	240mm 厚多孔砖 传热系数 [W/ (m²·K)]
25	0.76	0.74	0.62
40	0.54	0.53	0.46
50	0.45	0.44	0.40

注1. 聚氨酯硬泡修正系数1.1。

2. 导热系数按：$0.025 \times 1.1 = 0.028$［W/ (m·K)］计算。

3. 保温板的保温材料厚度应根据各地的气候条件确定。

（5）施工要点：

1）施工准备：工具准备（经纬仪、电动单头锯、冲击钻、铁榔头、电动或气动改锥、铅坠）。

施工前，对基层墙体的平整度进行检查，基层墙体不平整处，在龙骨和墙面之间加垫片或用砂浆找平。

2）弹线：根据图纸要求定出龙骨位置和距离（龙骨端部的固定点距端头150~180mm），标出其中心线并放出龙骨的边线，然后根据已打孔的龙骨定出基层墙体的孔圆心。

3）打孔、连接胀管螺丝及螺钉：龙骨与基层墙体采用胀管螺丝固定（保温板与龙骨的连接采用 Φ2.85×25 的特制钢钉或用自攻螺丝连接），间距≤500mm。胀管螺丝抗拉设计参考值：M10×100 采用 0.8kN；M8×80 采用 0.65kN。根据弹线确定的基础墙体上的孔圆心打孔，将膨胀螺栓的塑料塞子塞进孔内。

4）安装龙骨：预先在龙骨上用台钻打孔，再将龙骨横放紧贴在墙体上，使龙骨上的孔与墙体上的孔对齐，将胀钉从龙骨的孔内用气动改锥打入，使钉顶部与龙骨外表面平齐。可采用自上而下的顺序安装。

5）安装保温板：保温板排列可分竖排和横排两种。

①竖排方式：复合龙骨横向布置，间距500mm，在阴阳角（1000mm范围内）部位，横向龙骨加密，间距250mm；

②横排方式：复合龙骨竖向布置，间距500mm，并在每一楼层（或≤3000mm）处布置一道横向龙骨，以便将空气层竖向分隔。

按设计图纸规格裁切好，先安装墙体阴阳角，从一侧开始拼装，一般按自上而下、自左而右的顺序装板。板就位后用特制钢钉将复合板上伸出的铝单板与龙骨连接，并固定在龙骨上，保温间缝用硅酮胶密封，依次重复施工步骤至安装完毕。

（二）板型

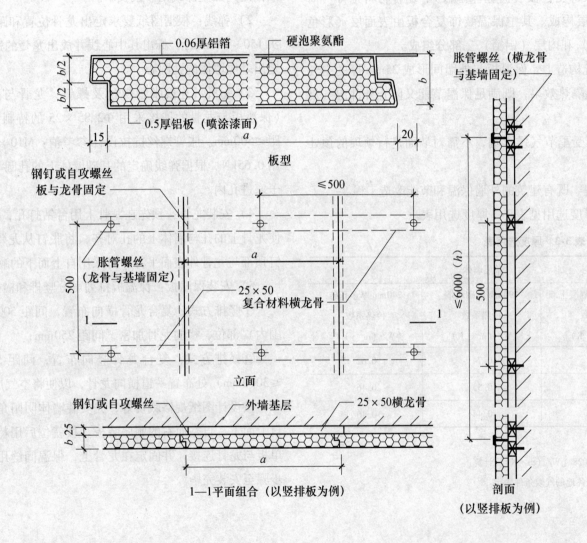

板型

立面

1—1平面组合（以竖排板为例）

剖面
（以竖排板为例）

（三）阳角连接件

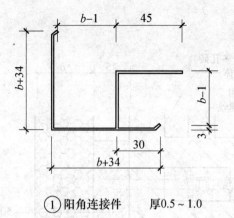

① 阳角连接件　　厚0.5～1.0

② 阳角连接件　　厚0.5～1.0

（四）阴角、无企口连接件

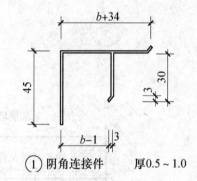

① 阴角连接件　　厚0.5～1.0

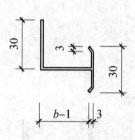

② 无企口连接件　　厚0.5～1.0

（五）收口连接件

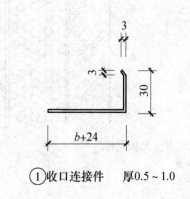

① 收口连接件　　厚0.5～1.0

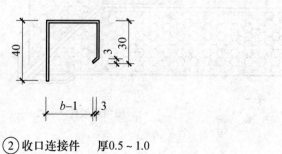

② 收口连接件　　厚0.5～1.0

（六）外墙外保温基本构造

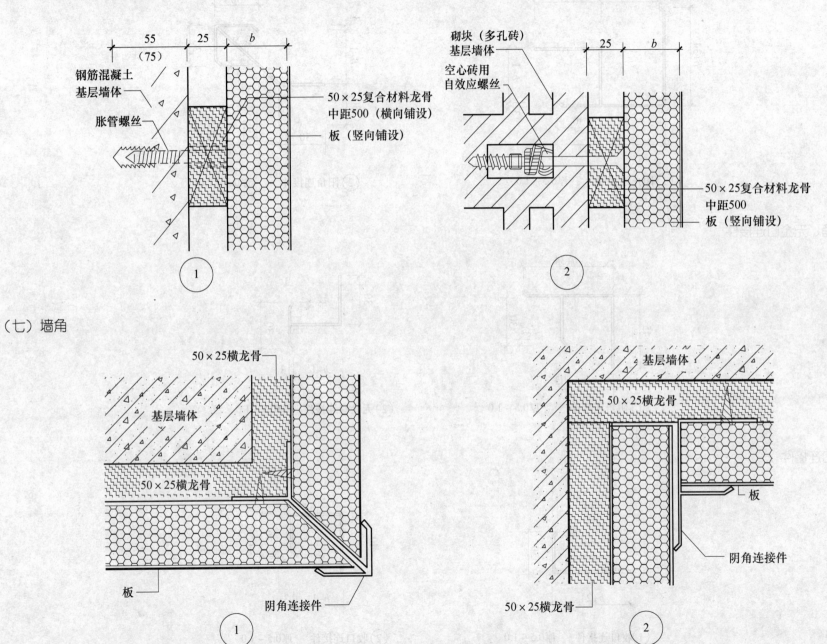

钢筋混凝土
基层墙体

胀管螺丝

50×25复合材料龙骨
中距500（横向铺设）

板（竖向铺设）

①

砌块（多孔砖）
基层墙体

空心砖用
自效应螺丝

50×25复合材料龙骨
中距500

板（竖向铺设）

②

（七）墙角

50×25横龙骨

基层墙体

50×25横龙骨

板

阴角连接件

①

基层墙体

50×25横龙骨

板

阴角连接件

50×25横龙骨

②

（八）收口连接、勒脚

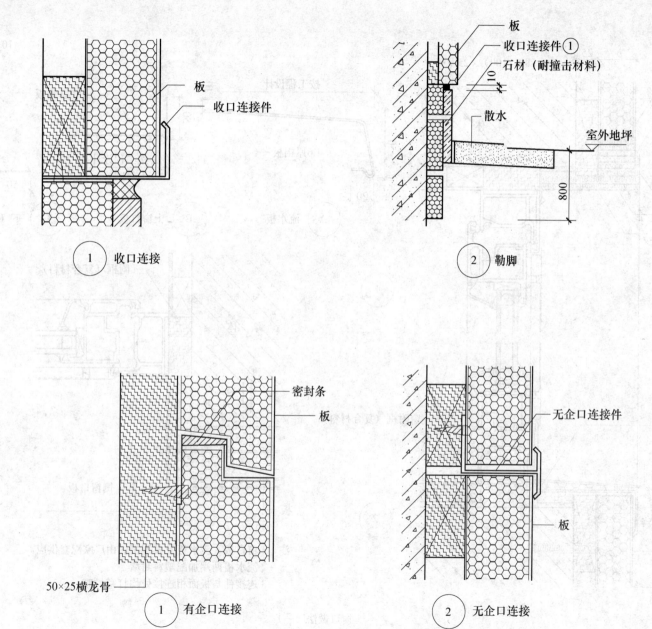

（九）企口连接

（十）窗口做法

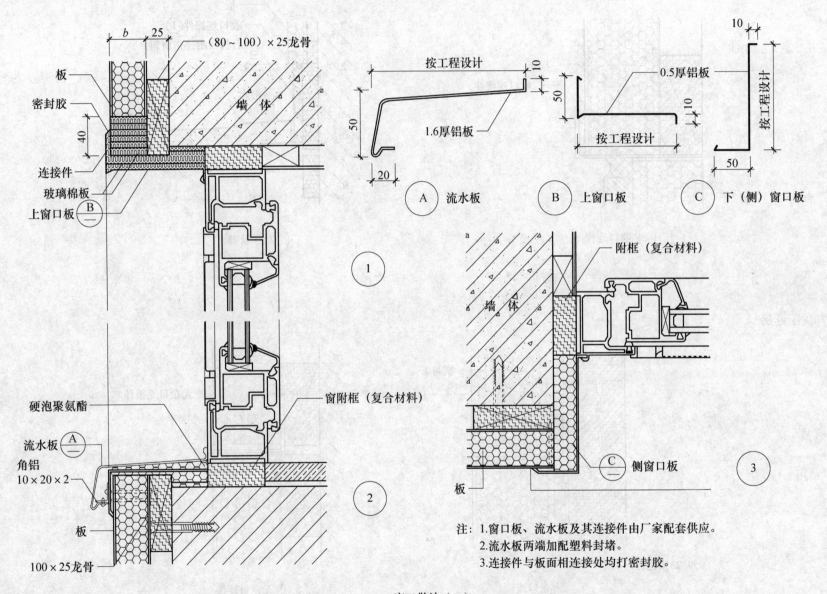

板
密封胶
40
连接件
玻璃棉板
上窗口板 B

（80～100）×25龙骨
墙　体

硬泡聚氨酯
流水板 A
角铝
10×20×2
板
100×25龙骨
窗附框（复合材料）
②

按工程设计
10
50
1.6厚铝板
20
A 流水板

B 上窗口板
50

0.5厚铝板
10
按工程设计
50
C 下（侧）窗口板
按工程设计

①

墙　体
附框（复合材料）
板
C 侧窗口板
③

注：1.窗口板、流水板及其连接件由厂家配套供应。
　　2.流水板两端加配塑料封堵。
　　3.连接件与板面相连接处均打密封胶。

窗口做法（一）

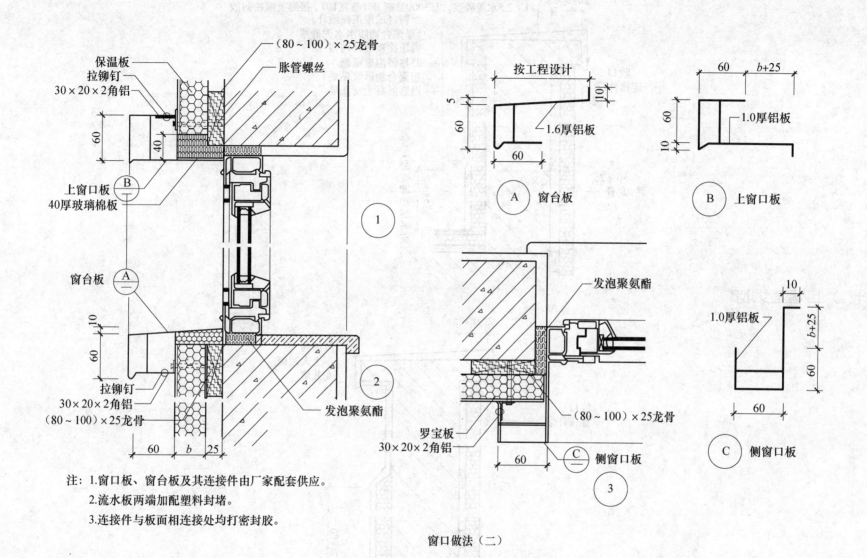

（80～100）×25龙骨

胀管螺丝

保温板
拉铆钉
30×20×2角铝

上窗口板
40厚玻璃棉板

窗台板

拉铆钉
30×20×2角铝
（80～100）×25龙骨

发泡聚氨酯

60
40
60
10
60
60
b
25

① ② ③

⑧ 窗台板
按工程设计
1.6厚铝板
5
60
60
10

⑧ 上窗口板
60
b+25
1.0厚铝板
60
10

Ⓒ 侧窗口板
1.0厚铝板
10
b+25
60
60

发泡聚氨酯
罗宝板
（80～100）×25龙骨
30×20×2角铝
侧窗口板
60
Ⓒ

注：1.窗口板、窗台板及其连接件由厂家配套供应。
2.流水板两端加配塑料封堵。
3.连接件与板面相连接处均打密封胶。

窗口做法（二）

211

（十一）不上人屋面女儿墙

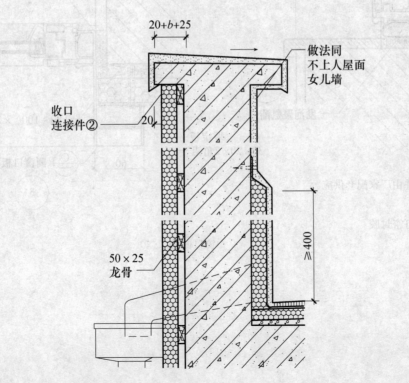

20+*b*+25

1：2.5水泥砂浆，每3000处断开（缝宽10），接缝处灌密封胶
涂料（或按工程设计）
5厚聚合物防水水泥砂浆
内压涂塑玻纤网布
25厚硬泡聚氨酯
用聚合物砂浆粘贴
钢筋混凝土女儿墙

收口
连接件②

20

60

50×25
龙骨

≥250（防水层卷起高度）

板

（十二）上人屋面女儿墙

20+*b*+25

做法同
不上人屋面
女儿墙

收口
连接件②

20

50×25
龙骨

≥400

（十三）雨水管

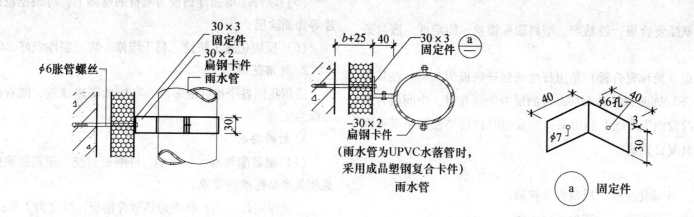

30×3
固定件

30×2
扁钢卡件

雨水管

$\phi 6$胀管螺丝

30

雨水管

$b+25$　40

30×3
固定件

-30×2
扁钢卡件

（雨水管为UPVC水落管时，
采用成品塑钢复合卡件）

雨水管

40　40

$\phi 6$孔

$\phi 7$

3

30

ⓐ　固定件

（十四）墙身变形缝

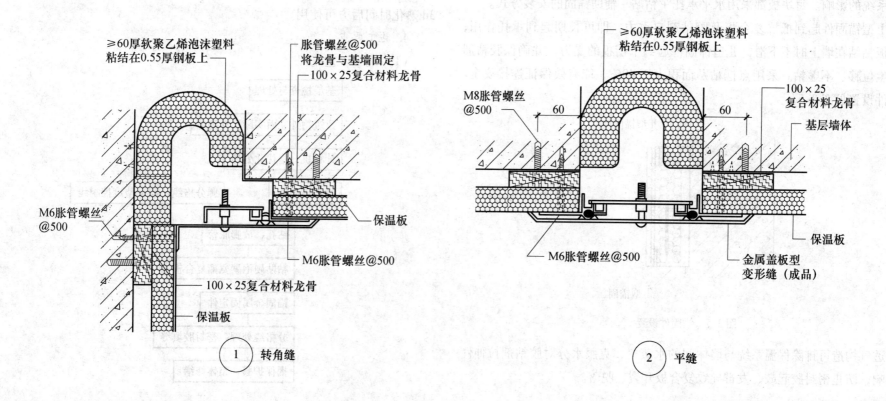

≥60厚软聚乙烯泡沫塑料
粘结在0.55厚钢板上

胀管螺丝@500
将龙骨与基墙固定

100×25复合材料龙骨

M6胀管螺丝
@500

保温板

M6胀管螺丝@500

100×25复合材料龙骨

保温板

①　转角缝

≥60厚软聚乙烯泡沫塑料
粘结在0.55厚钢板上

100×25
复合材料龙骨

基层墙体

M8胀管螺丝
@500

60　60

保温板

M6胀管螺丝@500

金属盖板型
变形缝（成品）

②　平缝

四、硬泡聚氨酯复合板一体化外墙外保温系统

（一）说明

该系统由硬泡聚氨酯复合板、胶粘剂、塑料膨胀锚栓、固定件、嵌封条及密封胶等材料构成。

硬泡聚氨酯复合板（简称复合板）是由纤维增强硅钙板为基材，在其表涂饰（预涂或后涂）不同饰面材料为面层，背面层为增强卷材，中间层为聚氨酯硬泡。通过在连续发泡生产线上利用聚氨酯发泡时自粘结性能将带有饰面的硅钙板和增强卷材复合完成。

1. 特点

（1）复合板在工厂连续化生产，质量容易控制。

（2）保温、装饰施工合二为一，减少工序步骤。

（3）系统中采用特殊透气构造，可排除系统与墙体间的水蒸气，克服水分对系统的影响。每块板都采用水平承托＋粘贴＋辅助锚固的安装方式。

Ⅰ型锚固件起到抵抗复合板及胶粘剂自重力，即可长期起到承托作用，确保板粘结在墙上时不下滑，Ⅱ型锚固件起到平衡板的受力，并确保胶粘剂不发生位移、不虚粘。采用点框粘贴面积大于40％，能有效保证连接安全。锚固件设置见图3-5。

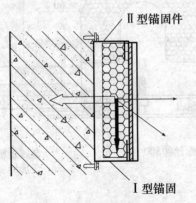

图3-5　锚固件设置

透气构造可排除保温系统与墙体间的水蒸气，克服水分对胶粘剂拉伸性能影响，防止密封胶起鼓、发霉导致复合板开裂、脱落。

（4）采用A级防火材料作为外饰面基板，避免材料堆放及施工中由于烟头、电焊、燃放烟花等引发的火灾。

（5）以纤维增强硅钙板为基材的基础上，可根据设计要求生产所需氟碳漆等饰面涂层。

（6）模块化施工快捷、易于维修、防开裂性能好、使用耐久。

2. 适用范围

适用我国各个地区的多层、高层的新建建筑、既有建筑节能改造的外墙外保温工程。

3. 材料要求

（1）聚氨酯硬泡、胶粘剂、硅酮密封胶、塑料膨胀锚栓等配套材料质量见相关产品标准的要求。

金属固定件要求：材质为热镀锌钢板，厚度为1.0±0.1mm。

（2）复合板应按设计规格尺寸进行切割。

（3）避免复合板出现变形，产品生产后，应在30℃以上温度且不低于3d熟化时间后方可使用。

4. 施工要点

（1）施工工艺流程

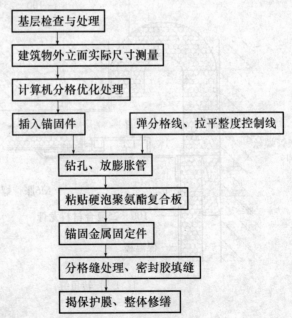

214

（2）操作要点

1）基层墙体已验收，墙面有残渣、脱模剂等处理干净。门窗洞口已验收，门窗框或附框安装完毕。

2）严格按照分格图弹出每块复合板分格线。根据胶粘剂的厚度、保温层厚度，在建筑物外立面拉横向和纵向的通线，以便控制整个墙面的平整度。

3）根据图纸中金属固定件设计位置在复合板上量出每个金属固定件的位置。将金属固定件平行于板面方向，垂直于复合板侧面平面插入设计位置。

4）放膨胀管时，钻孔直径应根据砌体具体类型确定孔直径，钻孔深度应比锚栓锚固深度深 10～15mm。

5）粘贴复合板采用点框法，在复合板四周涂抹 50mm 宽、10mm 厚的胶粘剂（下侧预留宽度为 50mm 的疏水透气通道），然后在复合板中间均匀分布涂抹 6～8 个直径 140mm、10mm 厚的圆形粘结点，粘贴面积不低于复合板面积的 40%。建筑高度在 60m 以上时，粘贴面积应不低于复合板面积的 60%。

首块复合板粘贴后，进行后续板块施工时，应在板块边角交接部位缝口中安放"T"形块或"十"形块。

6）按分格图编号由下至上粘贴，水平方向粘贴应先贴阴阳角及门窗部位并向两侧粘贴。

7）螺丝穿过安装孔插入锚栓套管内，稍微受力拧紧。

8）复合板粘贴24h后拆除复合板间"T"形块或"十"形块，清除分格缝内杂物，达到清洁。将1.3倍缝宽的嵌缝材料填入分格缝中，且距复合板面约为5mm。用硅酮胶均匀注入分格缝，且成为1～2mm的凹面。

9）注密封胶同时安装透汽件和排水管。透汽件优先考虑在檐口下部、阴角等不易雨淋部位的板缝中插入。透汽件分布密度约为 1 个/30m²；排水管分布为 1 个/面。

（二）硬泡聚氨酯复合板构造图

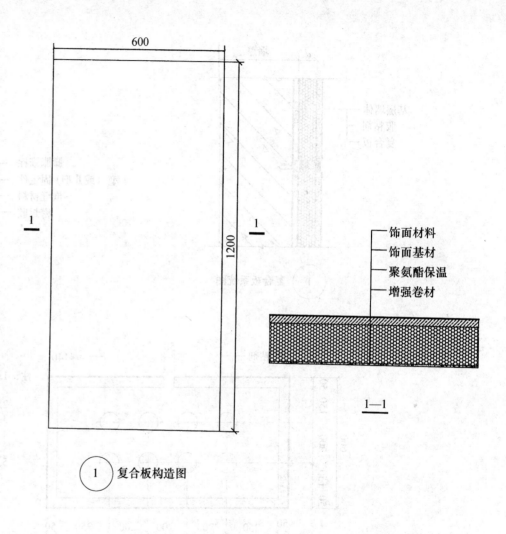

① 复合板构造图

（三）外墙构造及做法、点框粘结

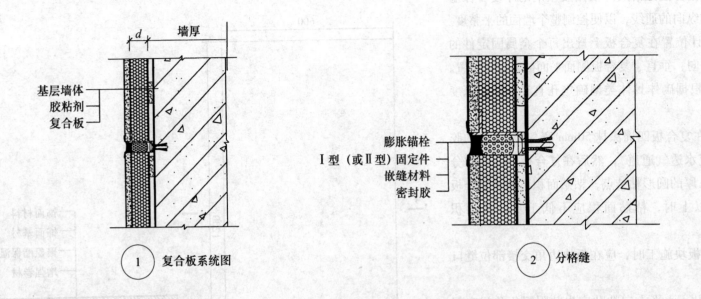

基层墙体
胶粘剂
复合板

① 复合板系统图

膨胀锚栓
Ⅰ型（或Ⅱ型）固定件
嵌缝材料
密封胶

② 分格缝

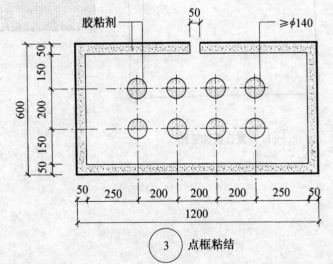

胶粘剂
50
≥φ140

③ 点框粘结

注：1.基层墙体应符合施工要点要求，当基层墙体平整度达不到施工要求时，
　　　应先用1：3水泥砂浆进行找平处理，然后再进行复合板的施工。
　　2.聚氨酯保温厚度d由设计人计算确定。
　　3.塑料锚固栓深度深入基层墙体不小于30mm。
　　4.Ⅰ型固定件用于起固定作用和承重作用的部位上(一般为复合板的下口部位)。
　　　Ⅱ型固定件用于起固定作用的部位上(一般为复合板的上口部位)。
　　5.点框粘结面积不小于40%。

（四）固定件布置图

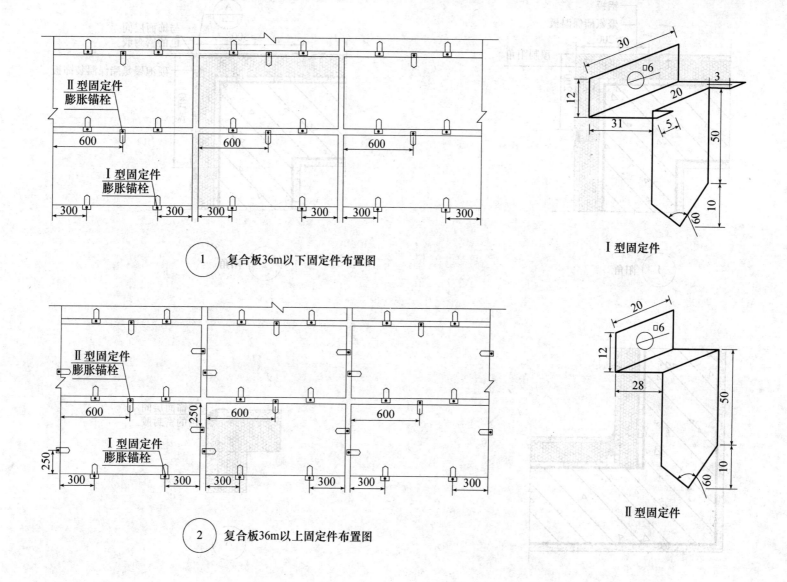

Ⅱ型固定件
膨胀锚栓

Ⅰ型固定件
膨胀锚栓

600   600   600

300   300   300   300   300   300

① 复合板36m以下固定件布置图

Ⅰ型固定件

Ⅱ型固定件
膨胀锚栓

600   600   600

250   250

Ⅰ型固定件
膨胀锚栓

250

300   300   300   300   300   300

② 复合板36m以上固定件布置图

Ⅱ型固定件

217

（五）阴阳角构造图

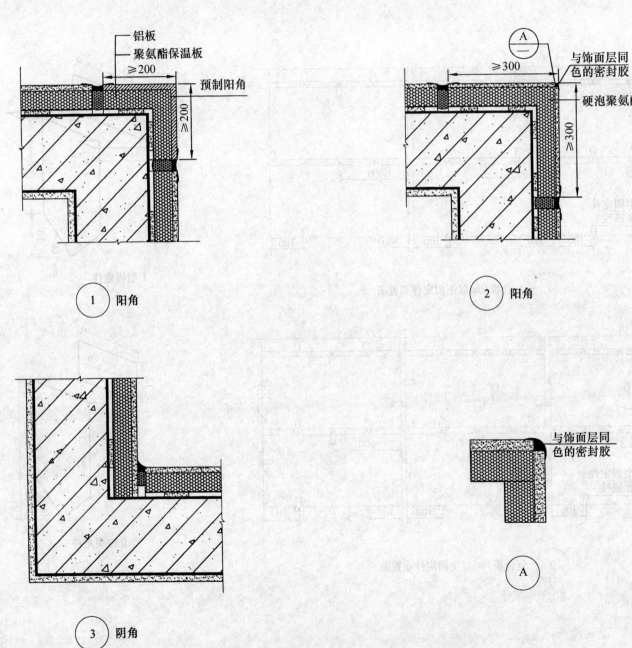

1 阳角

2 阳角

3 阴角

铝板
聚氨酯保温板
≥200
预制阳角
≥200

A

≥300
与饰面层同色的密封胶
硬泡聚氨酯保温装饰板
≥300

与饰面层同色的密封胶

A

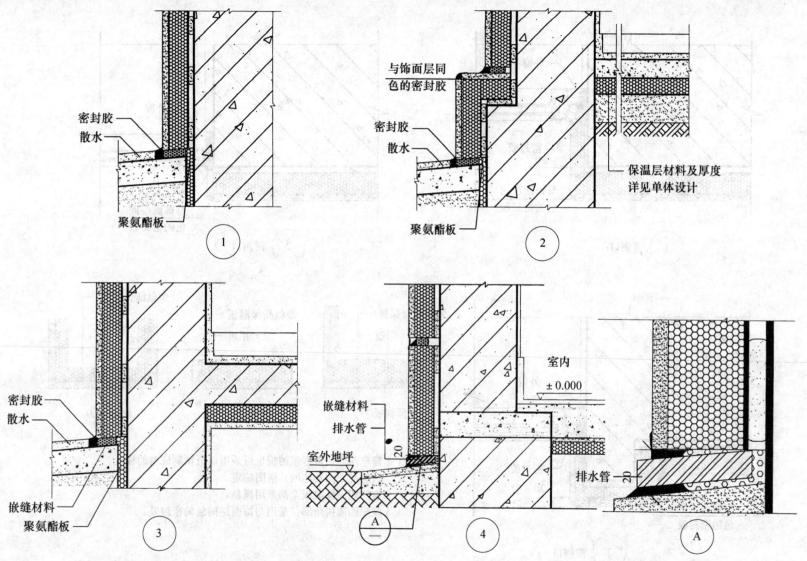

密封胶
散水
聚氨酯板
①

与饰面层同色的密封胶
密封胶
散水
聚氨酯板
保温层材料及厚度
详见单体设计
②

密封胶
散水
嵌缝材料
聚氨酯板
③

嵌缝材料
排水管
室外地坪
20
室内
± 0.000
A
④

排水管
20
A

注：1.节点室外地面以下保温层设置深度和防水层做法详见单体设计。
　　2.保温层的收口部位要低于室内标高 ± 0.000。
　　3.排水管用于勒脚部位，材质为不锈钢，内径为10mm。

219

（七）窗侧口构造图

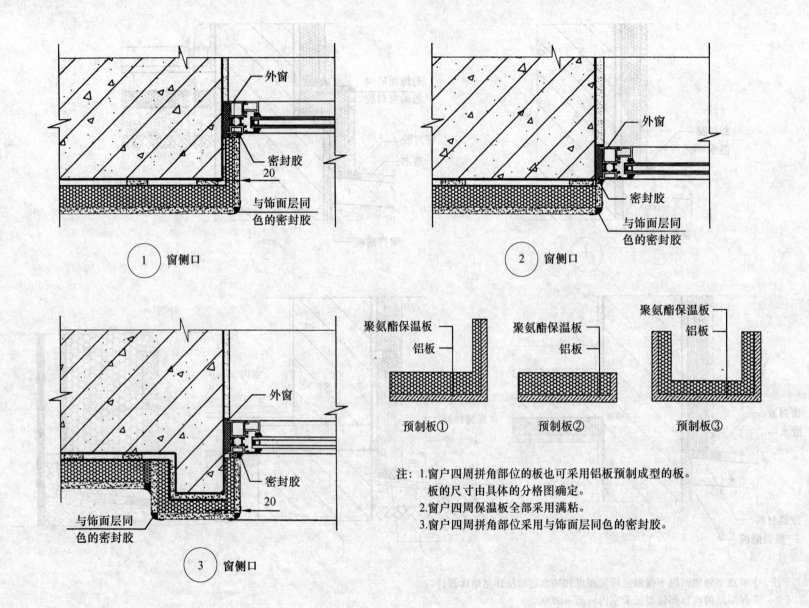

外窗

密封胶
20

与饰面层同
色的密封胶

①　窗侧口

外窗

密封胶

与饰面层同
色的密封胶

②　窗侧口

外窗

密封胶

20

与饰面层同
色的密封胶

③　窗侧口

聚氨酯保温板

铝板

预制板①

聚氨酯保温板

铝板

预制板②

聚氨酯保温板

铝板

预制板③

注：1.窗户四周拼角部位的板也可采用铝板预制成型的板。
　　　板的尺寸由具体的分格图确定。
　　2.窗户四周保温板全部采用满粘。
　　3.窗户四周拼角部位采用与饰面层同色的密封胶。

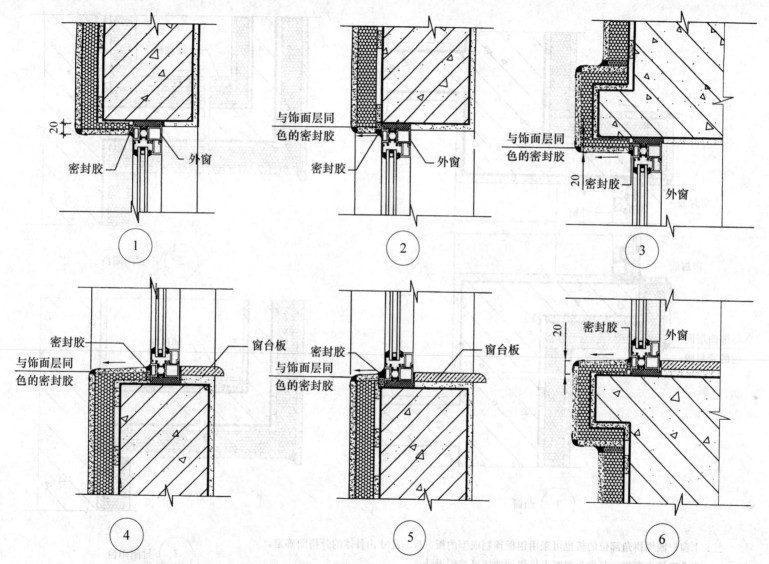

注：1.窗户四周拼角部位的板也可采用铝板预制成型的板。板的尺寸由具体的分格图确定。
　　2.窗户外侧窗台的保温层高度尽可能低于窗户内侧的抹灰高度。
　　3.窗户外侧窗台的保温层不能盖住窗户溢水口。

（九）凸窗、阳台构造

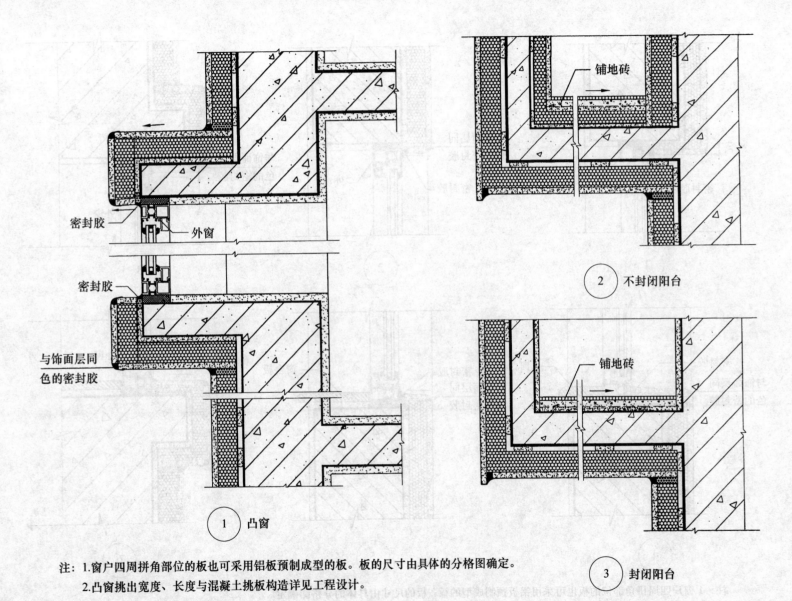

密封胶

外窗

密封胶

与饰面层同色的密封胶

铺地砖

② 不封闭阳台

铺地砖

① 凸窗

③ 封闭阳台

注：1.窗户四周拼角部位的板也可采用铝板预制成型的板。板的尺寸由具体的分格图确定。
　　2.凸窗挑出宽度、长度与混凝土挑板构造详见工程设计。

（十）女儿墙、穿墙管道

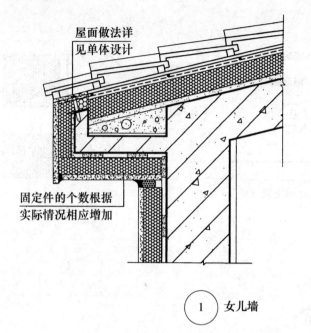

屋面做法详
见单体设计

固定件的个数根据
实际情况相应增加

① 女儿墙

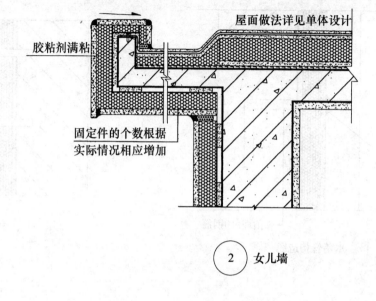

屋面做法详见单体设计

胶粘剂满粘

固定件的个数根据
实际情况相应增加

② 女儿墙

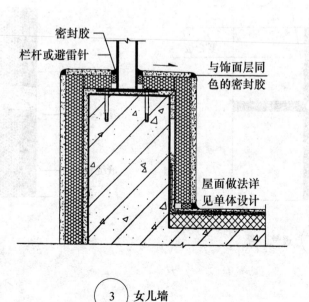

密封胶
栏杆或避雷针
与饰面层同
色的密封胶
屋面做法详
见单体设计

③ 女儿墙

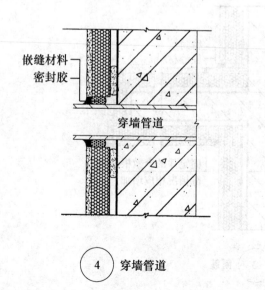

嵌缝材料
密封胶

穿墙管道

④ 穿墙管道

（十一）水落管、空调、雨篷、透气装置

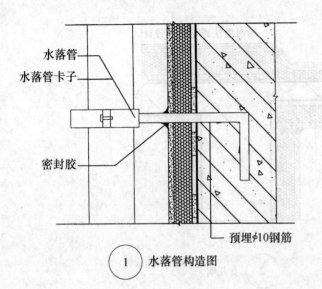

水落管
水落管卡子
密封胶
预埋φ10钢筋

① 水落管构造图

密封胶
膨胀螺栓
Ⓐ
空调支架（成品）

② 空调支架

密封胶

Ⓐ

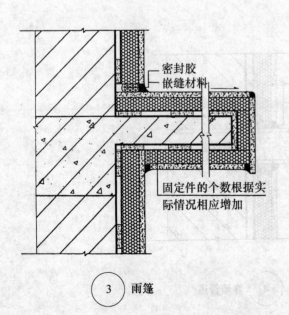

密封胶
嵌缝材料
固定件的个数根据实
际情况相应增加

③ 雨篷

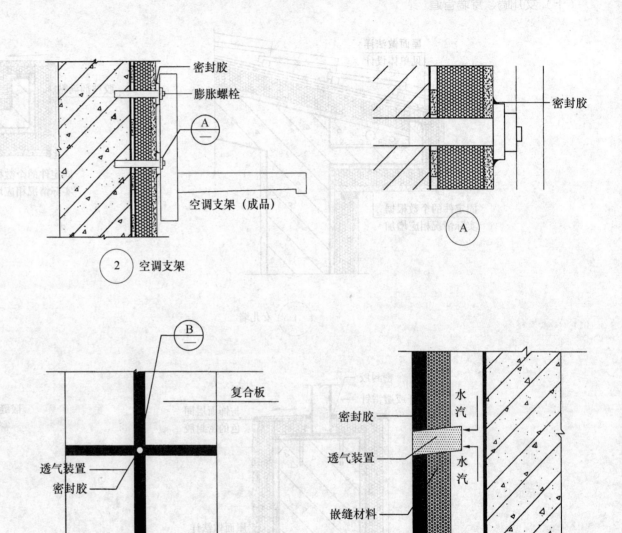

Ⓑ
复合板
透气装置
密封胶

④ 透气装置

密封胶
水汽
透气装置
水汽
嵌缝材料

Ⓑ

224

（十二）变形缝构造

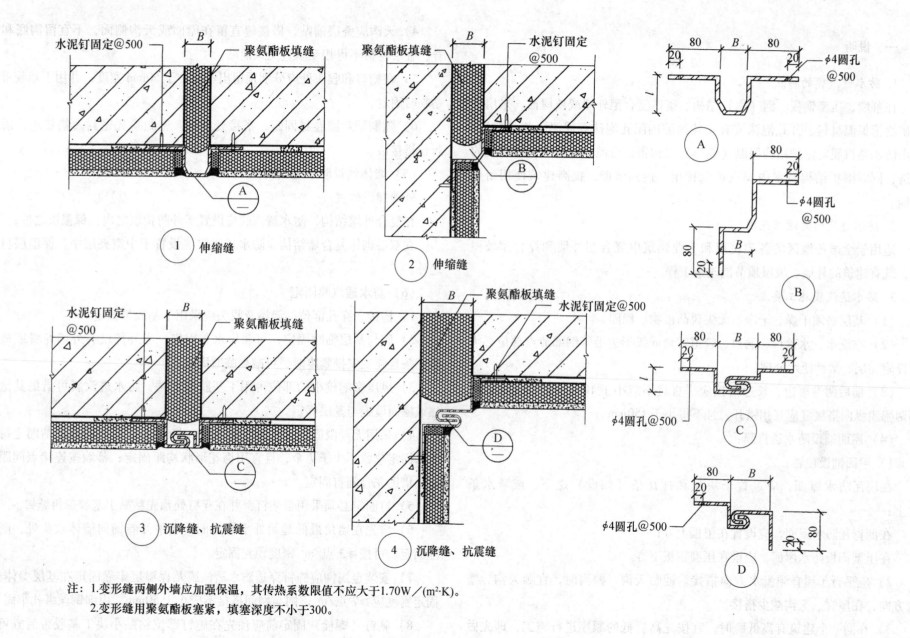

注：1.变形缝两侧外墙应加强保温，其传热系数限值不应大于1.70W／(m²·K)。

2.变形缝用聚氨酯板塞紧，填塞深度不小于300。

225

第七节　防水透汽膜复合岩（玻）棉外围护防水保温系统

一、说明

1. **防水透汽膜的特点**

在幕墙、压型钢板、钢（木）结构、砌体复合型外墙或坡屋面，采用各种矿物棉保温材料、开孔泡沫或有安装间隙的闭孔泡沫等保温隔热材料后，采用防水透汽膜对围护结构保温（隔热）层包覆，可减少水和空气对建筑的渗透，同时围护结构及室内潮汽得以排出，达到节能，提高建筑使用耐久性能。

2. **防水透汽膜的适用范围**

适用于全国各地区的各类民用和工业建筑中复合型外墙和复合型坡屋顶；既有建筑的外墙、坡屋顶节能改造工程。

3. **防水透汽膜施工要点**

（1）基层必须干燥、干净、无尖锐凸出物、稳固。

（2）在泛水、水落口、洞口、管道转角或弧形边沿等细部节点部位必须增设附加层、柔性泛水处理。

（3）前后两卷短边、长边搭接应平直且不应小于100mm搭接宽度；相邻两幅膜纵向搭接缝应互相错开，且不得小于150mm。

（4）屋面铺设防水透汽膜：

1）屋面铺设位置：

在块瓦防水屋面，应设置于块瓦和挂瓦条（如设）之下，或顺水条之上；

在沥青瓦防水屋面，应设置在望板上方；

在压型钢板防水屋面，应设在压型钢板下方。

2）应平行于屋脊顺流水方向搭接。铺贴天沟、檐沟时，宜顺天沟、檐沟方向，在屋脊、天沟减少搭接。

3）在同一个建筑有高低跨时，宜按先高后低的顺序进行施工，即先做高跨防水，然后再做低跨防水。

4）天沟应叠层铺贴，搭接缝宜留在屋面或天沟侧面，不宜留沟底和屋脊。叠层卷材不得相互垂直交叉铺贴。

5）在檐口和收头处应分别预留出不应小于50mm宽度，并用丁基胶带粘贴临时固定。

6）随铺随对膜卷材固定、搭接处密封。密封应先密封短搭接边，后密封长搭接边。

（5）墙体铺设防水透汽膜：

外墙铺设位置：

在复合外墙结构，防水透汽膜应设置于外防护层之内，保温层之外；

在双层砌体复合墙结构，防水透汽膜应设置于中空夹层中，保温层材料之外。

（6）防水透汽膜固定

1）搭接、穿孔部位、起始及收头应采用丁基胶带固定。

2）膜与基层临时固定，可兼作永久固定。当外部设有外墙龙骨或横向挂瓦条且施工安排紧凑时，可减少临时固定。

3）风压影响较小的部位可用丁基胶带点粘，防水透汽膜可借助其他墙体或屋面设施与基层固定。

4）采用无局限固定方式的平铺法时，机械（钉）固定或点粘固定每平方米固定总数不少于7个，且宜用梅花形状均距固定；幕墙按连接点间距固定；借助龙骨施钉固定。

5）钉固定必须采用带垫钉，并在穿钉处预先粘贴丁基胶带再施钉。

6）应先在墙角最低起始处平行墙面，水平开卷铺向墙体收头处，随铺随固定。可按≥3点/m² 密度预先固定。

7）安装金属网应施钉穿透防水透汽膜及保温层牢靠固定在基层墙体上，固定密度应≥7点/m²，网与网间搭接不应小于50mm，用细钢丝绑扎牢固。

8）施钉（螺栓）固定前应预先在施钉部位粘贴小块丁基胶带后方可施钉（螺栓）。

（7）防水透汽膜密封：

1）防水透汽膜间搭接缝密封宽度应≥20mm。胶带覆盖密封应以防水透汽膜搭接缝为中心，搭接缝密封总宽度应≥50mm。

2）标准型防水透汽膜用在木、墙体结构的膜间搭接边应满粘密封。

3）在穿管处四周沿管、连接件周围应用丁基胶带、柔性泛水等材料多道复合密封。

二、幕墙女儿墙及勒脚构造

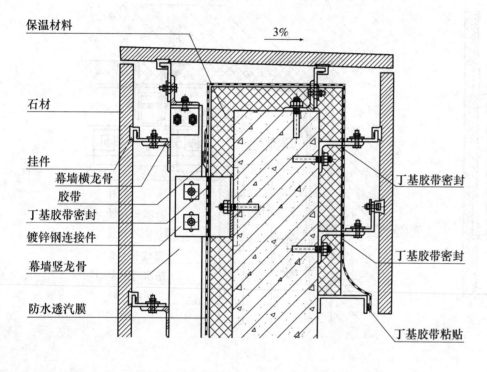

① 幕墙女儿墙节点

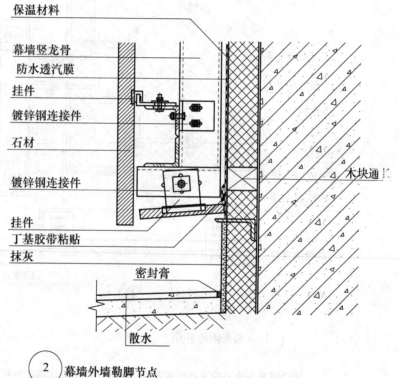

② 幕墙外墙勒脚节点

三、幕墙阴阳角构造

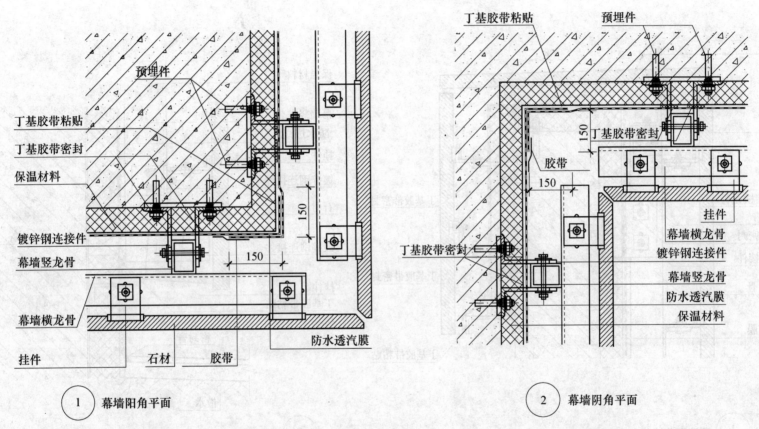

予埋件

丁基胶带粘贴

丁基胶带密封

保温材料

镀锌钢连接件

幕墙竖龙骨

幕墙横龙骨

挂件　　石材　　胶带

防水透汽膜

150

150

① 幕墙阳角平面

丁基胶带粘贴　　　预埋件

丁基胶带密封

胶带

150

150

丁基胶带密封

挂件

幕墙横龙骨

镀锌钢连接件

幕墙竖龙骨

防水透汽膜

保温材料

② 幕墙阴角平面

注：以角为中心交叉搭接宽度≥150mm，在角上部搭接处用丁基胶带密封，在角下部叠层搭接处用胶带覆盖搭接密封。

四、幕墙窗口构造

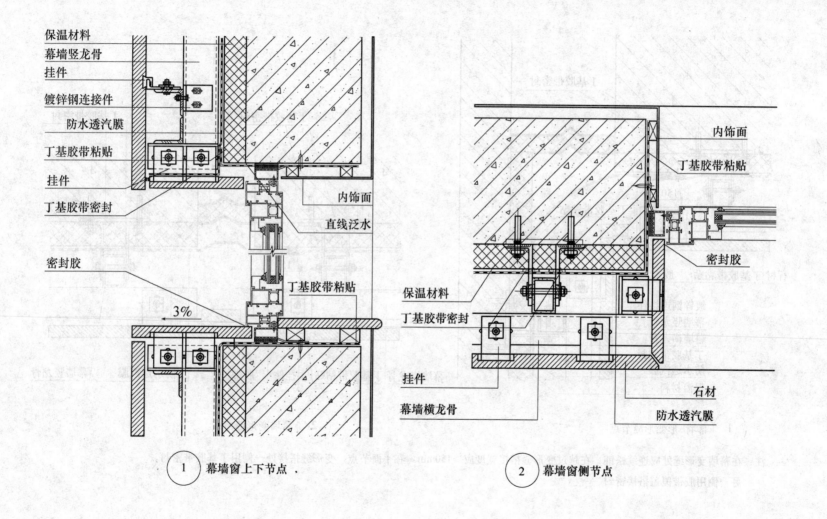

保温材料

幕墙竖龙骨

挂件

镀锌钢连接件

防水透汽膜

丁基胶带粘贴

挂件

丁基胶带密封

密封胶

3%

丁基胶带粘贴

内饰面

直线泛水

1　幕墙窗上下节点

内饰面

丁基胶带粘贴

密封胶

保温材料

丁基胶带密封

挂件

幕墙横龙骨

石材

防水透汽膜

2　幕墙窗侧节点

五、幕墙变形缝构造

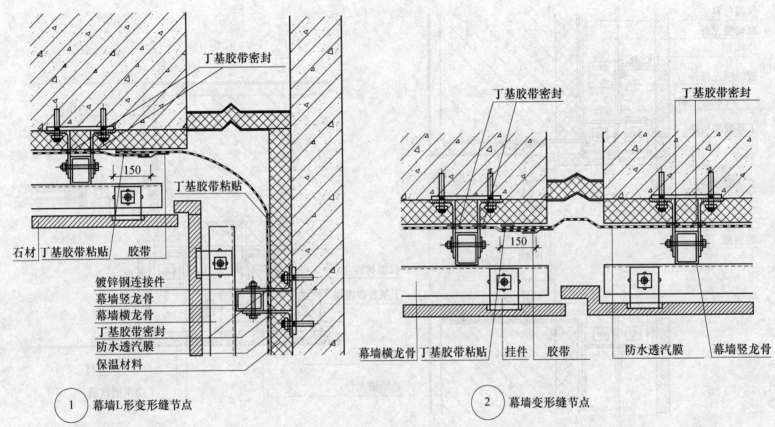

丁基胶带密封

丁基胶带粘贴

石材　丁基胶带粘贴　胶带

镀锌钢连接件
幕墙竖龙骨
幕墙横龙骨
丁基胶带密封
防水透汽膜
保温材料

① 幕墙L形变形缝节点

丁基胶带密封　　　　丁基胶带密封

幕墙横龙骨　丁基胶带粘贴　挂件　胶带　　防水透汽膜　幕墙竖龙骨

② 幕墙变形缝节点

注：在幕墙变形缝处应连续松铺，在越过变形缝搭接宽度应≥150mm。在平面节点、变形缝搭接处一侧用丁基胶带密封，
　　另一侧用胶带覆盖搭接密封。

六、装配式保温隔热系统墙体构造

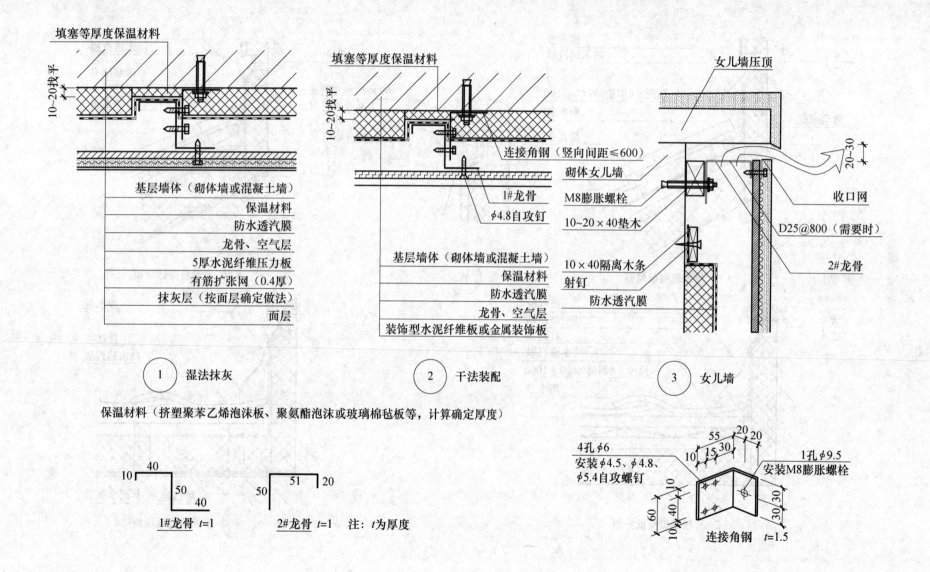

填塞等厚度保温材料

10~20找平

基层墙体（砌体墙或混凝土墙）
保温材料
防水透汽膜
龙骨、空气层
5厚水泥纤维压力板
有筋扩张网（0.4厚）
抹灰层（按面层确定做法）
面层

①　湿法抹灰

填塞等厚度保温材料

10~20找平

连接角钢（竖向间距≤600）
1#龙骨
φ4.8自攻钉

基层墙体（砌体墙或混凝土墙）
保温材料
防水透汽膜
龙骨、空气层
装饰型水泥纤维板或金属装饰板

②　干法装配

女儿墙压顶

连接角钢（竖向间距≤600）
砌体女儿墙
M8膨胀螺栓
10~20×40垫木
10×40隔离木条
射钉
防水透汽膜

20~30
收口网
D25@800（需要时）
2#龙骨

③　女儿墙

保温材料（挤塑聚苯乙烯泡沫板、聚氨酯泡沫或玻璃棉毡板等，计算确定厚度）

10 40
50
40

1#龙骨　t=1

50 51 20

2#龙骨　t=1　注：t为厚度

4孔φ6
安装φ4.5、φ4.8、
φ5.4自攻螺钉
55 20 20
10 15 30
60 10 40 10
30 30

1孔φ9.5
安装M8膨胀螺栓

连接角钢　t=1.5

231

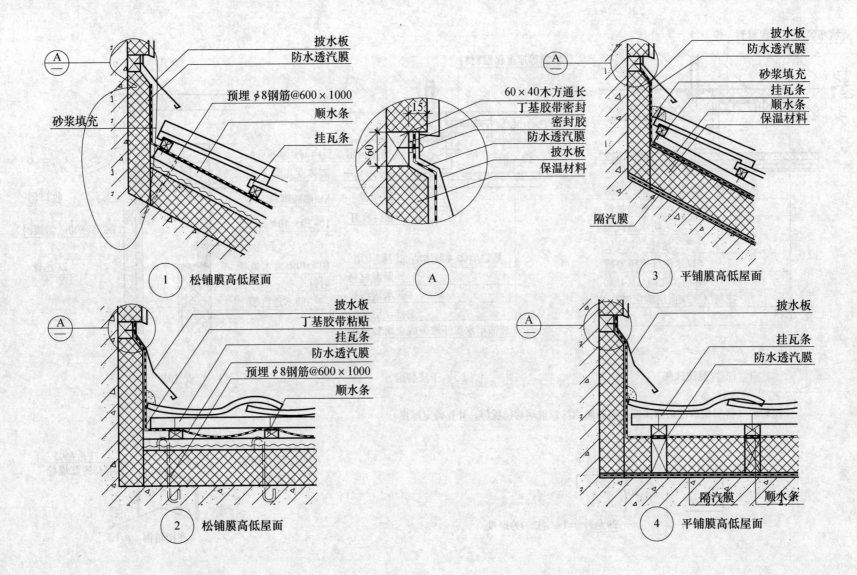

披水板
防水透汽膜
预埋 φ8钢筋@600×1000
顺水条
挂瓦条

砂浆填充

① 松铺膜高低屋面

60×40木方通长
丁基胶带密封
密封胶
防水透汽膜
披水板
保温材料

隔汽膜

A

披水板
防水透汽膜
砂浆填充
挂瓦条
顺水条
保温材料

隔汽膜

③ 平铺膜高低屋面

披水板
丁基胶带粘贴
挂瓦条
防水透汽膜
预埋 φ8钢筋@600×1000
顺水条

② 松铺膜高低屋面

披水板
挂瓦条
防水透汽膜

隔汽膜   顺水条

④ 平铺膜高低屋面

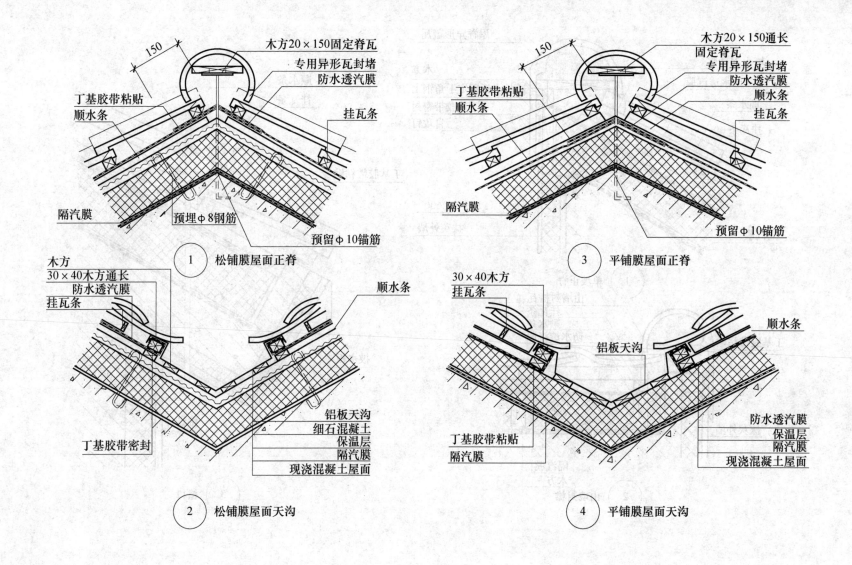

木方20×150固定脊瓦
专用异形瓦封堵
防水透汽膜
挂瓦条
丁基胶带粘贴
顺水条
隔汽膜
预埋φ8钢筋
预留φ10锚筋

① 松铺膜屋面正脊

木方20×150通长
固定脊瓦
专用异形瓦封堵
防水透汽膜
顺水条
挂瓦条
丁基胶带粘贴
顺水条
隔汽膜
预留φ10锚筋

③ 平铺膜屋面正脊

木方
30×40木方通长
防水透汽膜
挂瓦条
顺水条
丁基胶带密封
铝板天沟
细石混凝土
保温层
隔汽膜
现浇混凝土屋面

② 松铺膜屋面天沟

30×40木方
挂瓦条
顺水条
铝板天沟
防水透汽膜
保温层
隔汽膜
现浇混凝土屋面
丁基胶带粘贴
隔汽膜

④ 平铺膜屋面天沟

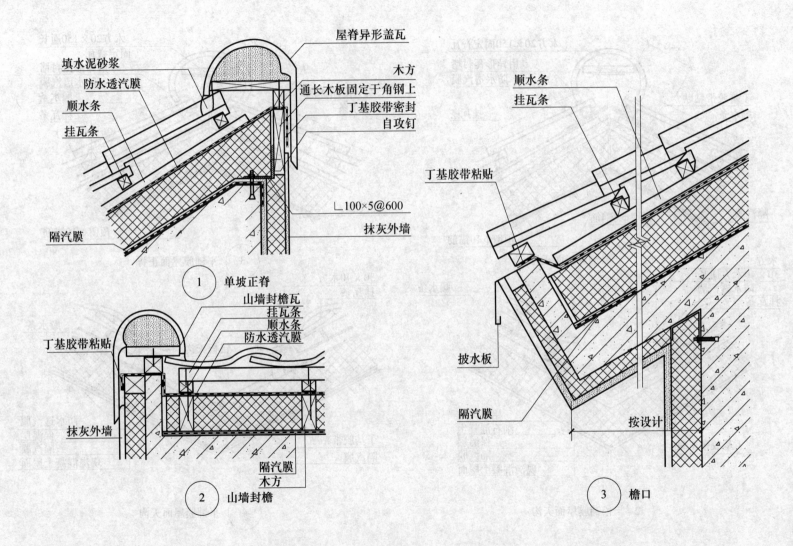

填水泥砂浆
防水透汽膜
顺水条
挂瓦条
隔汽膜

屋脊异形盖瓦
木方
通长木板固定于角钢上
丁基胶带密封
自攻钉
∟100×5@600
抹灰外墙

① 单坡正脊

丁基胶带粘贴
抹灰外墙

山墙封檐瓦
挂瓦条
顺水条
防水透汽膜

隔汽膜
木方

② 山墙封檐

顺水条
挂瓦条

丁基胶带粘贴

披水板

隔汽膜

按设计

③ 檐口

第四章　夹芯保温墙系统建筑构造

第一节　空心砌块、多孔砖夹芯保温墙

一、说明

1. 适用范围

该系统构造适用于全国严寒及寒冷地区（其他气候分区可参照选用）、非抗震设计和抗震设防烈度≤8度的地区、外墙为普通混凝土小型空心砌块（简称小砌块）和烧结多孔砖（包括 DM 和 KP1 型）夹芯墙的低层、多层民用与工业建筑。

2. 设计

（1）夹芯保温墙的轴线定位在内叶墙，平面模数网格采用 2M 或 3M，竖向模数网格（层高）用 1M，小砌块建筑平面和竖向参数宜优先采用 2M。

（2）楼、地面、屋面的竖向定位在结构面标高，即圈梁顶面与楼、屋面板取平。

（3）夹芯墙保温层厚度不应大于 100mm。

（4）小砌块砌体的组合宜尽量用 390mm 长的主砌块，少用辅助块。上、下皮对孔错缝搭砌，搭接长度为 200mm，墙体净长度为奇数时，宜用 290mm 长的辅助砌块调整。

DM 型多孔砖：内叶墙采用 DM_1（规格为 190mm×240mm×90mm）或 DM_2（规格为 190mm×190mm×90mm），外叶墙采用 DM_4（规格为 190mm×90mm×90mm）单砌；KP_1 型（规格为 240mm×115mm×90mm）多孔砖内叶墙组合砌，外叶墙单砌。

（5）芯柱部位的砌块孔洞必须贯通，在每楼层底部应设置清扫口的芯柱砌块。

（6）小砌块夹芯保温墙的外叶墙宜利用不同饰面的装饰砌块排砌组合成各种图案效果的清水墙。清水墙应采用抗渗砌块（多孔砖）砌筑。

（7）墙体防裂措施：

1）小砌块外叶墙宜在房屋一、二层和顶层及墙体高度或厚度突变处设置控制缝，控制缝的构造和嵌缝材料应满足墙体平面外传力及变形和防护的要求。

2）墙体粉刷宜在砌体充分收缩稳定后进行，粉刷前应先刷水泥胶结合层一道，再分层抹灰。较大面积墙面宜设分格缝，间距不宜大于 3m。

（8）在屋盖及每层楼盖处的各层纵横墙设置现浇钢筋混凝土圈梁，且圈梁应闭合，遇有洞口时应上下搭接。圈梁截面高度不宜小于 200mm，宽度不应小于 190mm。

（9）夹芯保温墙设置的芯柱、构造柱，在圈梁交接处，纵筋应穿过圈梁，与各层圈梁整体现浇，保证上下贯通。芯柱、构造柱可不单设基础，但应伸入室外地面以下 500mm，或与埋深小于 500mm 的基础圈梁连接。

（10）墙体防火：

1）小砌块建筑未设置芯柱的墙体：90mm 厚墙体的耐火极限为 1h，190mm 厚的为 2h。

2）多孔砖建筑墙体：200mm 厚多孔砖墙体的耐火极限大于 2h。

（11）夹芯墙保温层采用保温板时，紧密衔接，紧贴内叶墙。外叶墙内侧的空气层厚度不宜小于 20mm，拉结钢筋网片或拉结件应压入保温板内；

夹芯墙采用现场注入发泡保温材料时，夹芯层不设空气层。

（12）在严寒及寒冷地区外窗不宜设计成飘窗形式，尽量减少热损失。

3. 施工要点

（1）小砌块砌筑前不得浇水，气候异常炎热干燥时，可在砌前稍喷水湿润。多孔砖砌前 1~2d 浇水湿润。

（2）砌筑从转角定位开始，板类保温材料施工顺序为：先砌内叶墙 400mm（或 600mm）高，粘贴保温板（留空气层），再砌外叶墙至内叶墙齐平，后放置防锈拉结钢筋网片或拉结件。

（3）砌筑承重内叶墙时，拉结件不应置于竖缝处，内外叶墙片间的水平缝和竖缝应随砌随原浆刮平勾缝，防止砂浆、杂物落入两片墙的夹缝中。

（4）每日砌筑一步脚手架的高度，不得在墙中留脚手架孔。

（5）保温板按墙面尺寸及拉结件竖向间距裁割，由一侧开始从下至上进行安装，压入拉结件，使板缝紧密。

上下保温板间竖缝应错开不小于 100mm 错缝，板缝处宜用胶带粘贴固定。

在外墙转角部位，上下保温板应压槎错缝搭接，保温板端面涂胶与邻板粘牢后，用胶带粘贴固定板缝。外墙阴角及丁字墙处夹心层内保温材料应保持连续，避免产生热桥。

（6）砌外叶墙时，应先砌筑好擦底砖，务使拉结件在外叶墙的灰缝中，外叶墙砌筑宜比内叶墙滞后一个拉结件的竖向间距。

（7）夹心墙的外叶墙为清水墙面时，外露墙面应由装饰砌块所组成；门窗洞口的现浇（或梁上的挑板）应适当凹入墙面，使其表面贴饰面砖后与相邻墙面平齐。

（8）砌体施工分段位置宜设在伸缩缝、沉降缝、防震缝、构造柱或门窗洞口处。相邻施工段的砌筑高度差不得超过一个楼层高度，也不能大于 4m。

（9）砌筑水平和竖向灰缝的饱满度不应低于 90%。砌筑或调位时，砂浆应处塑性状态，严禁用水冲浆灌缝。

（10）洞口、槽沟和预埋件等，在砌筑时预留或预埋，严禁在砌好墙体上剔凿或钻孔。固定膨胀螺栓的部位应采用混凝土灌实。

二、夹芯墙注入发泡保温材料构造示意

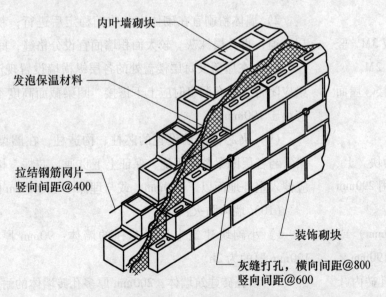

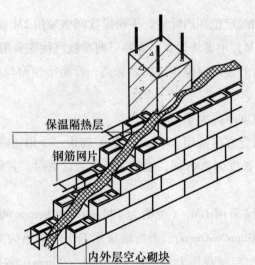

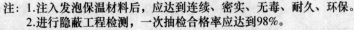

注：1.注入发泡保温材料后，应达到连续、密实、无毒、耐久、环保。
　　2.进行隐蔽工程检测，一次抽检合格率应达到98%。

三、檐口、线脚部位保温构造示意

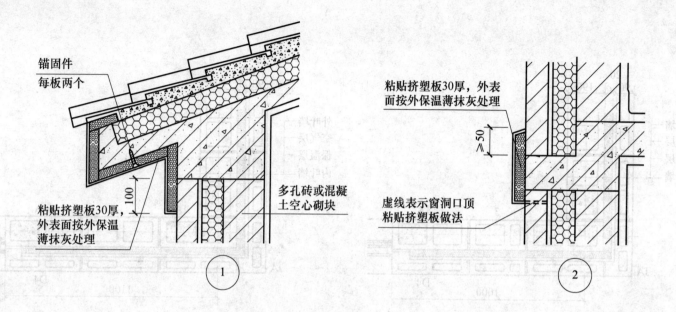

锚固件
每板两个

粘贴挤塑板30厚，
外表面按外保温
薄抹灰处理

100

多孔砖或混凝
土空心砌块

①

粘贴挤塑板30厚，外表
面按外保温薄抹灰处理

≥50

虚线表示窗洞口顶
粘贴挤塑板做法

②

四、保温板拉固示意

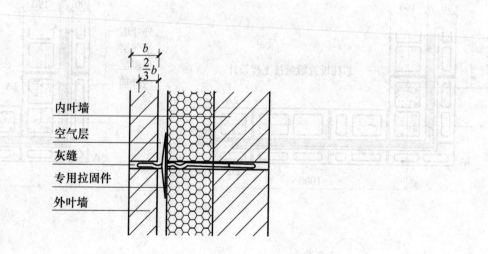

$\frac{b}{2}$
$\frac{2}{3}b$

内叶墙

空气层

灰缝

专用拉固件

外叶墙

五、普通混凝土小型空心砌块夹芯墙

（一）阳角墙排块

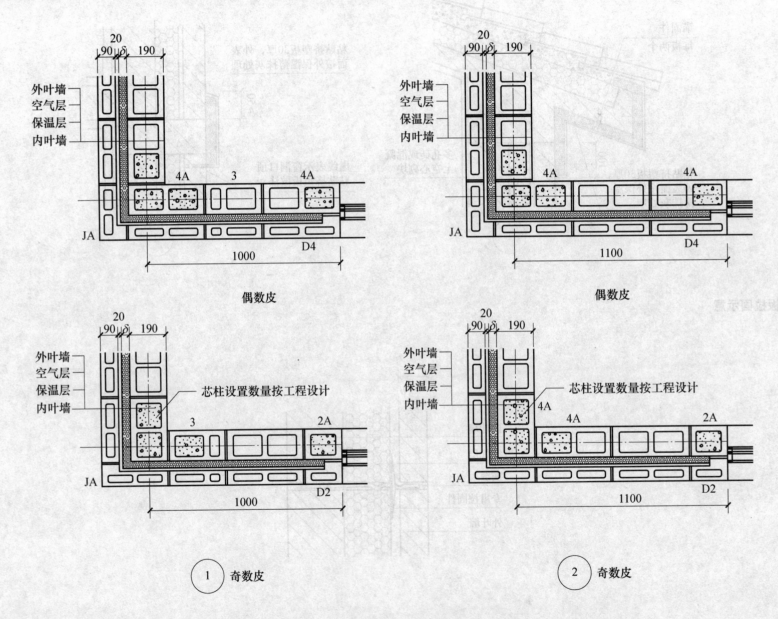

外叶墙
空气层
保温层
内叶墙

4A   3   4A

JA   D4
　　1000

偶数皮

外叶墙
空气层
保温层
内叶墙

4A   4A

JA   D4
　　1100

偶数皮

外叶墙
空气层
保温层
内叶墙

芯柱设置数量按工程设计

3   2A

JA   D2
　　1000

①　**奇数皮**

外叶墙
空气层
保温层
内叶墙

芯柱设置数量按工程设计

4A   4A   2A

JA   D2
　　1100

②　**奇数皮**

238

（二）阴角墙排块

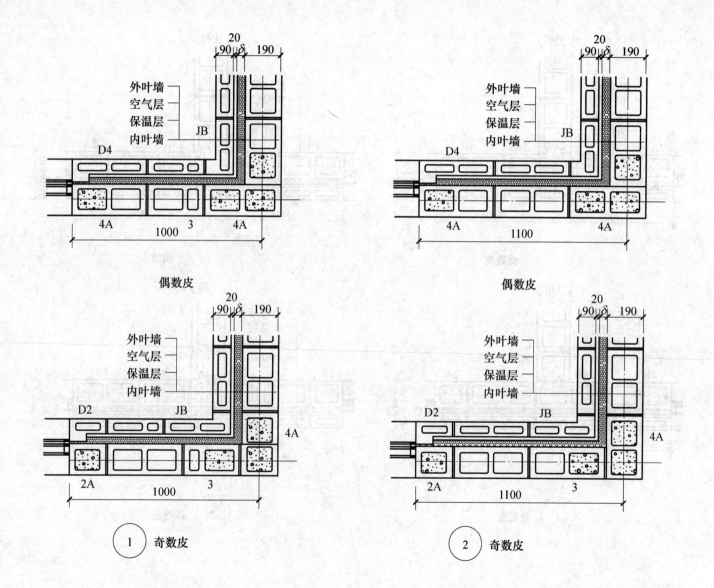

（三）丁字墙排块

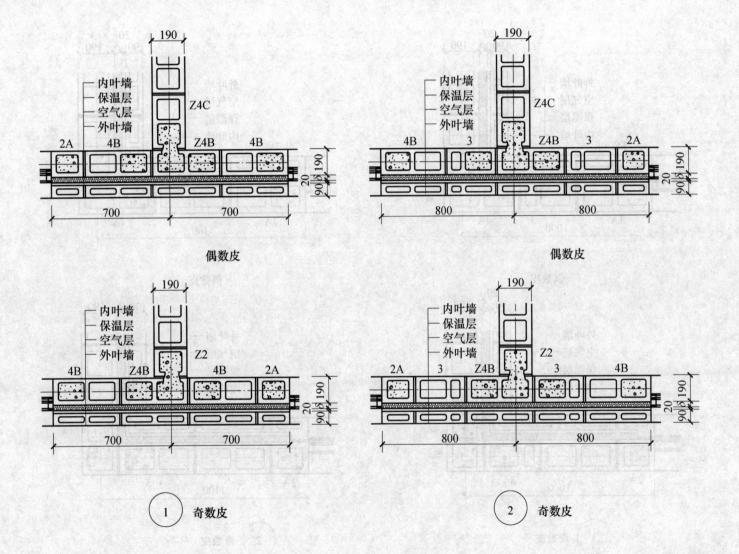

内叶墙
保温层
空气层
外叶墙

Z4C

2A 4B Z4B 4B

700 700

偶数皮

内叶墙
保温层
空气层
外叶墙

Z4C

4B 3 Z4B 3 2A

800 800

偶数皮

内叶墙
保温层
空气层
外叶墙

Z2

4B Z4B 4B 2A

700 700

① 奇数皮

内叶墙
保温层
空气层
外叶墙

Z2

2A 3 Z4B 3 4B

800 800

② 奇数皮

（四）壁柱墙排块

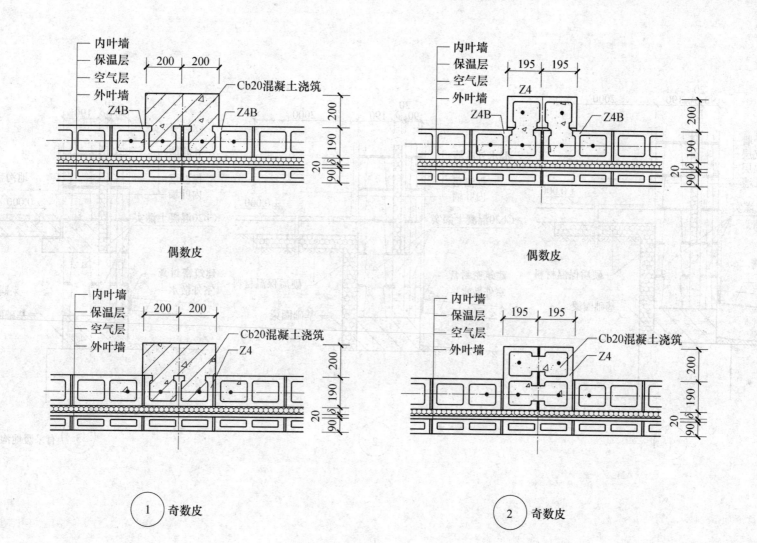

（五）勒脚（基础墙身）

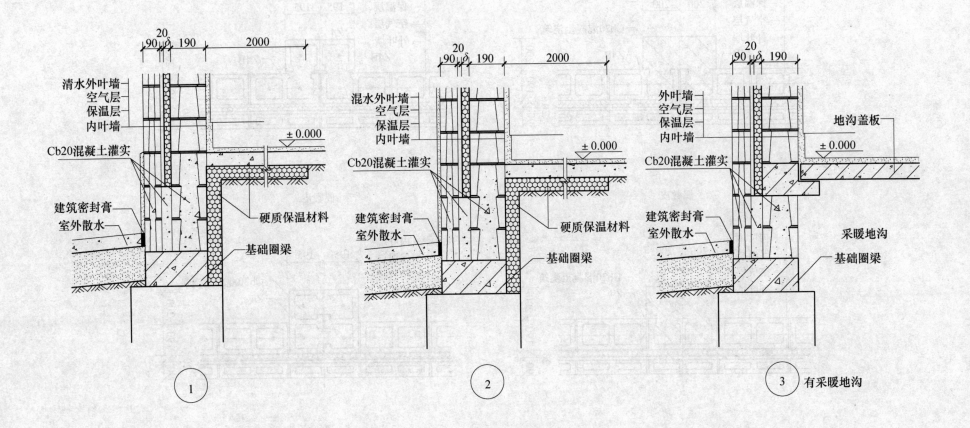

清水外叶墙
空气层
保温层
内叶墙
Cb20混凝土灌实
建筑密封膏
室外散水
± 0.000
硬质保温材料
基础圈梁

① 1

混水外叶墙
空气层
保温层
内叶墙
Cb20混凝土灌实
建筑密封膏
室外散水
± 0.000
硬质保温材料
基础圈梁

② 2

外叶墙
空气层
保温层
内叶墙
地沟盖板
± 0.000
Cb20混凝土灌实
建筑密封膏
室外散水
采暖地沟
基础圈梁

③ 3 有采暖地沟

（六）窗口节点

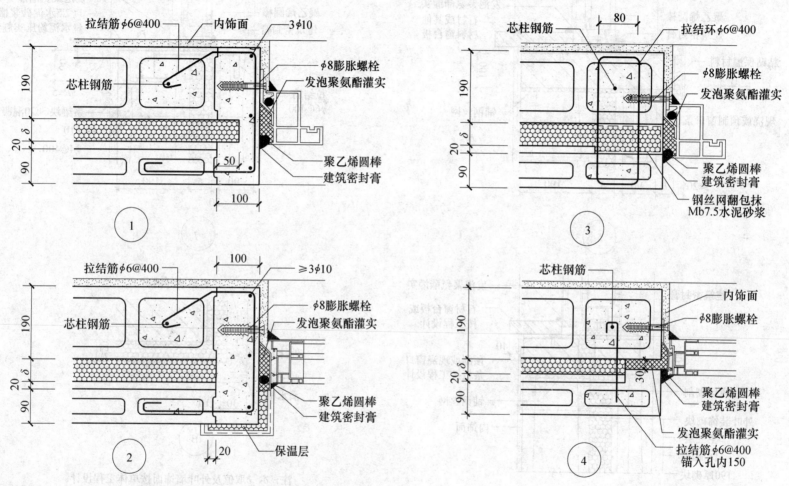

注：1. δ为保温层厚度，按各地区建筑节能要求确定，外叶墙饰面按工程设计；

2. 本图节点①、②适用于门窗洞口宽度≥1800时，当洞口两侧设构造柱时可参照使用；

3. 拉结筋未埋置于砂浆或混凝土中的部位应做防腐处理后方可使用。

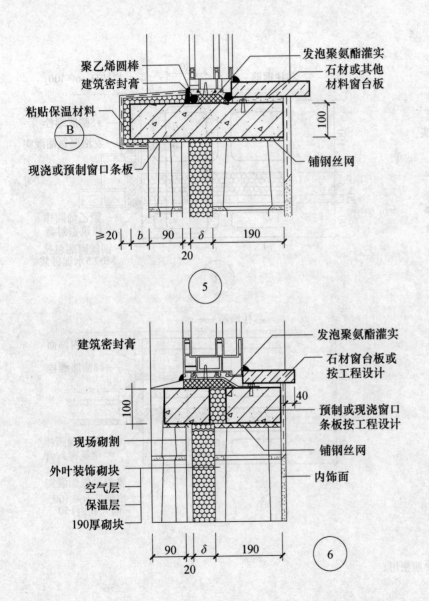

聚乙烯圆棒
建筑密封膏

发泡聚氨酯灌实
石材或其他
材料窗台板

粘贴保温材料

$\frac{B}{-}$

现浇或预制窗口条板

铺钢丝网

≥20 b 90 δ 190

20

⑤

发泡聚氨酯灌实
1:2.5水泥砂浆撒适
量水泥粉压实赶光

聚乙烯圆棒
建筑密封膏

20
40
60

拉结筋
φ6@400

15
R=5

系梁块Cb20混凝土灌实
φ10
φ4@400

90 δ 190
20

⑦

建筑密封膏

发泡聚氨酯灌实
石材窗台板或
按工程设计

40

现场砌割

预制或现浇窗口
条板按工程设计

外叶装饰砌块
空气层
保温层
190厚砌块

铺钢丝网

内饰面

100

90 δ 190
20

⑥

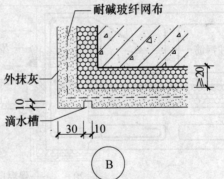

耐碱玻纤网布

外抹灰

≥20

10

滴水槽

30 10

Ⓑ

注：δ、b取值及外叶墙饰面按单体工程设计。

244

（七）女儿墙节点

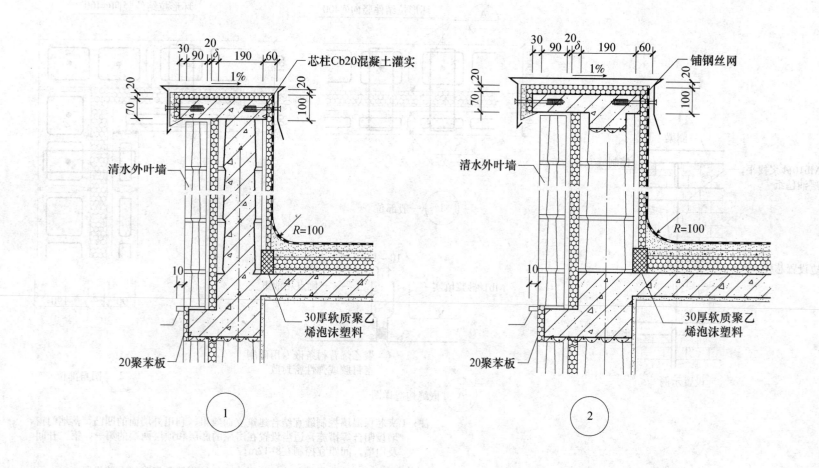

芯柱Cb20混凝土灌实

清水外叶墙

R=100

30厚软质聚乙
烯泡沫塑料

20聚苯板

①

铺钢丝网

清水外叶墙

R=100

30厚软质聚乙
烯泡沫塑料

20聚苯板

②

245

（八）控制缝详图

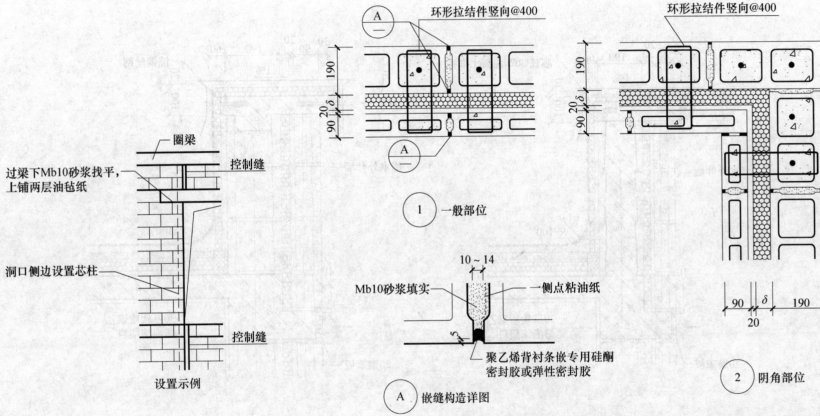

圈梁

过梁下Mb10砂浆找平，
上铺两层油毡纸

控制缝

洞口侧边设置芯柱

控制缝

设置示例

环形拉结件竖向@400

①　一般部位

10~14

Mb10砂浆填实

一侧点粘油纸

聚乙烯背衬条嵌专用硅酮
密封胶或弹性密封胶

Ⓐ　嵌缝构造详图

环形拉结件竖向@400

②　阴角部位

90　δ　190
20

注：1. 夹芯保温墙控制缝宜结合建筑立面效果，利用外墙面的凹凸、落地门窗、
　　　增设阳台等措施，适当设置在房屋的底层和顶层两端的第一、第二开间
　　　及山墙，间距宜控制在8~12m；

　　2. 竖向控制缝应尽量与建筑的温度缝、抗震缝、沉降缝合并设置；

　　3. 控制缝处墙面做法按工程设计。

（九）变形缝

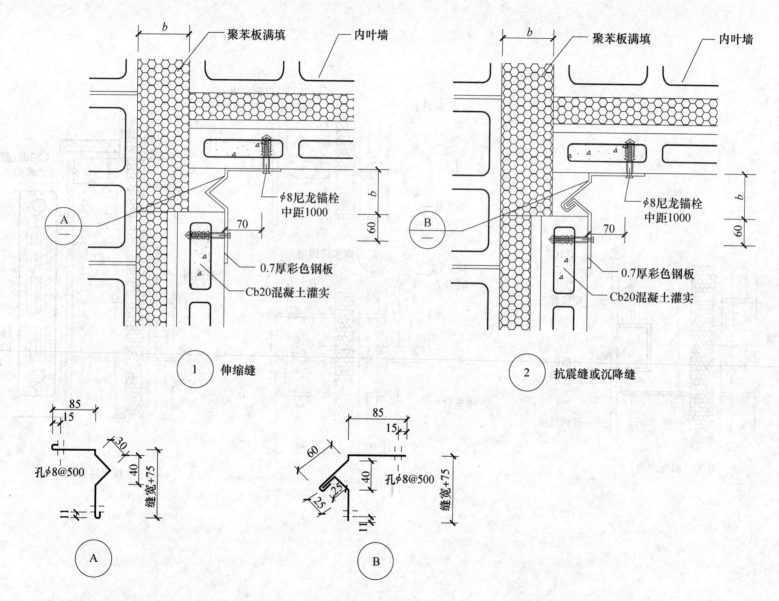

①　伸缩缝

②　抗震缝或沉降缝

注：变形缝盖板材料可采用0.7厚彩色涂层钢板、0.5厚不锈钢板、0.5厚镀锌铁皮及1.5厚铝板。

247

（十）管线固定与设备安装

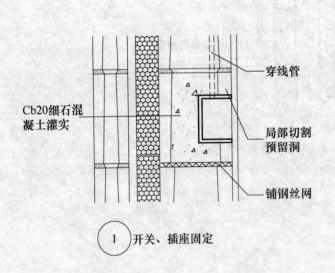

穿线管

Cb20细石混
凝土灌实

局部切割
预留洞

铺钢丝网

① 开关、插座固定

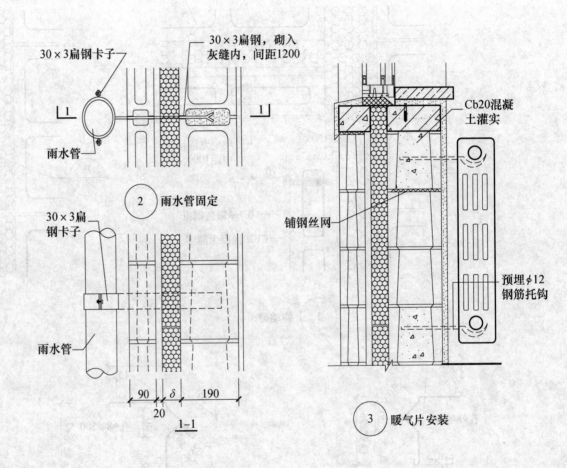

30×3扁钢卡子

30×3扁钢，砌入
灰缝内，间距1200

雨水管

② 雨水管固定

30×3扁
钢卡子

雨水管

90 δ 190
20

1-1

Cb20混凝
土灌实

铺钢丝网

预埋φ12
钢筋托钩

③ 暖气片安装

（十一）圈梁构造

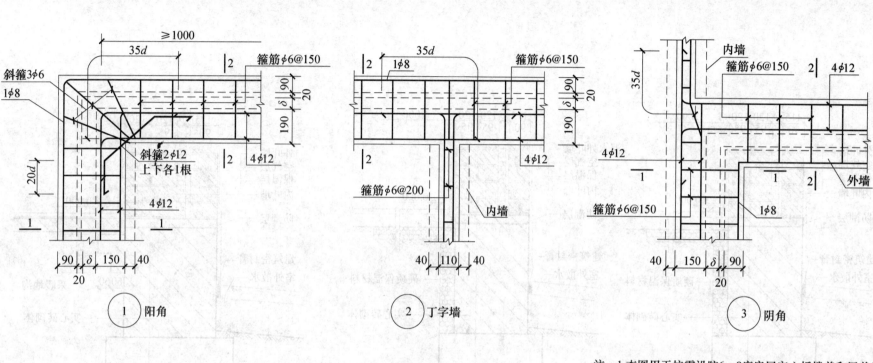

① 阳角   ② 丁字墙   ③ 阴角

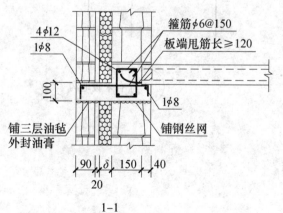

1—1

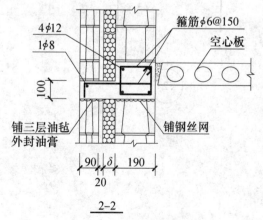

2—2

注：1. 本图用于抗震设防6～8度房屋空心板楼盖和屋盖处，当空心板厚大于120时，圈梁高度应适当加大；
2. 圈梁采用C20混凝土，兼过梁时，应按计算配置钢筋；
3. 圈梁宜采用硬架支模，施工时应先支模放置下部的箍筋，再安装空心板，将板端锚固筋弯折，再放置上部的纵筋；
4. 本图集圈梁配筋为抗震设防地区，非抗震设防地区配筋为4φ10；
5. 与圈梁连接处的芯柱或构造柱的竖筋应穿过圈梁，保证其竖筋上下贯通；
6. 夹心墙转角处钢筋搭接宜离交接处≥1000。

249

六、烧结多孔砖夹芯墙

（一）勒脚节点

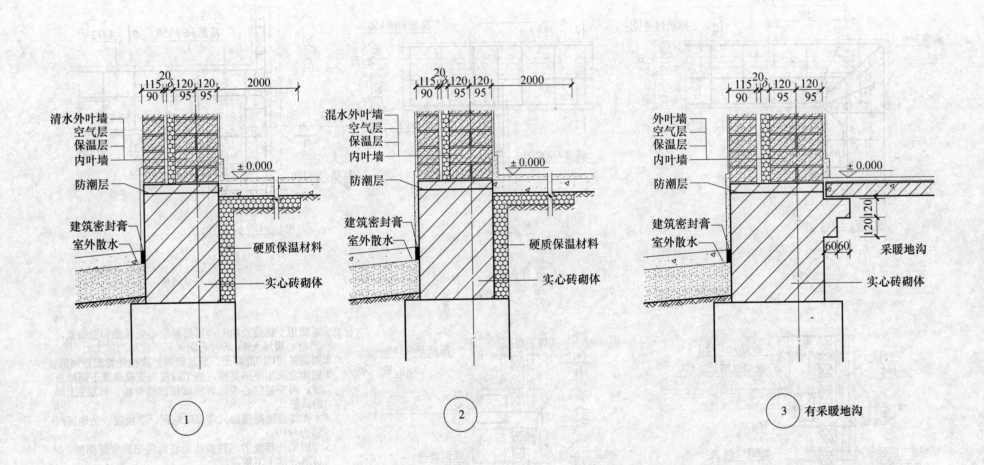

① 清水外叶墙 空气层 保温层 内叶墙 防潮层 建筑密封膏 室外散水 ±0.000 硬质保温材料 实心砖砌体

② 混水外叶墙 空气层 保温层 内叶墙 防潮层 建筑密封膏 室外散水 ±0.000 硬质保温材料 实心砖砌体

③ 有采暖地沟 外叶墙 空气层 保温层 内叶墙 防潮层 建筑密封膏 室外散水 ±0.000 采暖地沟 实心砖砌体

（二）侧窗口与内外墙交接

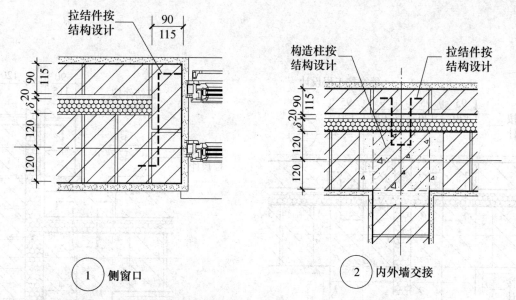

① 侧窗口　　　　　　　② 内外墙交接

注：1.内叶墙采用DM₁或KP₁多孔砖为示例，墙厚为240，外叶墙DM₄多孔砖厚90，KP₁厚115。
　　2.内叶墙间拉结件未置于砂浆中的部位应经防腐处理。

（三）阳角与阴角

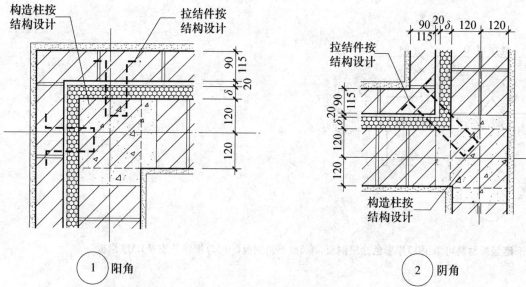

① 阳角　　　　　　　　② 阴角

注：1.内叶墙采用DM₁或KP₁多孔砖为示例，墙厚为240，外叶墙DM₄多孔砖厚90，KP₁厚115。
　　2.内叶墙间拉结件未置于砂浆中的部位应经防腐处理。

（四）变形缝

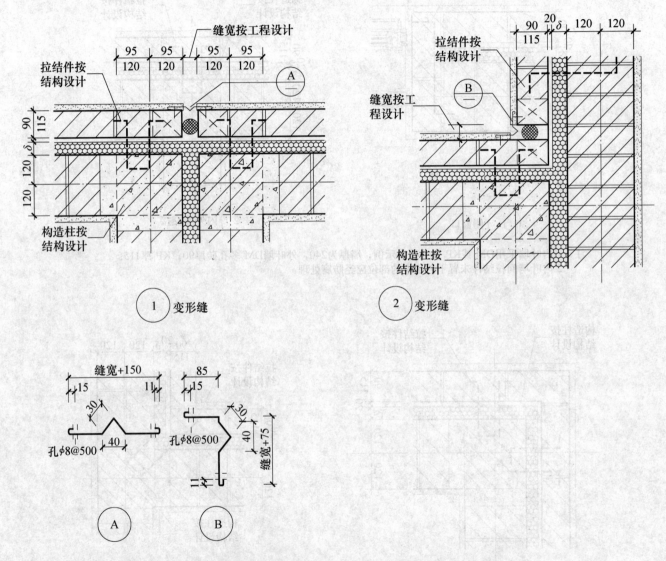

缝宽按工程设计			
95	95	95	95
120	120	120	120

拉结件按
结构设计

115
90
δ
120
120

A

构造柱按
结构设计

①变形缝

拉结件按
结构设计

90 20 δ 120 120
115

缝宽按工
程设计

B

构造柱按
结构设计

②变形缝

缝宽+150
15 11
30
40
孔φ8@500

A

85
15
30
40
缝宽+75
孔φ8@500

B

注：变形缝盖板材料可采用0.7厚彩色涂层钢板、0.5厚不锈钢板、0.5厚镀锌铁皮及1.5厚铝板。

（五）窗口节点详图

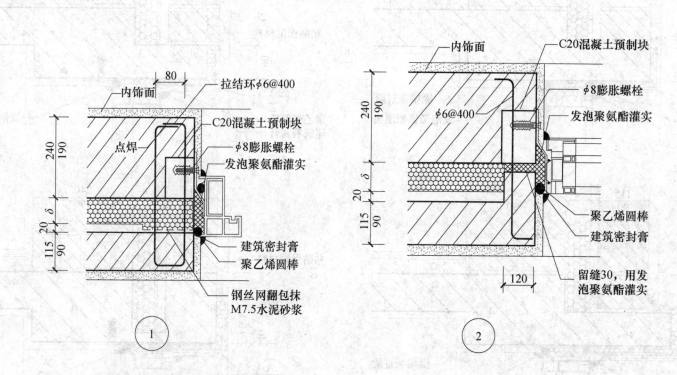

注：1.C20混凝土预制块根据墙厚可为120（90）×90×90。
　　2.拉结钢筋应全部埋入砂浆或混凝土中，否则应做防腐处理后方可使用。
　　3.保温层厚度，取值按单体工程设计。

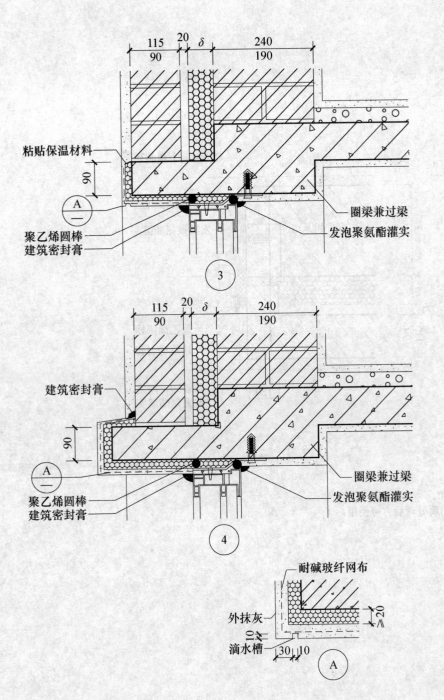

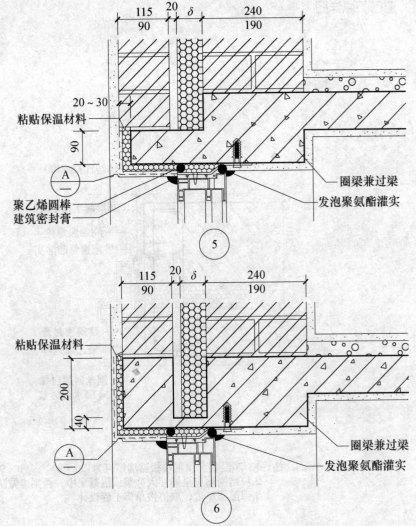

115 20 δ 240
90 190

粘贴保温材料

90

A
—

聚乙烯圆棒
建筑密封膏

圈梁兼过梁

发泡聚氨酯灌实

③

115 20 δ 240
90 190

20~30

粘贴保温材料

90

A
—

聚乙烯圆棒
建筑密封膏

圈梁兼过梁

发泡聚氨酯灌实

⑤

115 20 δ 240
90 190

建筑密封膏

90

A
—

聚乙烯圆棒
建筑密封膏

圈梁兼过梁

发泡聚氨酯灌实

④

115 20 δ 240
90 190

粘贴保温材料

200

40

A
—

圈梁兼过梁

发泡聚氨酯灌实

⑥

耐碱玻纤网布

外抹灰

≥20

滴水槽

30 10

A

254

（六）伸缩缝、抗震缝或沉降缝

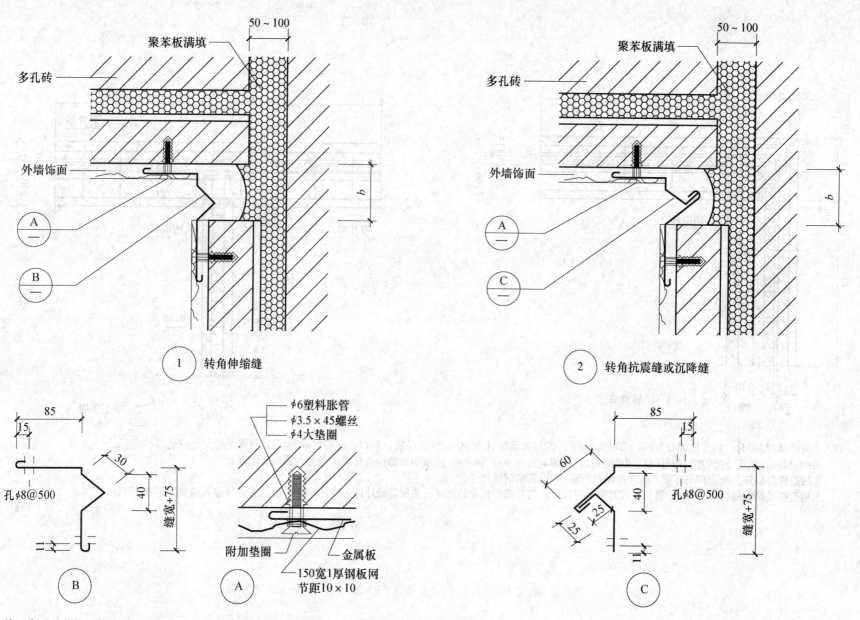

① 转角伸缩缝

② 转角抗震缝或沉降缝

图中标注：聚苯板满填、多孔砖、外墙饰面、50～100、b

B：85、15、30、40、缝宽+75、孔φ8@500

A：φ6塑料胀管、φ3.5×45螺丝、φ4大垫圈、附加垫圈、金属板、150宽1厚钢板网 节距10×10

C：85、15、60、40、缝宽+75、孔φ8@500、25、25

注：变形缝盖板材料可采用0.7厚彩色涂层钢板、0.5厚不锈钢板、0.5厚镀锌铁皮及1.5厚铝板。

（七）构造柱的拉结

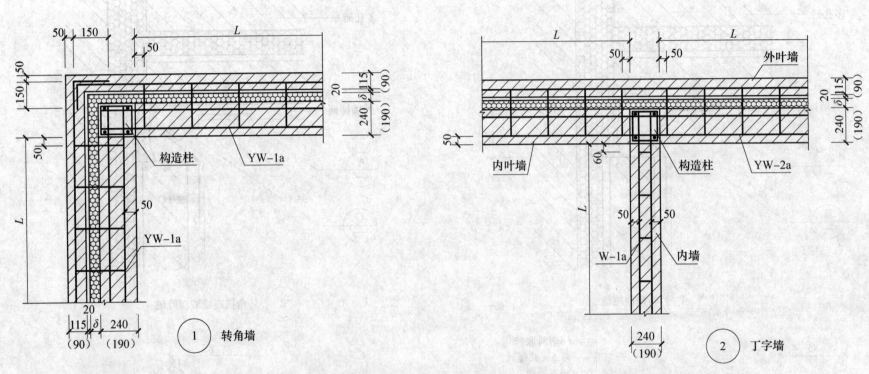

① 转角墙

② 丁字墙

注：1.内叶墙厚240时，构造柱截面为240×240或240×190，190墙厚时为190×250，纵筋≥4Φ12，箍筋Φ6@200，且与圈梁相交处应适当加密至
Φ6@200；抗震设防7度区超过6层、8层区超过5层的构造柱纵筋为4Φ14，房屋四角的构造柱可适当加大截面及配筋。
2.构造柱与墙连接处应砌马牙槎，并应沿墙高每隔400设拉结钢筋网片。
3.构造柱拉结钢筋网片长度L，通长设置时按工程设计，与拉结件配合使用时，非抗震设计伸入墙体600，6度抗震设计伸入墙体1000或至洞口。

第二节　水泥聚苯模壳格构式混凝土墙体

一、说明

水泥聚苯模壳格构式混凝土墙体，是由水泥膨胀聚苯颗粒模壳与现场浇筑的格构式混凝土构架组成的组合墙体。简称格构式混凝土墙体。

1. 水泥聚苯模壳

水泥聚苯模壳是由聚苯颗粒、水泥、外加剂和水混合，通过模具压制成标准件、对称件、边端件三种形状的单元体模壳，现场将水泥聚苯模壳标准件粘结拼装成墙板、隔声板、顶板、地板等大块板件，或在工厂制成墙板运到现场直接吊装。在水泥聚苯模壳砌筑墙体的水平和竖向芯孔内配置钢筋后，浇筑大流动性自密实免振混凝土，形成钢筋混凝土构架的组合墙体。

2. 格构式混凝土墙体

格构式混凝土墙体是一种集轻质、保温、隔声、耐火、轻质、承重等多功能于一体的墙体结构。

3. 适用范围

采用格构式混凝土墙体，适用于抗震烈度不大于8度、楼层数不超过6层的住宅建筑。

4. 设计

（1）格构式混凝土墙体住宅的建筑平面模数宜采用4M，竖向模数宜采用1M，该墙体宜采用中心线定位法。

（2）格构式混凝土墙体上挑出的建筑配件（门、窗框）应与梁板、梁柱、边缘构件有牢固连接；在抗震设防地区应采用横墙承重或纵横墙共同承重的结构体系。在格构式混凝土墙体的端部应设置约束边缘构件，楼梯间不宜设置在房屋的端头或转角处，在8度抗震设防地区开间不宜大于4.5m，在6、7度抗震设防地区开间不宜大于4.8m，层高不宜大于3.0m；设计使用年限不低于50年。

（3）当格构梁、格构柱的直径为160mm时，不同厚度的格构式混凝土外墙的热工性能指标应符合表4-1要求。

表 4-1　不同厚度的格构式混凝土外墙的热工性能指标

序号	水泥聚苯模壳厚度 h（mm）	格构梁、格构柱直径 d（mm）	两侧聚苯模壳壁厚 t（mm）	外墙主体部位		外墙平均传热系数 K_m [W/(m²·K)]
				传热系数 K [W/(m²·K)]	热惰性指标 D	
1	250	160	45	0.85	3.12	0.92
2	320	160	80	0.53	4.30	0.58
3	380	160	110	0.40	5.30	0.44

（4）格构式混凝土墙体建筑结构的伸缩缝间距不宜大于55m；格构柱、梁内应各自配置带肋钢筋，当芯孔直径为160mm时，钢筋直径不应小于12mm；当芯孔直径为200mm时，钢筋直径不应小于14mm。

5. 施工工艺

（1）水泥聚苯模壳格构式混凝土墙体施工工艺流程如图4-1所示。

（2）模壳操作要点：

模壳应按拼装图安装，从外墙墙角开始，向两边顺序进行，逐层逐间、先外后内；

水泥聚苯模壳的拼排粘结可采用横排、竖排或横竖混合排列，模壳拼排后形成的芯孔应连续贯通，在两墙体相交处应是模壳拼排而形成的芯孔（芯孔的中心线应是两墙体厚度共同的中心线）；

非标准尺寸模壳可在安装前切割。

（3）钢筋操作要点：

模壳芯孔内的受力钢筋敷设采用绑扎搭接，应配合模壳安装交叉进行。竖向芯孔内敷设钢筋，除单根钢筋外，均在模壳安装前进行；

在一间房的整片模壳安装完成后在水平芯孔内敷设钢筋。与墙角边缘构件的钢筋相交处应绑扎牢固，其他位置可不绑扎；

在墙体转角处呈L形连接的模壳，可在整层墙体模壳安装完成后进行安装，转角模壳采用模壳边端件或由平板模壳切割拼装成形。

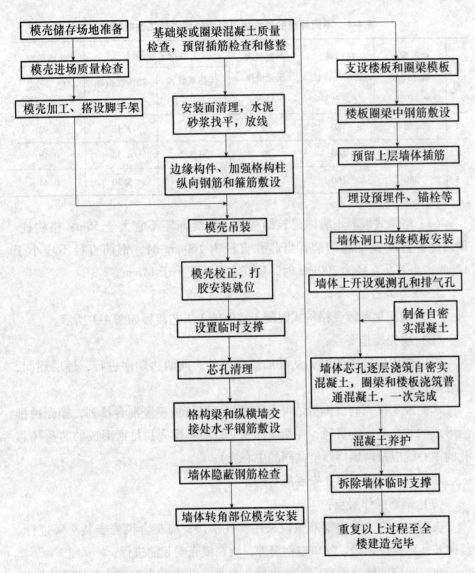

图4-1　水泥聚苯模壳格构式混凝土墙体施工工艺流程

（4）混凝土操作要点：

浇筑混凝土前，模壳拼装和支撑（芯孔清理干净，前一天可用水浸润）、钢筋配置、预埋管（件、孔洞）留设等，均应通过隐蔽工程验收；

先浇墙体芯孔内免振捣自密实混凝土，随后在浇筑圈梁和楼板部位浇筑普通混凝土，在每个施工段内浇筑一次完成；应先浇筑宽度超过1.2m的洞口下部芯孔，并及时将完成浇筑的孔口封堵；

混凝土浇筑完毕后立即清除粘在墙体上的多余混凝土，并在墙体芯孔内的混凝土强度达到5MPa后，拆除临时支撑。

二、水泥聚苯模壳形状示意

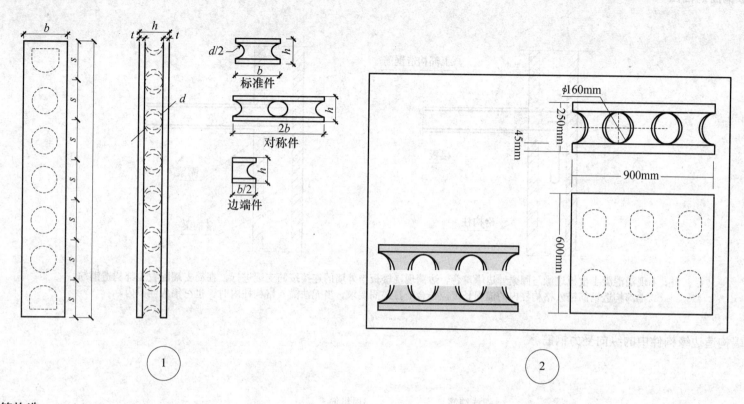

标准件

对称件

边端件

①

②

三、圈梁配筋构造

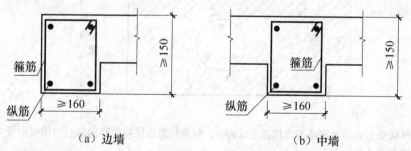

（a）边墙　　　　　　　　（b）中墙

注：1.墙体结构的每层应设置内、外封闭的圈梁，且圈梁上表面与楼板上表面在同一标高处。
圈梁宽度不应小于160mm，外墙不应超出格构柱的外边缘，内墙与墙厚相同。

2.圈梁截面高度不应小于150mm；应配置不少于四根直径10mm的纵向钢筋，箍筋直径不
应小于6mm，间距不应大于250mm。

四、边跨楼板钢筋的锚固

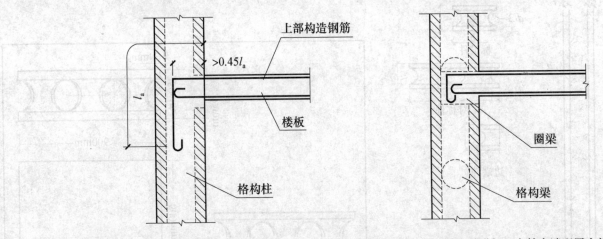

注：1.现浇混凝土楼板边缘与圈梁外边缘重合，边跨现浇楼板与外墙的连接按简支端进行，在简支端配置上部构造钢筋。

2.上部构造钢筋锚入格构柱内的锚固长度应符合受拉锚固要求，当无法锚入格构柱内时，也可锚入圈梁内。

五、墙体两端构造边缘构件中的纵向受力钢筋

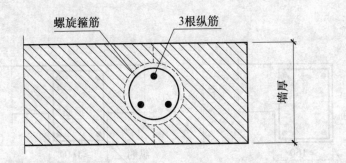

注：1.墙体两端的竖向芯孔内配置纵向受力钢筋及箍筋形成构造边缘构件，每端构造边缘构件竖向芯孔内的纵向受力钢筋不少于三根直径12mm的钢筋。

2.箍筋直径不应小于6mm，间距不应小于250mm。

3.墙体中间竖向芯孔内应配置1根直径不小于12mm的钢筋。

260

六、门窗洞口过梁构造配筋

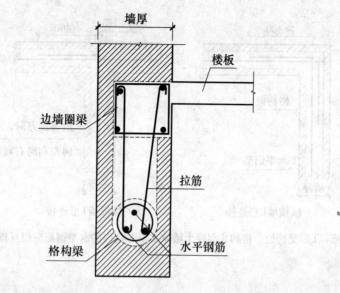

注：1.格构式混凝土墙体门窗洞口上方的过梁由圈梁和不少于一根格构梁组合。每根格构梁内应配置不少于三根直径10mm的钢筋，圈梁和最下方格构梁中的纵向钢筋应采用竖向钢筋拉接。
2.拉筋不应少于两根，直径不应小于10mm，间距不应大于400mm。

七、房屋墙体连接处构造边缘构件的配筋

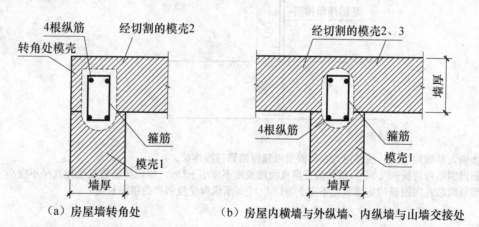

（a）房屋墙转角处　　　　　　　（b）房屋内横墙与外纵墙、内纵墙与山墙交接处

注：1.在房屋外墙四角、内横墙与外纵墙以及内纵墙与山墙连接处，均应设置构造边缘构件，其截面宽不应小于140mm，高不应小于220mm。
2.纵向钢筋不应少于四根直径12mm的钢筋，箍筋直径不应小于6mm，间距不应大于250mm。

八、房屋墙体连接处芯孔内水平钢筋的连接

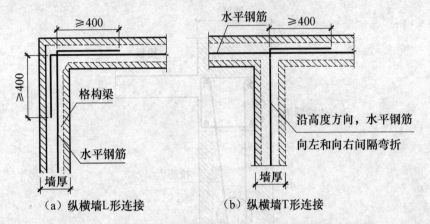

（a）纵横墙L形连接　　　　　（b）纵横墙T形连接

注：在房屋纵、横墙呈L形、T形交接处，格构式混凝土墙体水平芯孔内的水平钢筋应相互搭接，弯折长度不小于400mm。

九、基础圈梁内强留插筋

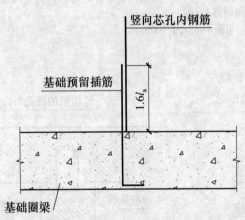

注：1.格构柱内的纵筋可直接锚入基础圈梁内，或采用与基础圈梁内预留锚筋搭接连接。
2.当锚固长度不足时，锚固钢筋可弯折90°，弯折钢筋的竖向直线段长度不应小于15d。预留插筋的数量和直径不应小于竖向芯孔内的配筋。
3.基础圈梁内插筋与上部竖向芯孔内钢筋的搭接长度不应小于1.6l_a（l_a表示纵向受拉钢筋的锚固长度）。

十、加强格构柱

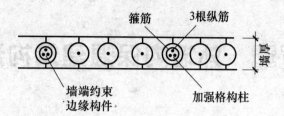

注： 1.当格构式混凝土墙体中墙肢较长时应设置加强格构柱。
2.在7、8度抗震设防地区，每连续不超过三根格构柱应设置一根加强格构柱。
3.在6度抗震设防区，每连续不超过四根格构柱应设置一根加强格构柱。
4.内横墙与内纵墙交接处应设加强格构柱，加强格构柱中纵向钢筋不应少于三根直径12mm的钢筋；箍筋直径不应小于6mm，间距不应大于200mm。
5.加强格构柱的纵向钢筋应穿过圈梁，上、下贯通。

第五章 外墙内保温建筑构造

第一节 胶粉聚苯颗粒浆料保温系统

一、说明

1. 系统构成

该系统由基层墙体、界面砂浆、胶粉聚苯颗粒保温层、抗裂防护层和饰面层组成。其中抗裂防护层有两种做法：一是采用抗裂砂浆复合耐碱网布做法，基本构造见图5-1；二是采用抹抗裂石膏，在抗裂石膏面层粘贴无纺布做法，基本构造见图5-2。饰面可采用刮柔性耐水腻子、刷弹性涂料，也可采用粘贴面砖做法。

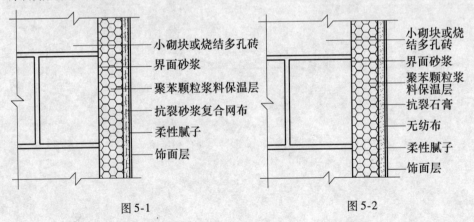

图5-1

（图5-1标注）小砌块或烧结多孔砖
界面砂浆
聚苯颗粒浆料保温层
抗裂砂浆复合网布
柔性腻子
饰面层

图5-2

（图5-2标注）小砌块或烧结多孔砖
界面砂浆
聚苯颗粒浆料保温层
抗裂石膏
无纺布
柔性腻子
饰面层

胶粉聚苯颗粒保温浆料外墙内保温由胶粉聚苯颗粒保温浆料及抗裂保护层各种材料组成的保温构造。各主要材料及配套用性能见第二章、第一节、三中有关技术要求。

2. 应用范围

保温浆料广泛应用在北方地区的不采暖楼梯间、电梯井保温、分户墙保温（如分户计量的内隔墙保温）、局部补充保温（如难以进行外保温的变形缝两侧等）。

3. 施工要点

（1）对黏土砖或空心砖墙，需浇水即可，对于混凝土墙应清洁表面后涂刷界面处理砂浆。基层墙面、墙角、洞口等处的表面平整及垂直度均应满足验收要求。

（2）按垂直、水平方向，在墙角、阳台栏板等处，弹好厚度控制线。按厚度控制线，用胶粉聚苯颗粒浆料预先做与保温层同等厚度的标准灰饼。

（3）将预制保温板裁成30mm宽的小条贴在墙上，以控制抹灰厚度，达到冲筋目的。适当控制横、竖冲筋间距。

（4）分层涂抹浆料，每次涂抹厚度不宜超过30mm，每遍间隔24h以上。

（5）在保温浆料上抹3mm左右抗裂砂浆，将网布压入抗裂砂浆内，网眼砂浆饱满度应达到100%，网布搭接不小于50mm，阴角处网布压搓搭接≥50mm，阳角处搭接200mm，网布严禁干搭接。

（6）刮柔性耐水腻子二至三遍，砂纸打磨，不露底，不留槎。

（7）做饰面涂料。

二、保温浆料用于楼梯间、天棚保温构造

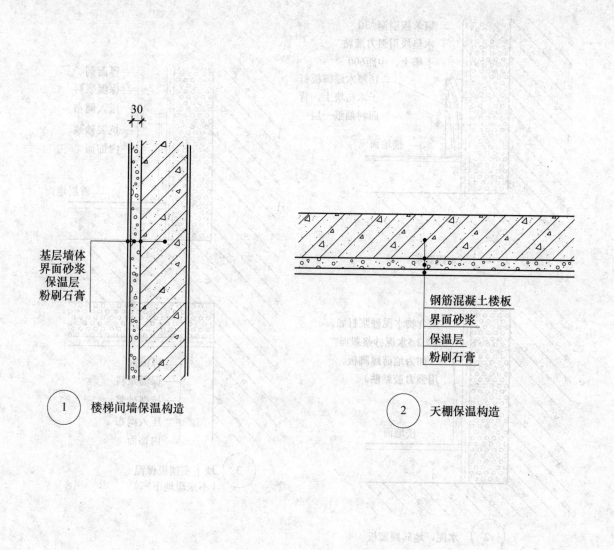

基层墙体
界面砂浆
保温层
粉刷石膏

30

钢筋混凝土楼板
界面砂浆
保温层
粉刷石膏

① 楼梯间墙保温构造

② 天棚保温构造

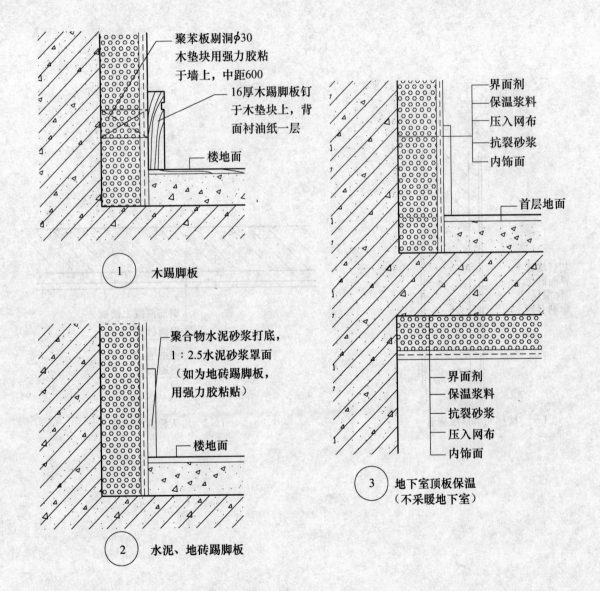

聚苯板剔洞φ30
木垫块用强力胶粘
于墙上，中距600

16厚木踢脚板钉
于木垫块上，背
面衬油纸一层

楼地面

① 木踢脚板

聚合物水泥砂浆打底，
1：2.5水泥砂浆罩面
（如为地砖踢脚板，
用强力胶粘贴）

楼地面

② 水泥、地砖踢脚板

界面剂
保温浆料
压入网布
抗裂砂浆
内饰面

首层地面

界面剂
保温浆料
抗裂砂浆
压入网布
内饰面

③ 地下室顶板保温
（不采暖地下室）

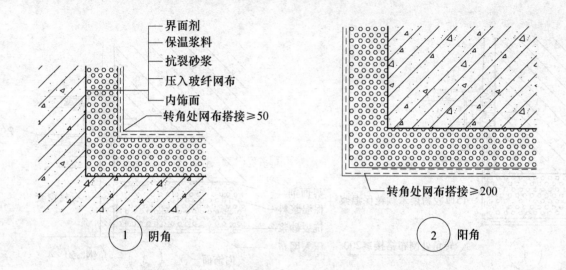

界面剂
保温浆料
抗裂砂浆
压入玻纤网布
内饰面
转角处网布搭接≥50

① 阴角

转角处网布搭接≥200

② 阳角

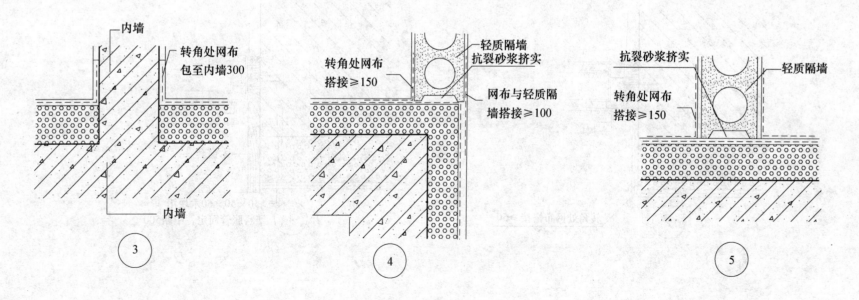

内墙
转角处网布
包至内墙300
内墙

③

转角处网布
搭接≥150
轻质隔墙
抗裂砂浆挤实
网布与轻质隔
墙搭接≥100

④

抗裂砂浆挤实
轻质隔墙
转角处网布
搭接≥150

⑤

五、窗侧口节点详图

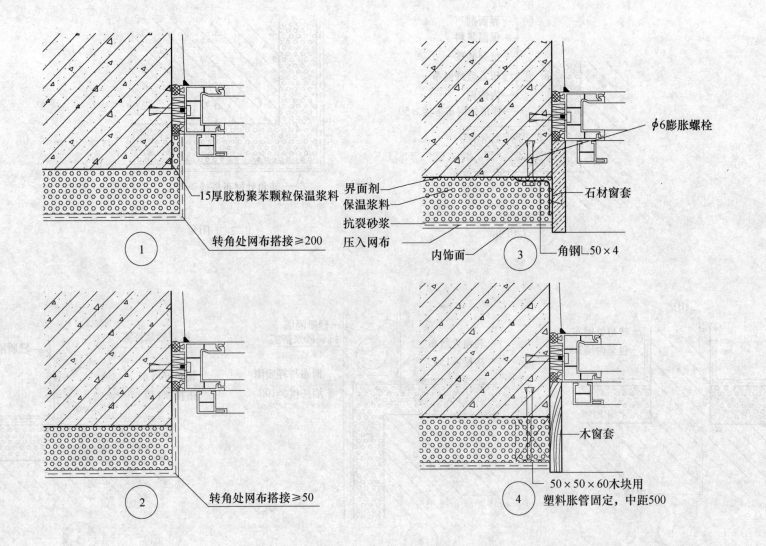

15厚胶粉聚苯颗粒保温浆料

转角处网布搭接≥200

①

界面剂
保温浆料
抗裂砂浆
压入网布
内饰面

φ6膨胀螺栓

石材窗套

角钢∟50×4

③

转角处网布搭接≥50

②

木窗套

50×50×60木块用
塑料胀管固定，中距500

④

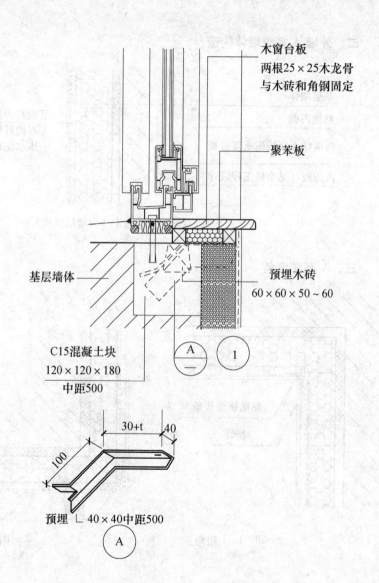

木窗台板
两根25×25木龙骨
与木砖和角钢固定

聚苯板

基层墙体

预埋木砖
60×60×50～60

C15混凝土块
120×120×180
中距500

30+t   40

100

预埋 ∟ 40×40中距500

A

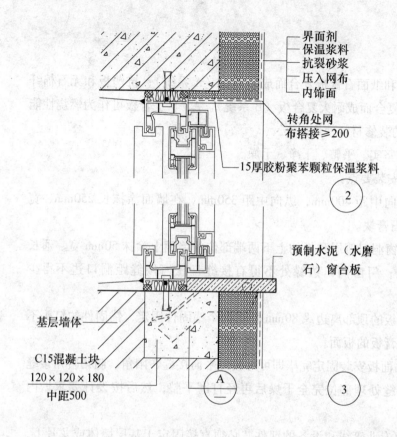

界面剂
保温浆料
抗裂砂浆
压入网布
内饰面

转角处网
布搭接≥200

15厚胶粉聚苯颗粒保温浆料

②

预制水泥（水磨
石）窗台板

基层墙体

C15混凝土块
120×120×180
中距500

③

第二节 挤塑板与纸面石膏板及与无石棉纤维加压水泥板复合板保温系统

一、说明

1. 挤塑板和纸面石膏板复合而成贴面板（A 系统）；挤塑板和无石棉纤维加压水泥板复合而成耐火复合板（B 系统）。A、B 复合板可作为燃烧性能等级为 B1 级的装修材料使用。

2. 基层应坚实、平整、干净、干燥。

3. A 系统安装要点：

（1）按横向中距 400mm，纵向中距 350mm，在墙面涂抹长 250mm、宽 50mm 的粘结石膏块。

（2）在门窗洞口四周和板的上下两端部位的墙面上涂抹 50mm 宽、通长的粘结石膏条；门窗洞口边缘处不得有接缝且任何接缝距洞口边不得少于 300mm。

（3）每块板的顶部离边缘 80mm 处用两个锚固件固定，锚固件的钉头不得突出纸面石膏板的板面。

4. 内墙贴面板安装固定完毕即可对板的平面接缝、阳角、阴角转角接缝进行处理，接缝处理部位完全干燥后再经打磨平整，然后按设计要求做内饰面。

5. 水、电专业管线和设备的埋件，必须直接固定于基层墙体或龙骨上，不得固定于挤塑板上，电气接线盒埋设深度应与挤塑板厚度相适应，凹进面层不大于 2mm。

6. 厨房、卫生间等湿度较大的房间、墙面要求和墙角防水分别按各自系统选图。

二、外墙 A 系统墙体构造

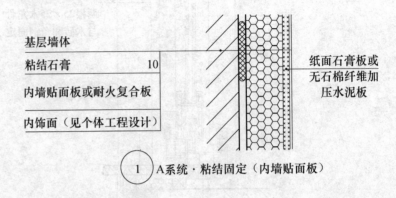

基层墙体

粘结石膏　　　　　　　10

内墙贴面板或耐火复合板

内饰面（见个体工程设计）

纸面石膏板或无石棉纤维加压水泥板

① A系统·粘结固定（内墙贴面板）

三、A 系统墙角

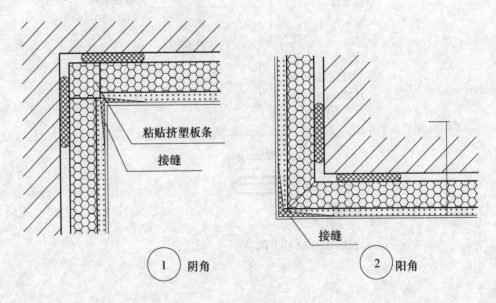

粘贴挤塑板条

接缝

接缝

① 阴角　　　　　② 阳角

四、B系统墙角

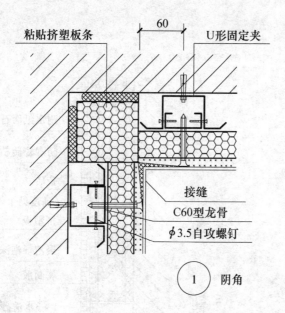

粘贴挤塑板条
60
U形固定夹
接缝
C60型龙骨
φ3.5自攻螺钉

① 阴角

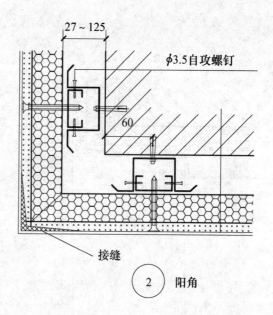

27～125
φ3.5自攻螺钉
60
接缝

② 阳角

五、A、B系统隔墙

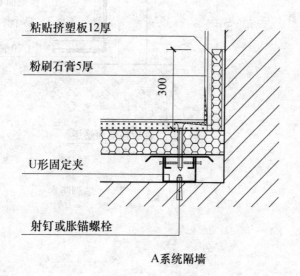

粘贴挤塑板12厚
粉刷石膏5厚
300
U形固定夹
射钉或胀锚螺栓

A系统隔墙

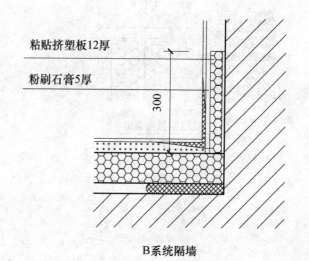

粘贴挤塑板12厚
粉刷石膏5厚
300

B系统隔墙

六、A 系统墙体节点

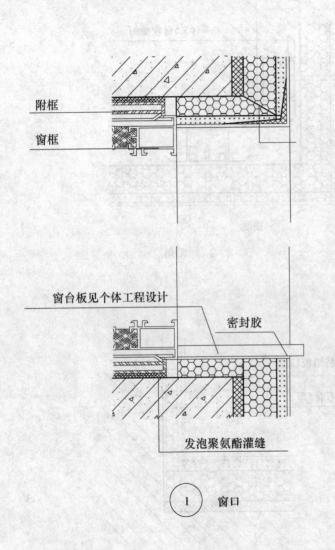

附框

窗框

窗台板见个体工程设计

密封胶

发泡聚氨酯灌缝

① 窗口

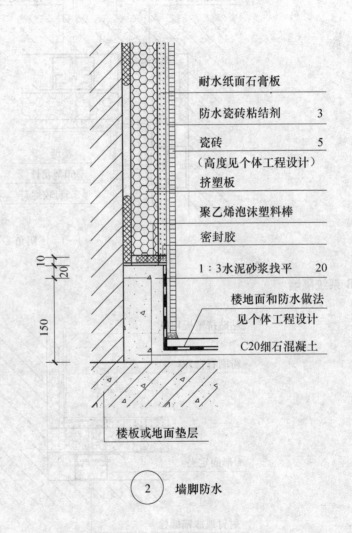

耐水纸面石膏板

防水瓷砖粘结剂　　3

瓷砖　　5

（高度见个体工程设计）

挤塑板

聚乙烯泡沫塑料棒

密封胶

1：3水泥砂浆找平　　20

楼地面和防水做法

见个体工程设计

C20细石混凝土

楼板或地面垫层

② 墙脚防水

七、B 系统墙体节点

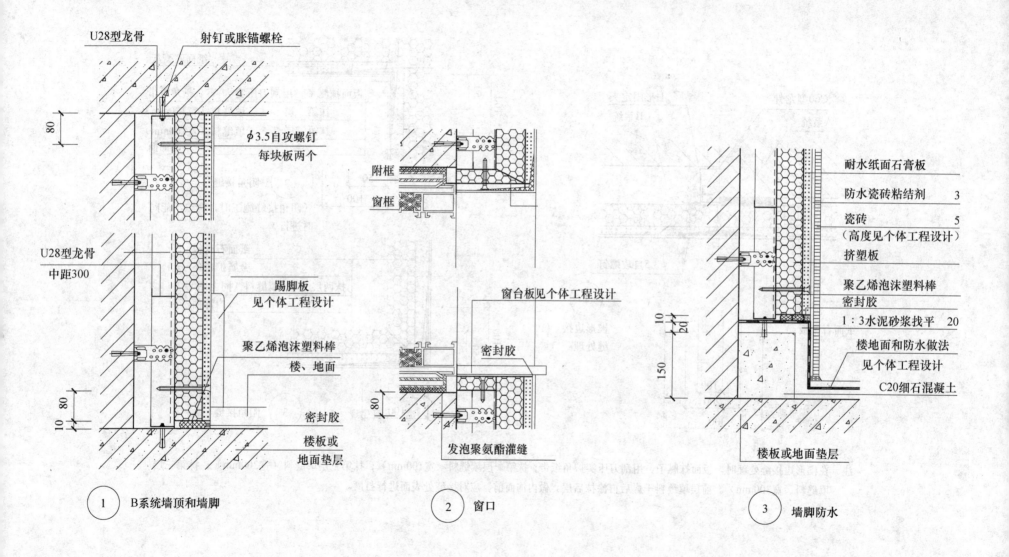

U28型龙骨
射钉或胀锚螺栓
80
ϕ3.5自攻螺钉
每块板两个

U28型龙骨
中距300
踢脚板
见个体工程设计
聚乙烯泡沫塑料棒
楼、地面
80
10
密封胶
楼板或
地面垫层

① B系统墙顶和墙脚

附框
窗框

窗台板见个体工程设计
密封胶
80
发泡聚氨酯灌缝

② 窗口

耐水纸面石膏板
防水瓷砖粘结剂 3
瓷砖 5
（高度见个体工程设计）
挤塑板
聚乙烯泡沫塑料棒
密封胶
1：3水泥砂浆找平 20
楼地面和防水做法
见个体工程设计
C20细石混凝土
10
20
150
楼板或地面垫层

③ 墙脚防水

八、A、B 系统石膏板面接缝

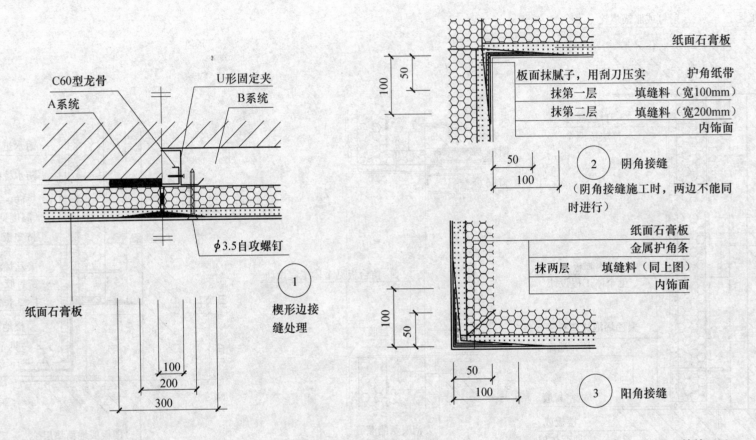

① 楔形边接缝处理

② 阴角接缝
（阴角接缝施工时，两边不能同时进行）

③ 阳角接缝

注：在楔形边接缝处理时，板面抹腻子，用刮刀压实护角纸带；抹第一层填缝料（宽100mm）；抹第二层填缝料（宽200mm）；抹第三层填缝料（宽300mm）。前层填缝料干燥后再涂抹后层。做内饰面前，应对接缝处表面进行打磨。

274

第三节 增强粉刷石膏聚苯板保温系统

一、说明

1. 系统特点

该系统是在外墙内基面上先用粘结石膏粘贴自熄性聚苯板，抹8mm厚粉刷石膏，并用两层中碱玻纤涂塑网布增强，再用耐水腻子刮平。施工简便、整体性好。

2. 施工程序

外墙内表面及相邻墙面、顶棚、地面清理→弹线→粘贴聚苯板→抹粉刷石膏、挂网布→抹门窗口护角→粘贴网布→刮腻子

3. 施工要点

（1）粘贴聚苯板

1）按施工要求的规格尺寸裁切聚苯板后，将混合料（粘结石膏与建筑中砂按体积比4:1）加水，充分拌合达到合适稠度，且每次拌料量应在50min内用完，严禁稠化后加水稀释。

2）按梅花形在聚苯板上设粘结点，每个粘结点直径不小于100mm（聚苯板侧面不抹粘结石膏），沿聚苯板四边设矩形粘结条，粘结条边宽不小于30mm，同时在矩形粘结条上预留排气孔，要求聚苯板整体粘结面积不小于25%。

3）按控制线粘贴聚苯板，出现拼缝较宽时，用聚苯板条（片）填塞严实。粘贴中随时用托板检查垂直度和平整度。遇到电气盒、插座、穿墙管线时，剪切聚苯板的洞口要大于配件周边10mm左右，聚苯板粘贴完毕，先用聚苯板条填塞缝隙，然后用粘结石膏将缝隙填塞密实。

4）聚苯板与相邻墙面、顶棚的接槎应用粘结石膏嵌平、刮平，邻接门窗洞口、接线盒的位置，不能使空气层外露。

（2）抹粉刷石膏、挂网布

1）在聚苯板上弹出踢脚高度和控制线，将混合料（粉刷石膏与建筑中砂

按体积2:1）加水，充分拌合达到合适稠度，且每次拌料量应在50min内用完。

2）用粉刷石膏在聚苯板上做标准厚度灰饼，待灰饼硬化后，进行大面积抹灰（粉刷石膏），按灰饼厚度刮平，用抹子搓毛后，在初凝前横向绷紧A型（被覆用）网布并压入粉刷石膏内，再抹平、压光。

3）凡是与相邻墙面、窗洞、门洞相接处，网布都要预留出100mm搭接宽度（门窗角加贴网布）；整体墙面相邻网布搭接不小于100mm。

4）踢脚板处不抹灰，网布直铺到楼地面。

（3）粘贴网布

粉刷石膏抹灰层基本干燥后，在抹灰层表面刷胶粘剂并绷紧B型（粘贴用）网布，相邻网布搭接处应拐过或搭接至少100mm。

（4）刮腻子

待网布胶粘剂凝固硬化后，在网布上满刮耐水腻子。

（5）门窗洞口护角、厨厕间、踢脚板

1）保证门窗洞口、立柱、墙的阳角部位强度，护角必须用聚合物水泥砂浆。聚苯板表面先涂刷界面剂拉毛后用聚合物水泥砂浆抹灰，并将粉刷石膏抹灰层内表面甩出的网布压入聚合物水泥砂浆面层内。

2）踢脚位置满涂界面剂，拉毛后抹聚合物水泥砂浆，抹平、压光时将粉刷石膏抹灰层内表面甩出的网布压入聚合物水泥砂面层内；预制踢脚板采用瓷砖胶粘剂满粘。

3）厨房、卫生间等湿度较大的房间，用耐水型粉刷石膏作面层，粉刷石膏表面可用瓷砖胶粘剂粘贴瓷砖。

（6）管线、设备埋设

各种管线和设备埋件必须固定在基层墙体，其埋设深度应与保温墙厚度相适应，凹进面层不大于2mm，且在抹粉刷石膏前埋设完毕。

二、楼梯间、地下室顶板

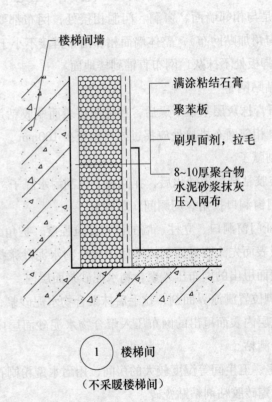

楼梯间墙

满涂粘结石膏

聚苯板

刷界面剂，拉毛

8~10厚聚合物
水泥砂浆抹灰
压入网布

1 楼梯间

（不采暖楼梯间）

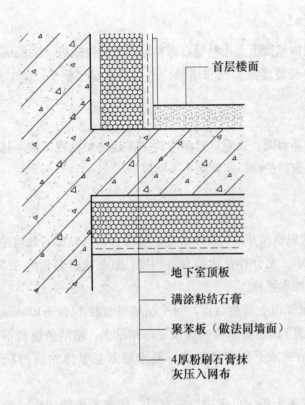

首层楼面

地下室顶板

满涂粘结石膏

聚苯板（做法同墙面）

4厚粉刷石膏抹
灰压入网布

2 地下室顶板

（不采暖地下室）

三、平面节点详图

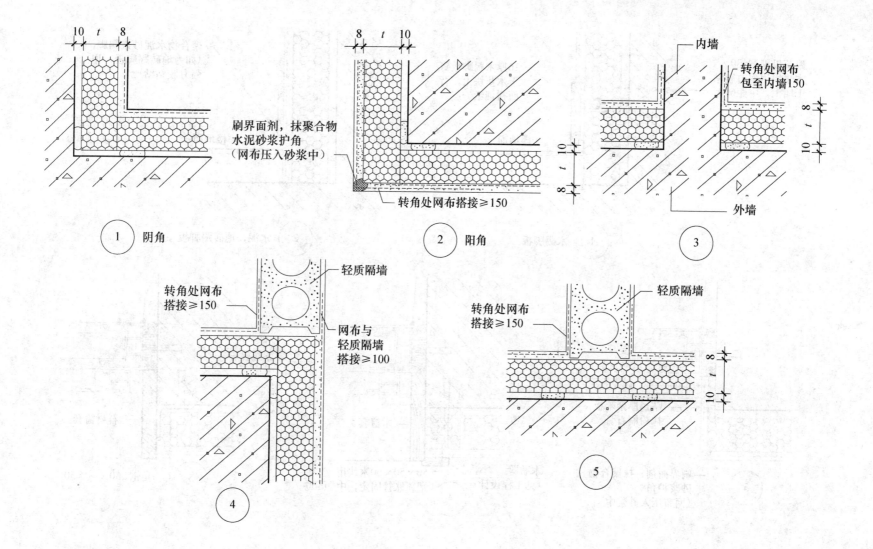

刷界面剂，抹聚合物
水泥砂浆护角
（网布压入砂浆中）

转角处网布搭接≥150

内墙

转角处网布
包至内墙150

外墙

① 阴角

② 阳角

③

转角处网布
搭接≥150

轻质隔墙

网布与
轻质隔墙
搭接≥100

④

转角处网布
搭接≥150

轻质隔墙

⑤

277

四、踢脚、窗侧口节点图

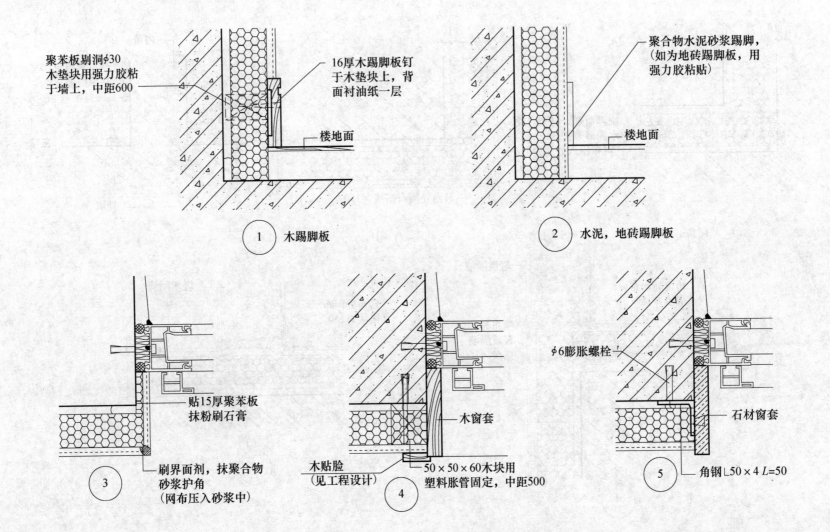

聚苯板剔洞φ30
木垫块用强力胶粘
于墙上，中距600

16厚木踢脚板钉
于木垫块上，背
面衬油纸一层

楼地面

① 木踢脚板

聚合物水泥砂浆踢脚，
（如为地砖踢脚板，用
强力胶粘贴）

楼地面

② 水泥，地砖踢脚板

贴15厚聚苯板
抹粉刷石膏

刷界面剂，抹聚合物
砂浆护角
（网布压入砂浆中）

③

木贴脸
（见工程设计）

木窗套

50×50×60木块用
塑料胀管固定，中距500

④

φ6膨胀螺栓

石材窗套

⑤ 角钢∟50×4 L=50

278

五、窗台、窗上口节点详图

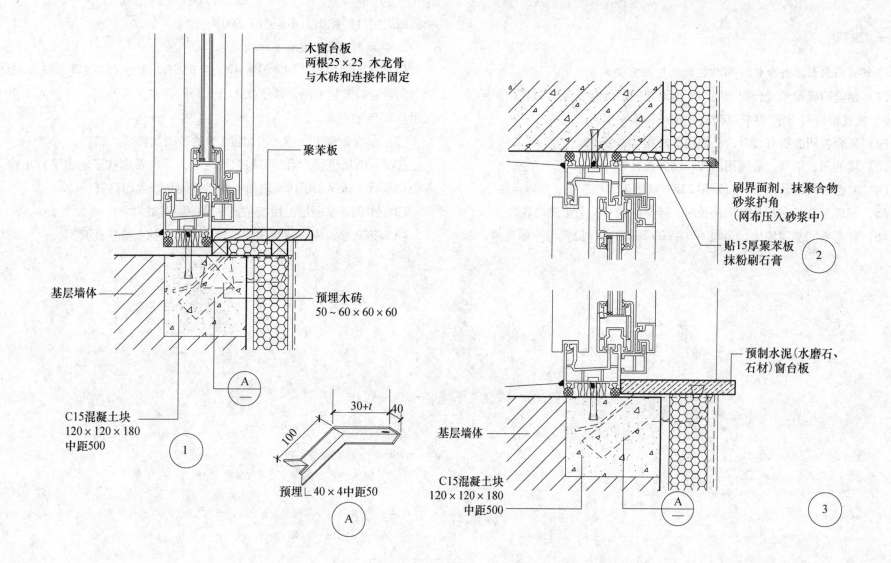

木窗台板
两根25×25 木龙骨
与木砖和连接件固定

聚苯板

基层墙体

预埋木砖
50~60×60×60

C15混凝土块
120×120×180
中距500

① 1

30+t   40

100

预埋∟40×4中距50

Ⓐ A

刷界面剂，抹聚合物
砂浆护角
（网布压入砂浆中）

贴15厚聚苯板
抹粉刷石膏

② 2

预制水泥（水磨石、
石材）窗台板

基层墙体

C15混凝土块
120×120×180
中距500

Ⓐ A

③ 3

第四节　钢丝网架聚苯复合板保温系统

一、说明

1. 钢丝网架聚苯复合板（简称复合板）安装要点

（1）钢丝网架聚苯复合板与墙体、窗框之间的连接及复合板之间的连接（门窗角放置增强网与钢丝网架绑扎），都必须紧密牢固。

（2）复合板间的所有接缝，必须用平网履盖补强。

（3）墙的阴、阳角，必须用内外角网履盖补强。

（4）复合板间钢丝网架，可采用22#铁丝手工绑扎连接、点焊连接等。

（5）相邻复合板在板长方向接长时，接缝应错开，避免横向通缝。

（6）针对不同基层墙体，每隔400～600mm距离，设置一个固定件，单个机械固定件的拔出力不得小于500N。

2. 钢丝网架聚苯复合板抹灰要求

（1）抹灰用中砂。细度模数不应低于2.3，水泥采用强度等级为42.5级以上的普通硅酸盐水泥。砂浆比1:3，采用砂浆泵喷涂时，可加入不多于水泥用量25%的石膏。

（2）水泥砂浆中宜掺入水泥量1%的砂浆抗裂剂。

抹灰分两层进行，第一层和钢丝网平，并用带齿抹子刮出平行小槽，湿养护48h后，抹第二层达到表面平整，阳阴角、立面垂直。

（3）水泥砂浆面层上用胶粘剂粘贴一层网布。

（4）抹灰前，先安装管线、预埋件，防止抹灰后凿孔开洞。

二、平面节点详图

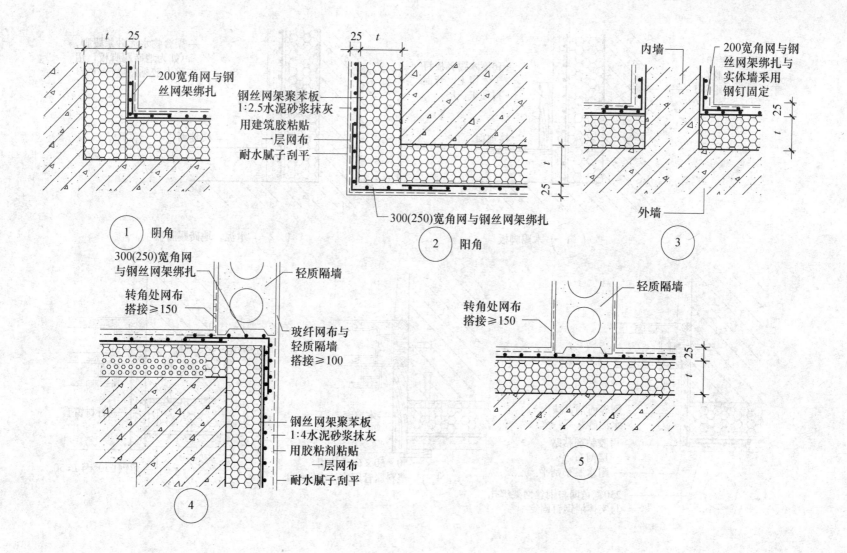

200宽角网与钢丝网架绑扎

钢丝网架聚苯板
1:2.5水泥砂浆抹灰
用建筑胶粘贴
一层网布
耐水腻子刮平

①　阴角

300(250)宽角网与钢丝网架绑扎

②　阳角

内墙

200宽角网与钢丝网架绑扎与实体墙采用钢钉固定

外墙

③

300(250)宽角网
与钢丝网架绑扎

转角处网布
搭接≥150

轻质隔墙

玻纤网布与
轻质隔墙
搭接≥100

钢丝网架聚苯板
1:4水泥砂浆抹灰
用胶粘剂粘贴
一层网布
耐水腻子刮平

④

转角处网布
搭接≥150

轻质隔墙

⑤

三、踢脚、窗侧口节点详图

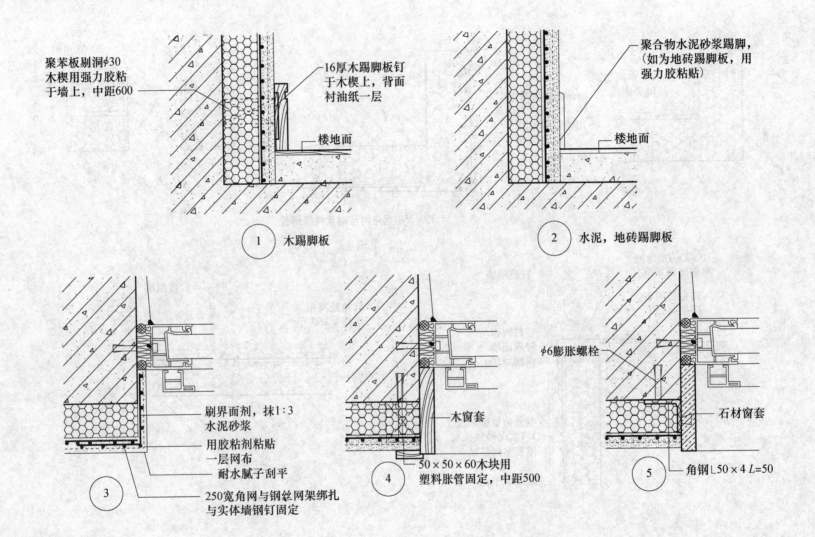

聚苯板剔洞φ30
木楔用强力胶粘
于墙上，中距600

16厚木踢脚板钉
于木楔上，背面
衬油纸一层

楼地面

聚合物水泥砂浆踢脚，
（如为地砖踢脚板，用
强力胶粘贴）

楼地面

① 木踢脚板

② 水泥，地砖踢脚板

刷界面剂，抹1:3
水泥砂浆

用胶粘剂粘贴
一层网布

耐水腻子刮平

250宽角网与钢丝网架绑扎
与实体墙钢钉固定

③

木窗套

50×50×60木块用
塑料胀管固定，中距500

④

φ6膨胀螺栓

石材窗套

角钢L50×4 L=50

⑤

四、窗台、窗上口节点详图

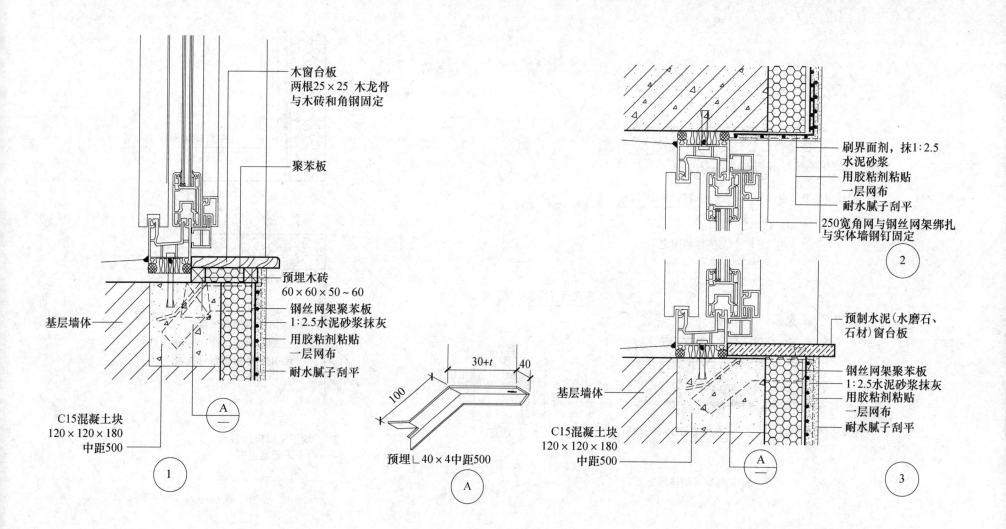

木窗台板
两根25×25 木龙骨
与木砖和角钢固定

聚苯板

预埋木砖
60×60×50～60

钢丝网架聚苯板
1:2.5水泥砂浆抹灰
用胶粘剂粘贴
一层网布
耐水腻子刮平

基层墙体

C15混凝土块
120×120×180
中距500

①

100
30+t
40

预埋∟40×4中距500

Ⓐ

刷界面剂，抹1:2.5
水泥砂浆
用胶粘剂粘贴
一层网布
耐水腻子刮平

250宽角网与钢丝网架绑扎
与实体墙钢钉固定

②

预制水泥(水磨石、
石材)窗台板

钢丝网架聚苯板
1:2.5水泥砂浆抹灰
用胶粘剂粘贴
一层网布
耐水腻子刮平

基层墙体

C15混凝土块
120×120×180
中距500

Ⓐ

③

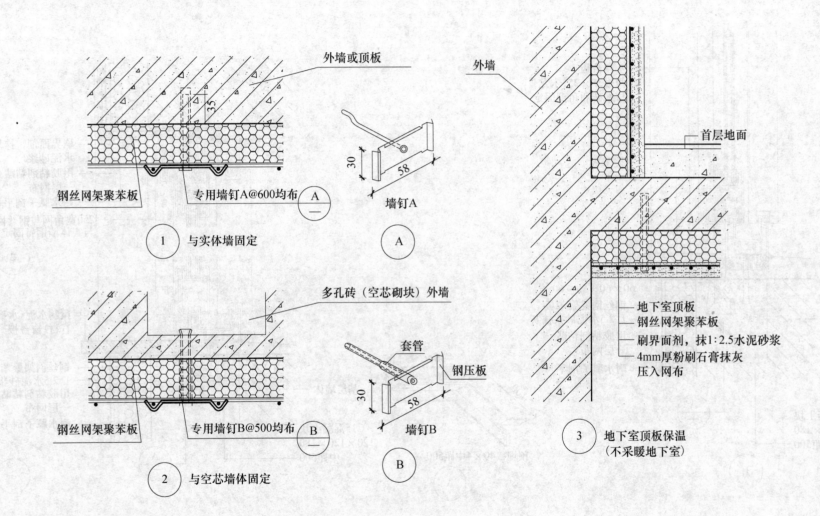

外墙或顶板

钢丝网架聚苯板

专用墙钉A@600均布 $\frac{A}{—}$

墙钉A

$\underset{—}{A}$

① 与实体墙固定

多孔砖（空芯砌块）外墙

钢丝网架聚苯板

专用墙钉B@500均布 $\frac{B}{—}$

套管

钢压板

墙钉B

$\underset{—}{B}$

② 与空芯墙体固定

外墙

首层地面

地下室顶板
钢丝网架聚苯板
刷界面剂，抹1:2.5水泥砂浆
4mm厚粉刷石膏抹灰
压入网布

③ 地下室顶板保温
（不采暖地下室）

第五节　增强水泥聚苯复合板保温系统

一、说明

1. 增强水泥聚苯复合板是以自熄性聚苯泡沫板为芯材，四周六面复合10mm厚增强水泥，增强水泥内满包耐碱玻纤网布增强。板边肋宽度10mm。

2. 保温板用胶粘剂粘贴在基面，板缝处粘贴50mm宽无纺布，全部板面满粘贴耐碱玻纤网布增强，再刮3mm厚耐水腻子，分两次刮平。门窗角加贴网布。

3. 施工要点：

（1）施工程序：墙面清理→弹线→抹冲筋带→粘贴保温板→抹门窗口护角→粘贴网布→刮腻子

（2）凸出墙面超过10mm的砂浆、混凝土块剔除。

各种管线和设备埋件必须固定于结构墙体内，电气接线盒等埋设深度应与保温墙厚度相适应，凹进墙面不大于2mm。

（3）根据开间或进深尺寸弹排板位置线。

（4）保温板四周满刮胶粘剂，中间抹梅花形胶粘剂点，粘结面积不小于板面积的15%。板下端用木楔顶紧，板缝内的胶粘剂挤严实，挤出的胶粘剂随时刮平铲出。

（5）板下空隙用C20豆石混凝土堵实，当缝小于20mm时，用1:3水泥砂浆捻口，砂浆干后，撤去木楔补平空隙。

（6）门窗洞口阳角用聚合物水泥砂浆抹护角。

（7）板面全部粘贴玻纤涂塑网布，并满刮3mm厚耐水腻子，分两遍刮平。

（8）按设计要求做饰面。

二、平面节点详图

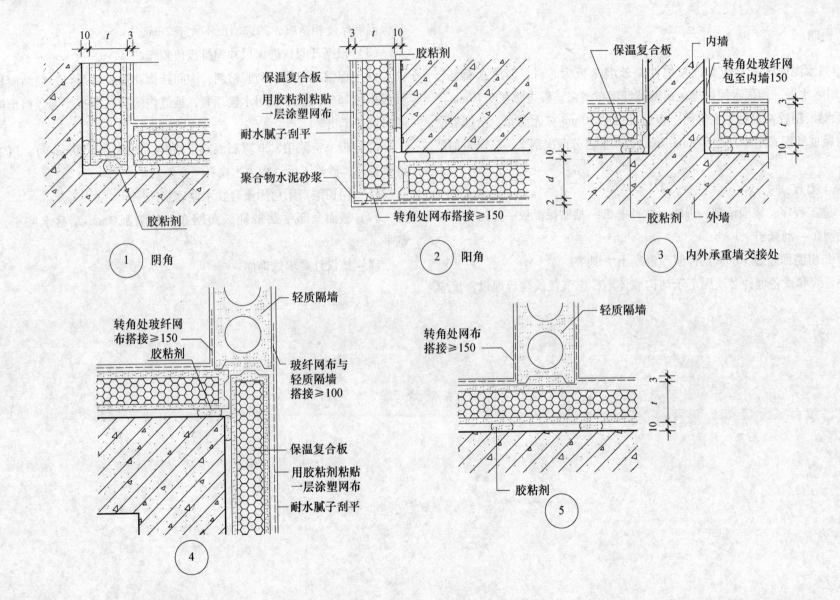

保温复合板
用胶粘剂粘贴
一层涂塑网布
耐水腻子刮平
聚合物水泥砂浆
胶粘剂
转角处网布搭接≥150

① 阴角

② 阳角

保温复合板
内墙
转角处玻纤网
包至内墙150
胶粘剂
外墙

③ 内外承重墙交接处

轻质隔墙
转角处玻纤网
布搭接≥150
胶粘剂
玻纤网布与
轻质隔墙
搭接≥100
保温复合板
用胶粘剂粘贴
一层涂塑网布
耐水腻子刮平

④

轻质隔墙
转角处网布
搭接≥150
胶粘剂

⑤

三、踢脚、窗侧口节点详图

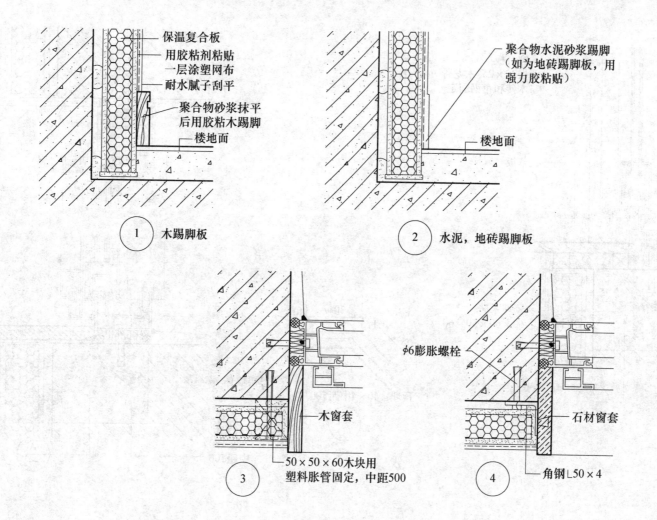

保温复合板
用胶粘剂粘贴
一层涂塑网布
耐水腻子刮平

聚合物砂浆抹平
后用胶粘木踢脚

楼地面

① 木踢脚板

聚合物水泥砂浆踢脚
（如为地砖踢脚板，用
强力胶粘贴）

楼地面

② 水泥，地砖踢脚板

木窗套

50×50×60木块用
塑料胀管固定，中距500

③

φ6膨胀螺栓

石材窗套

角钢L50×4

④

287

四、窗台、窗上口节点详图

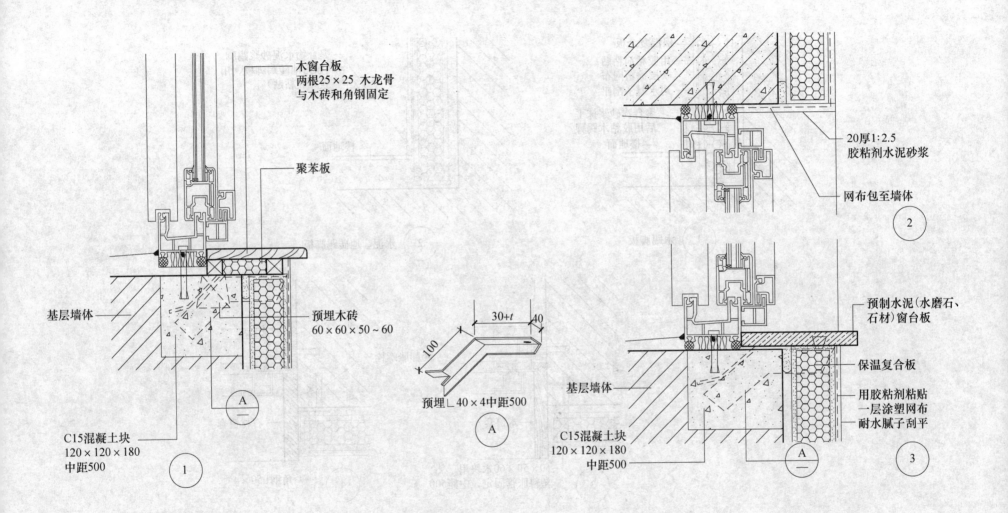

木窗台板
两根25×25 木龙骨
与木砖和角钢固定

聚苯板

基层墙体

预埋木砖
60×60×50～60

C15混凝土块
120×120×180
中距500

① 1

30+t
40
100
预埋∟40×4中距500

Ⓐ
A

20厚1:2.5
胶粘剂水泥砂浆

网布包至墙体

② 2

预制水泥(水磨石、
石材)窗台板

保温复合板

用胶粘剂粘贴
一层涂塑网布
耐水腻子刮平

基层墙体

C15混凝土块
120×120×180
中距500

Ⓐ

③ 3

第六节　通用节点图

一、窗帘盒安装

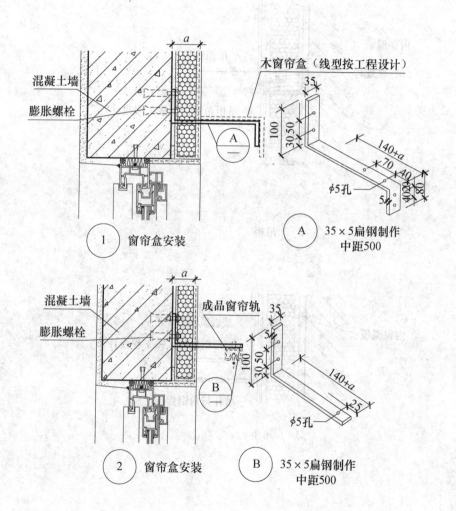

木窗帘盒（线型按工程设计）

混凝土墙

膨胀螺栓

① 窗帘盒安装

Ⓐ 35×5扁钢制作
中距500

成品窗帘轨

混凝土墙

膨胀螺栓

② 窗帘盒安装

Ⓑ 35×5扁钢制作
中距500

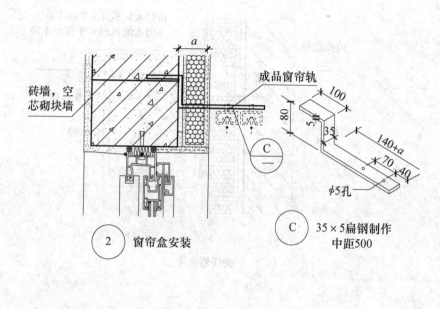

砖墙，空芯砌块墙

成品窗帘轨

② 窗帘盒安装

Ⓒ 35×5扁钢制作
中距500

二、坐便器水箱、吊柜安装

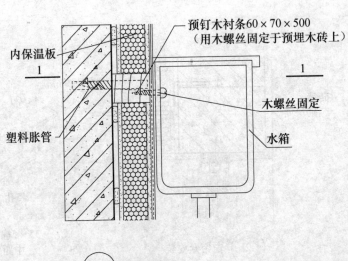

预钉木衬条60×70×500
（用木螺丝固定于预埋木砖上）

内保温板

塑料胀管

木螺丝固定

水箱

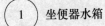

① 坐便器水箱

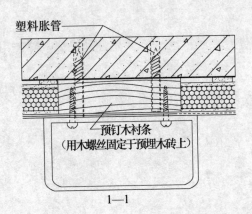

塑料胀管

预钉木衬条
（用木螺丝固定于预埋木砖上）

1—1

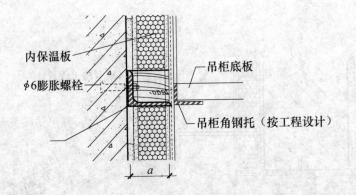

内保温板

φ6膨胀螺栓

吊柜底板

吊柜角钢托（按工程设计）

a

② 吊柜

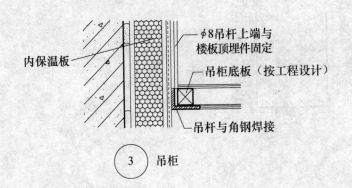

内保温板

φ8吊杆上端与
楼板顶埋件固定

吊柜底板（按工程设计）

吊杆与角钢焊接

③ 吊柜

三、吊挂件固定

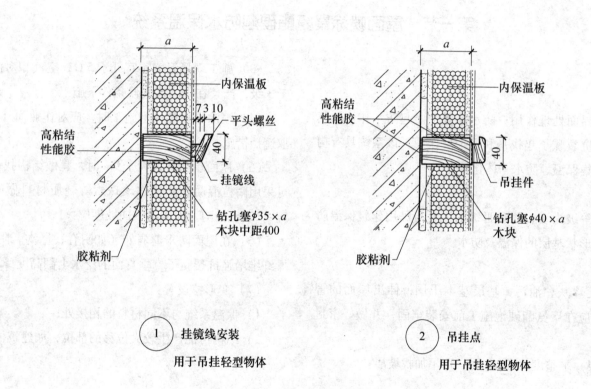

内保温板

7 3 10

平头螺丝

高粘结
性能胶

挂镜线

钻孔塞φ35×a
木块中距400

胶粘剂

40

a

内保温板

高粘结
性能胶

吊挂件

钻孔塞φ40×a
木块

胶粘剂

40

a

① 挂镜线安装

用于吊挂轻型物体

② 吊挂点

用于吊挂轻型物体

第六章　屋面隔热保温系统建筑构造

第一节　屋面喷涂聚氨酯硬泡防水保温系统

一、说明

该系统中防水涂膜稀浆起界面处理作用；防水涂膜主要起防水作用，其次起界面处理作用；纤维增强抗裂腻子起找平和保护层作用。该系统具有构造节点简单、施工比较方便和集保温、防水一体化特点。

1. 适用范围

适用全国各地区屋面防水等级为Ⅰ、Ⅱ和Ⅲ级的工业与民用建筑保温防水工程。特别适用曲面和复杂形状基层的保温及防水。

2. 施工及构造

（1）屋面基层应平整，无浮灰、油污，基层基本干燥；伸出屋面的管道、设备、基座或预埋件等，应在聚氨酯硬泡施工前安装牢固，并做好密封防水处理。

（2）当基层（包括找坡层）平整度≤10mm时，可不加找坡层。

（3）施工现场温度不宜低于5℃，空气相对湿度不宜大于85%，风宜小于3级，严禁在雨、雾气候条件下施工。

（4）喷涂聚氨酯硬泡施工时，应对作业面外易受飞散物料污染的部位采取遮挡措施。

（5）屋面单向坡长大于9m时，宜做结构找坡；单向坡长不大于9m时，可采用陶粒混凝土、憎水珍珠岩等轻质材料做防水找坡。平屋面排水坡度应≥2%，檐沟、天沟的纵向坡度应≥1%。

（6）在屋面防水薄弱处（如阴脊、檐沟、阴角、洞口）需附加3～5mm厚纤维增强抗裂腻子，垂直面的泛水上翻高度≥250mm。

（7）变形缝设置：

1）保温系统与不同材料的相接处；

2）结构可能产生较大位移的部位，如建筑体型突变或结构体系变化处。

二、坡屋面檐沟挑檐

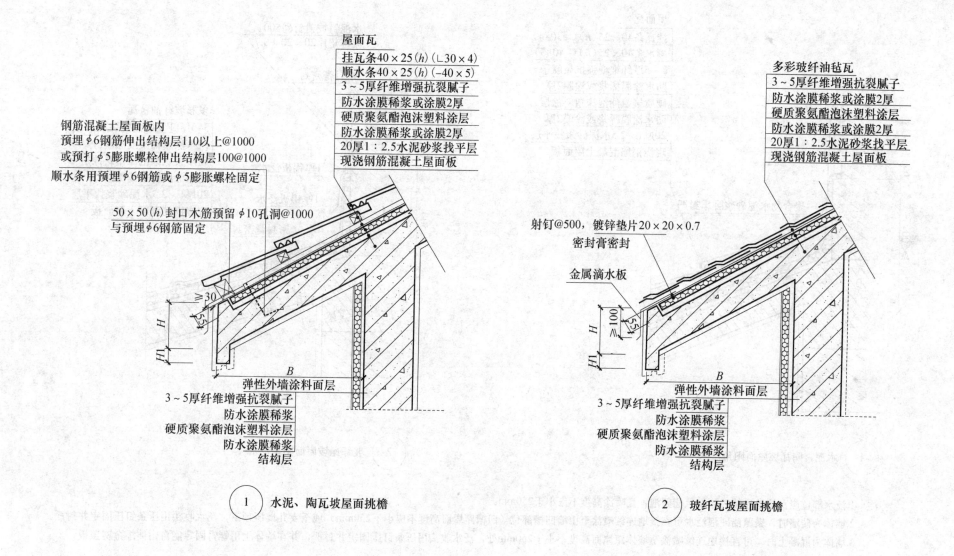

屋面瓦
挂瓦条40×25(h)(∟30×4)
顺水条40×25(h)(-40×5)
3～5厚纤维增强抗裂腻子
防水涂膜稀浆或涂膜2厚
硬质聚氨酯泡沫塑料涂层
防水涂膜稀浆或涂膜2厚
20厚1:2.5水泥砂浆找平层
现浇钢筋混凝土屋面板

钢筋混凝土屋面板内
预埋φ6钢筋伸出结构层110以上@1000
或预打φ5膨胀螺栓伸出结构层100@1000
顺水条用预埋φ6钢筋或φ5膨胀螺栓固定

50×50(h)封口木筋预留φ10孔洞@1000
与预埋φ6钢筋固定

≥30

弹性外墙涂料面层
3～5厚纤维增强抗裂腻子
防水涂膜稀浆
硬质聚氨酯泡沫塑料涂层
防水涂膜稀浆
结构层

多彩玻纤油毡瓦
3～5厚纤维增强抗裂腻子
防水涂膜稀浆或涂膜2厚
硬质聚氨酯泡沫塑料涂层
防水涂膜稀浆或涂膜2厚
20厚1:2.5水泥砂浆找平层
现浇钢筋混凝土屋面板

射钉@500，镀锌垫片20×20×0.7
密封膏密封

金属滴水板

≥100

弹性外墙涂料面层
3～5厚纤维增强抗裂腻子
防水涂膜稀浆
硬质聚氨酯泡沫塑料涂层
防水涂膜稀浆
结构层

① 水泥、陶瓦坡屋面挑檐

② 玻纤瓦坡屋面挑檐

293

三、坡屋面泛水

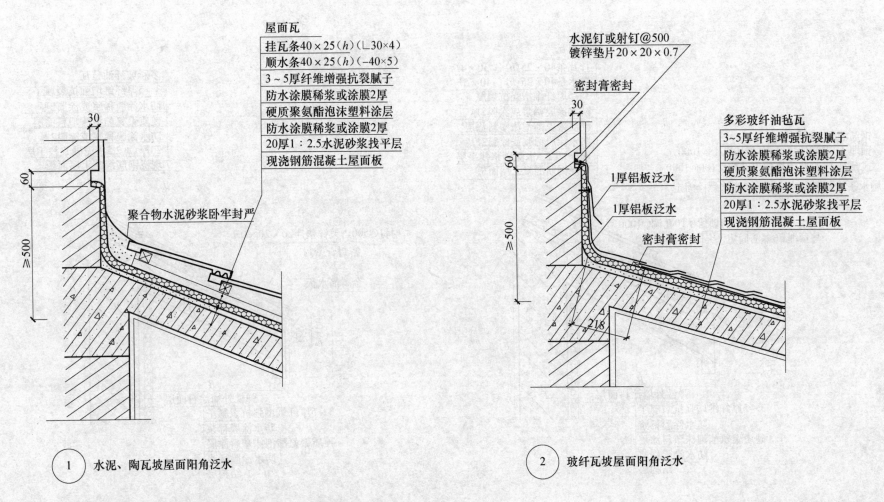

屋面瓦
挂瓦条40×25（h）（∟30×4）
顺水条40×25（h）（−40×5）
3～5厚纤维增强抗裂腻子
防水涂膜稀浆或涂膜2厚
硬质聚氨酯泡沫塑料涂层
防水涂膜稀浆或涂膜2厚
20厚1：2.5水泥砂浆找平层
现浇钢筋混凝土屋面板

聚合物水泥砂浆卧牢封严

水泥钉或射钉@500
镀锌垫片20×20×0.7

密封膏密封

多彩玻纤油毡瓦
3～5厚纤维增强抗裂腻子
防水涂膜稀浆或涂膜2厚
硬质聚氨酯泡沫塑料涂层
防水涂膜稀浆或涂膜2厚
20厚1：2.5水泥砂浆找平层
现浇钢筋混凝土屋面板

1厚铝板泛水

1厚铝板泛水

密封膏密封

① 水泥、陶瓦坡屋面阳角泛水

② 玻纤瓦坡屋面阳角泛水

注：1.泛水部位应直接地连续喷涂聚氨酯硬泡，且喷涂高度不应小于250mm。
  2.墙体为砖墙时，聚氨酯硬泡泛水可直接地连续喷涂至山墙凹槽部位（凹槽距屋面高度不应小于250mm）或至女儿墙压顶下，泛水收头用压条钉压固定并封严。
  3.墙体为混凝土时，可直接地连续喷涂至墙体距屋面高度不小于250mm处，泛水收头用压条钉压固定并封严，并在墙体上用螺钉固定能自由伸缩金属盖板。

四、坡屋面悬山墙

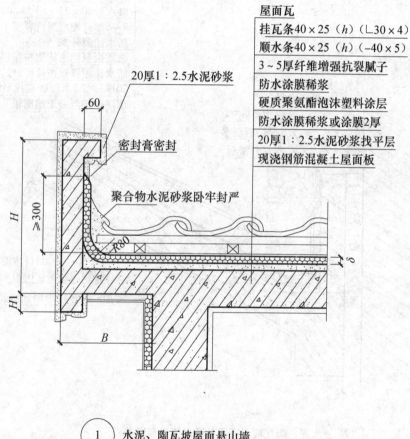

20厚1:2.5水泥砂浆

60

密封膏密封

聚合物水泥砂浆卧牢封严

H

≥300

$R80$

$H1$

B

δ

屋面瓦
挂瓦条40×25（h）（∟30×4）
顺水条40×25（h）（−40×5）
3～5厚纤维增强抗裂腻子
防水涂膜稀浆
硬质聚氨酯泡沫塑料涂层
防水涂膜稀浆或涂膜2厚
20厚1:2.5水泥砂浆找平层
现浇钢筋混凝土屋面板

① 水泥、陶瓦坡屋面悬山墙

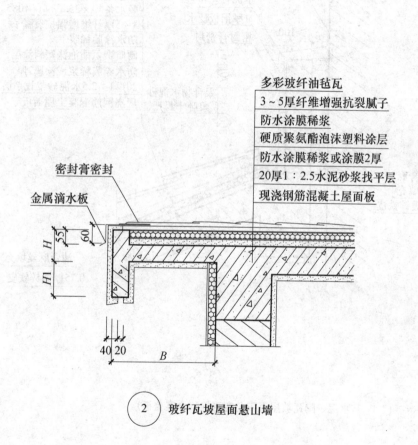

多彩玻纤油毡瓦
3～5厚纤维增强抗裂腻子
防水涂膜稀浆
硬质聚氨酯泡沫塑料涂层
防水涂膜稀浆或涂膜2厚
20厚1:2.5水泥砂浆找平层
现浇钢筋混凝土屋面板

密封膏密封

金属滴水板

H

55

60

$H1$

40 20

B

② 玻纤瓦坡屋面悬山墙

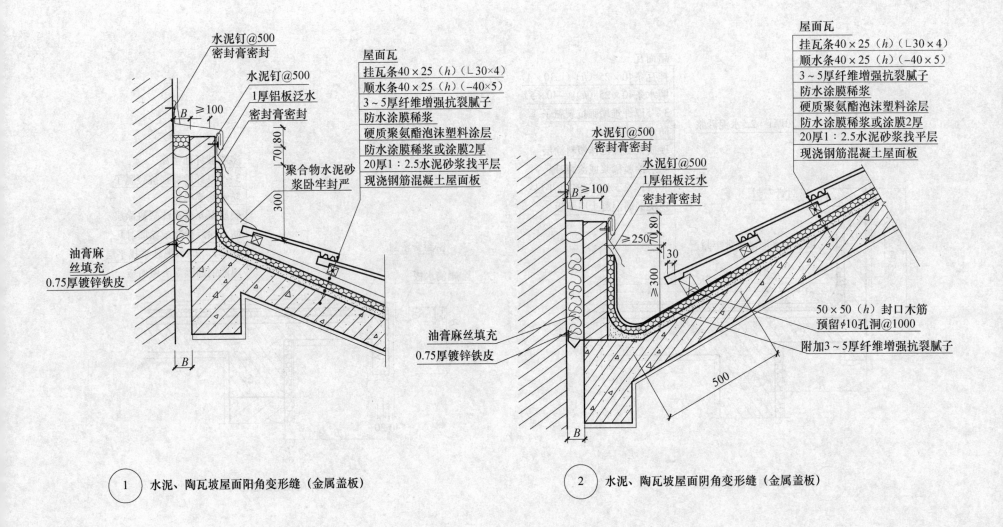

屋面瓦
挂瓦条40×25（h）（∟30×4）
顺水条40×25（h）（−40×5）
3～5厚纤维增强抗裂腻子
防水涂膜稀浆
硬质聚氨酯泡沫塑料涂层
防水涂膜稀浆或涂膜2厚
20厚1：2.5水泥砂浆找平层
现浇钢筋混凝土屋面板

水泥钉@500
密封膏密封

水泥钉@500
1厚铝板泛水
密封膏密封

屋面瓦
挂瓦条40×25（h）（∟30×4）
顺水条40×25（h）（−40×5）
3～5厚纤维增强抗裂腻子
防水涂膜稀浆
硬质聚氨酯泡沫塑料涂层
防水涂膜稀浆或涂膜2厚
20厚1：2.5水泥砂浆找平层
现浇钢筋混凝土屋面板

聚合物水泥砂
浆卧牢封严

油膏麻
丝填充
0.75厚镀锌铁皮

油膏麻丝填充
0.75厚镀锌铁皮

50×50（h）封口木筋
预留φ10孔洞@1000

附加3～5厚纤维增强抗裂腻子

① 水泥、陶瓦坡屋面阳角变形缝（金属盖板）

② 水泥、陶瓦坡屋面阴角变形缝（金属盖板）

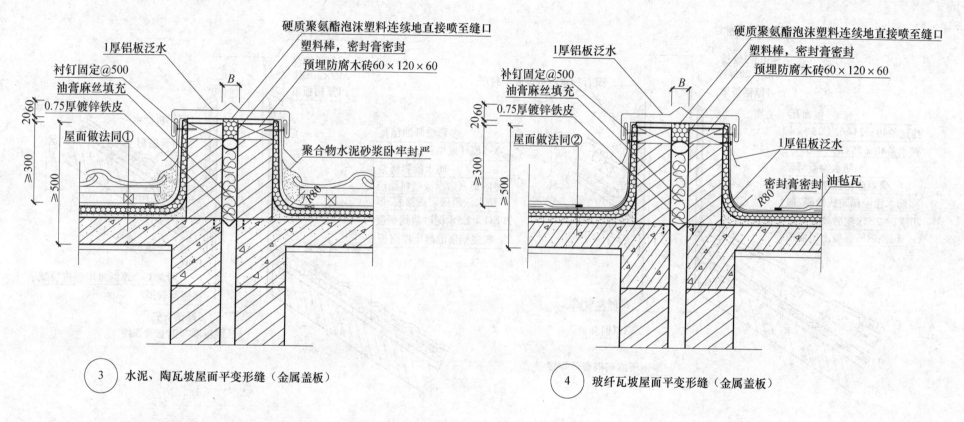

硬质聚氨酯泡沫塑料连续地直接喷至缝口
塑料棒，密封膏密封
预埋防腐木砖60×120×60

1厚铝板泛水

衬钉固定@500
油膏麻丝填充
0.75厚镀锌铁皮
屋面做法同①

聚合物水泥砂浆卧牢封严

B

20 60
≥300
≥500

③ 水泥、陶瓦坡屋面平变形缝（金属盖板）

硬质聚氨酯泡沫塑料连续地直接喷至缝口
塑料棒，密封膏密封
预埋防腐木砖60×120×60

1厚铝板泛水

补钉固定@500
油膏麻丝填充
0.75厚镀锌铁皮
屋面做法同②

1厚铝板泛水

密封膏密封
油毡瓦

B

20 60
≥300
≥500

④ 玻纤瓦坡屋面平变形缝（金属盖板）

注：1.聚氨酯硬泡直接地连续喷涂至变形缝顶部。
　　2.变形缝内宜填充泡沫塑料，上部填放衬垫材料，宜用卷材封盖。
　　3.顶部应加扣混凝土盖板或金属盖板。

六、伸出坡屋面管道构造

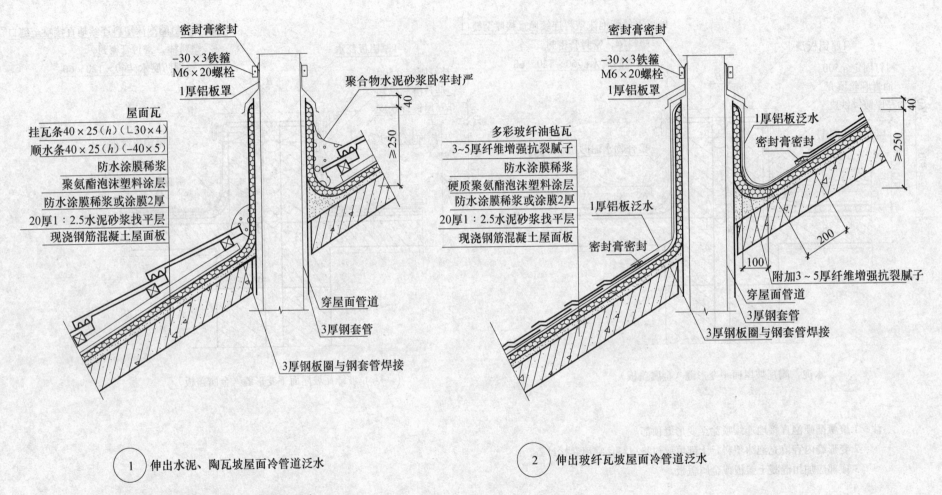

密封膏密封
-30×3铁箍
M6×20螺栓
1厚铝板罩
聚合物水泥砂浆卧牢封严

屋面瓦
挂瓦条40×25（h）（∟30×4）
顺水条40×25（h）（-40×5）
防水涂膜稀浆
聚氨酯泡沫塑料涂层
防水涂膜稀浆或涂膜2厚
20厚1：2.5水泥砂浆找平层
现浇钢筋混凝土屋面板

≥250
40

穿屋面管道
3厚钢套管
3厚钢板圈与钢套管焊接

密封膏密封
-30×3铁箍
M6×20螺栓
1厚铝板罩
1厚铝板泛水
密封膏密封

多彩玻纤油毡瓦
3~5厚纤维增强抗裂腻子
防水涂膜稀浆
硬质聚氨酯泡沫塑料涂层
防水涂膜稀浆或涂膜2厚
20厚1：2.5水泥砂浆找平层
现浇钢筋混凝土屋面板

1厚铝板泛水
密封膏密封

≥250
40
200
100
附加3~5厚纤维增强抗裂腻子
穿屋面管道
3厚钢套管
3厚钢板圈与钢套管焊接

① 伸出水泥、陶瓦坡屋面冷管道泛水

② 伸出玻纤瓦坡屋面冷管道泛水

注：1.伸出屋面管道周围的找坡应做成圆锥台。
    2.聚氨酯硬泡应直接地连续喷涂至管道距屋面高度250mm处，收头用金属箍箍紧后密封严实。

298

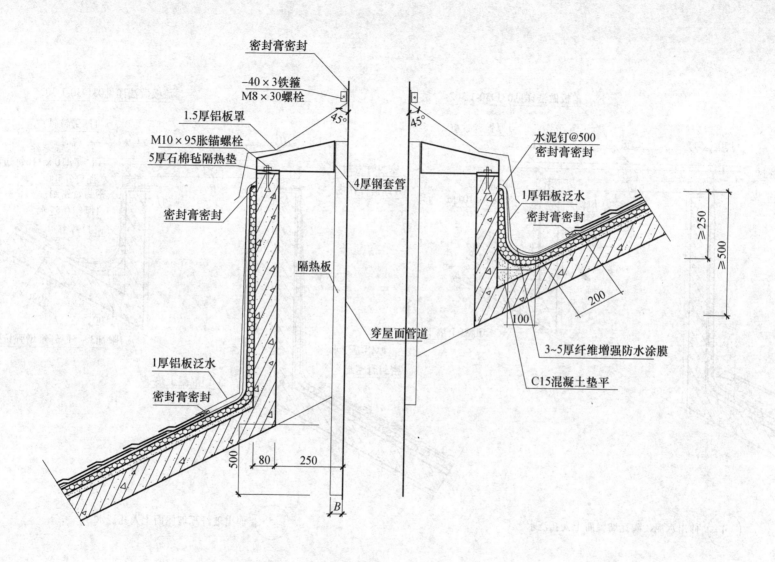

密封膏密封

−40×3铁箍
M8×30螺栓

1.5厚铝板罩

M10×95胀锚螺栓

5厚石棉毡隔热垫

密封膏密封

4厚钢套管

45°

45°

水泥钉@500
密封膏密封

1厚铝板泛水

密封膏密封

隔热板

穿屋面管道

1厚铝板泛水

密封膏密封

3~5厚纤维增强防水涂膜

C15混凝土垫平

≥250

≥500

200

100

500

80

250

B

③ 伸出玻纤瓦坡屋面热管道泛水

299

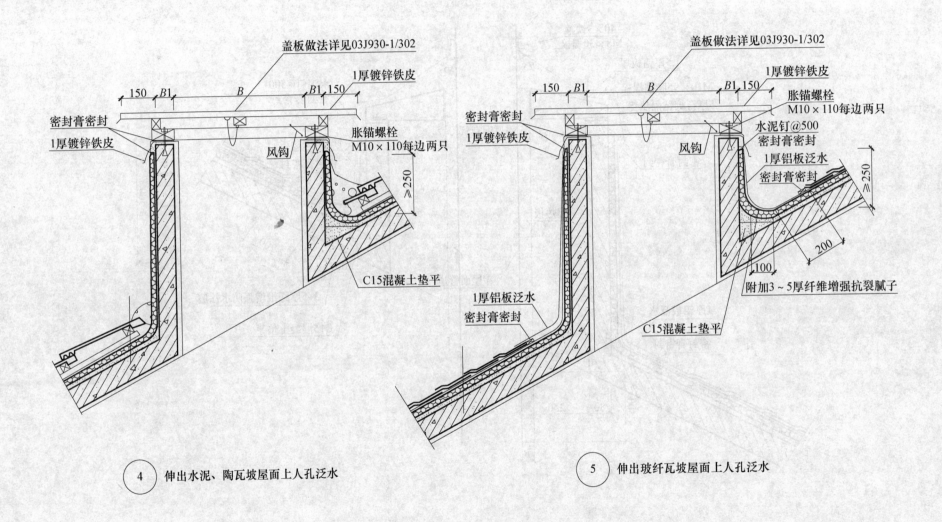

盖板做法详见03J930-1/302

1厚镀锌铁皮

密封膏密封

1厚镀锌铁皮

150 B1 B B1 150

胀锚螺栓
M10×110每边两只

风钩

≥250

C15混凝土垫平

盖板做法详见03J930-1/302

1厚镀锌铁皮

胀锚螺栓
M10×110每边两只

密封膏密封

1厚镀锌铁皮

150 B1 B B1 150

水泥钉@500
密封膏密封
1厚铝板泛水
密封膏密封

风钩

≥250

200

100

附加3~5厚纤维增强抗裂腻子

1厚铝板泛水
密封膏密封

C15混凝土垫平

④ 伸出水泥、陶瓦坡屋面上人孔泛水

⑤ 伸出玻纤瓦坡屋面上人孔泛水

七、平屋面檐口

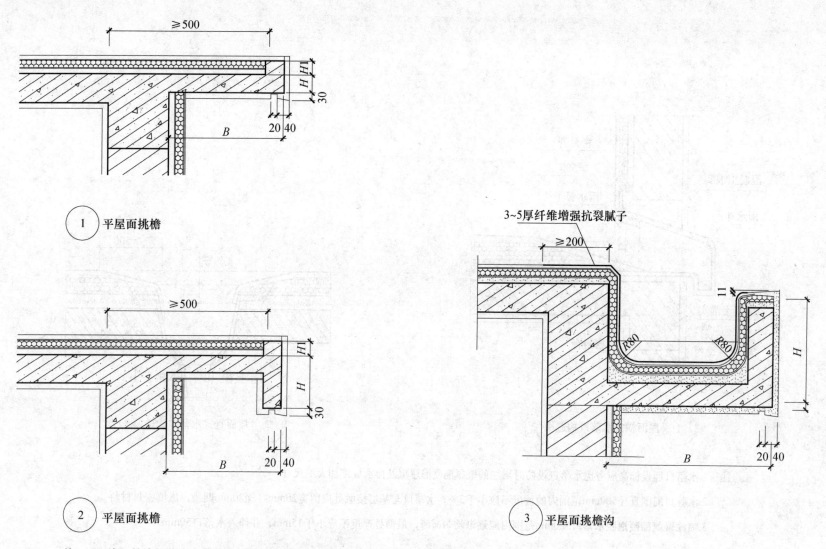

① 平屋面挑檐

② 平屋面挑檐

③ 平屋面挑檐沟

3~5厚纤维增强抗裂腻子

注：1.天沟、檐沟部位应直接地连续喷涂聚氨酯硬泡，喷涂厚度不小于20mm。

2.屋面为无组织排水时，聚氨酯硬泡应直接地连续喷涂至檐口附近100mm处，喷涂厚度逐步均匀减薄至20mm。

3.聚氨酯硬泡收头应用压条钉压固定，并用密封材料封严。

八、屋面水落口保温防水构造示意图

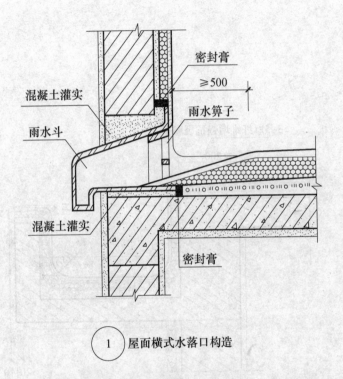

① 屋面横式水落口构造

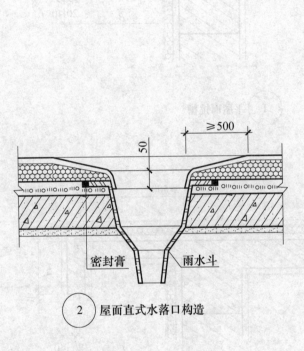

② 屋面直式水落口构造

注：1.水落口埋设标高应考虑水落口设防时增加的聚氨酯硬泡厚度及排水坡度加大的尺寸。

2.水落口周围直径500mm范围内的坡度不应小于5％；水落口与基层接触处应留宽20mm、深20mm凹槽，嵌填密封材料。

3.喷涂聚氨酯硬泡距水落口500mm范围内应逐渐均匀减薄，最薄处厚度不应小于15mm，并伸入水落口50mm。

九、平屋面变形缝

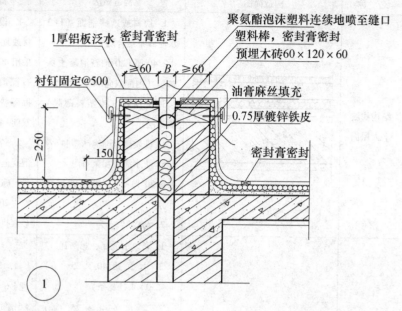

1厚铝板泛水　密封膏密封　聚氨酯泡沫塑料连续地喷至缝口
塑料棒，密封膏密封
预埋木砖60×120×60

衬钉固定@500

油膏麻丝填充

0.75厚镀锌铁皮

密封膏密封

≥60　B　≥60

≥250

150

①

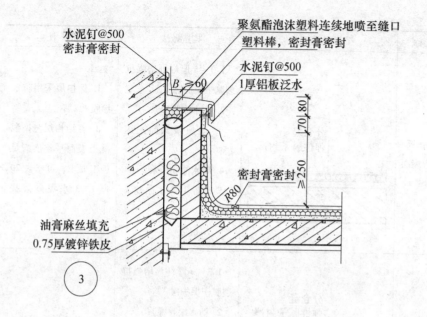

水泥钉@500
密封膏密封

聚氨酯泡沫塑料连续地喷至缝口
塑料棒，密封膏密封

水泥钉@500
1厚铝板泛水

B　≥60

70、80

≥250

油膏麻丝填充
0.75厚镀锌铁皮

密封膏密封

R80

③

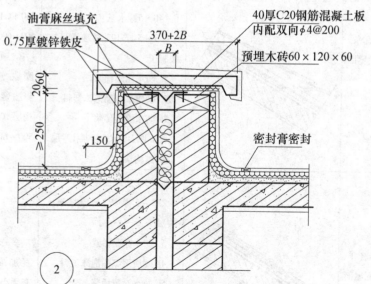

油膏麻丝填充

0.75厚镀锌铁皮

40厚C20钢筋混凝土板
内配双向φ4@200

预埋木砖60×120×60

370+2B

B

20、60

≥250

150

密封膏密封

②

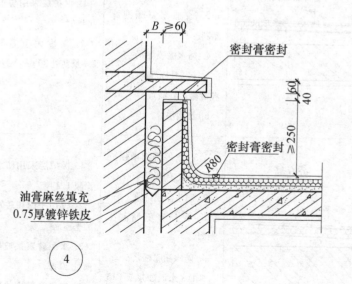

B　≥60

密封膏密封

60
40

≥250

密封膏密封

R80

油膏麻丝填充
0.75厚镀锌铁皮

④

注：1.聚氨酯硬泡直接地连续喷涂至变形缝顶部。
　　2.变形缝内宜填充泡沫塑料，上部填放衬垫材料，宜用卷材封盖。
　　3.顶部应加扣混凝土盖板或金属盖板。

十、防水等级Ⅲ级保温屋面构造

名　称	构造简图	构造做法	备　注
结构找坡不上人屋面	分仓缝 弹性腻子封严	1. 3～5厚纤维增强抗裂腻子保护层 2. 防水涂膜稀浆 3. 硬质聚氨酯泡沫塑料 4. 防水涂膜稀浆 5. 20厚1:3水泥砂浆找平层 6. 结构层	1. 保护层采用防水涂膜1.2厚 2. 若结构层浇捣混凝土表面平整度满足施工要求，可略去20厚1:3水泥砂浆找平层
轻集料混凝土找坡不上人屋面	分仓缝 弹性腻子封严	1. 3～5厚纤维增强抗裂腻子保护层 2. 防水涂膜稀浆 3. 硬质聚氨酯泡沫塑料 4. 防水涂膜稀浆 5. 轻集料混凝土（陶粒混凝土）找坡 6. 结构层	1. 保护层采用防水涂膜1.2厚 2. 坡度大于等于2%最薄处30厚
水泥砂浆找坡不上人屋面	分仓缝 弹性腻子封严	1. 3～5厚纤维增强抗裂腻子保护层 2. 防水涂膜稀浆 3. 硬质聚氨酯泡沫塑料 4. 防水涂膜稀浆 5. 1:3水泥砂浆或C15细石混凝土找坡 6. 结构层	1. 保护层采用防水涂膜1.2厚 2. 仅用于面积较小的平屋面 3. 水泥砂浆找坡最薄处20厚 4. 细石混凝土找坡最薄处30厚

名　称	构造简图	构造做法	备　注
结构找坡上人屋面		1. 块材或地砖铺面（1:3水泥砂浆结合层） 2. 40厚C20细石混凝土保护层（内配双向φ4@200） 3. 无纺布（或塑料薄膜）隔离层 4. 硬质聚氨酯泡沫塑料 5. 防水涂膜稀浆 6. 20厚1:3水泥砂浆找平层 7. 结构层	1. 设计不用块材或地砖面层时，采用40厚C20细石混凝土面，随捣随抹光（内配双向φ4@200） 2. 若结构层浇捣混凝土表面平整度满足施工要求，可略去20厚1:3水泥砂浆找平层
木挂瓦条块瓦坡屋面		1. 彩色水泥瓦、彩陶瓦 2. 挂瓦条40×25（h）（∟30×4挂瓦条） 3. 顺水条40×25（h）（-40×5顺水条） 4. 3～5厚193纤维增强抗裂腻子 5. 防水涂膜稀浆 6. 硬质聚氨酯泡沫塑料 7. 防水涂膜稀浆 8. 20厚1:3水泥砂浆找平层 9. 结构层	1. 顺水条用预埋φ6钢筋固定，φ6钢筋伸出结构层110以上@1000×500～600 2. 顺水条用φ5膨胀螺栓固定，膨胀螺栓伸出结构层100@1000×500～600
多彩玻纤油毡瓦屋面		1. 多彩玻纤油毡瓦 2. 3～5厚193纤维增强抗裂腻子 3. 防水涂膜稀浆 4. 硬质聚氨酯泡沫塑料 5. 防水涂膜稀浆 6. 20厚1:3水泥砂浆找平层 7. 结构层	多彩玻纤油毡瓦加强钉，长度必须小于15mm

十一、防水等级Ⅱ级保温屋面构造

名　称	构造简图	构造做法	备　注
轻集料混凝土找坡上人屋面		1. 块材或地砖铺面（1:3水泥砂浆结合层） 2. 40厚C20细石混凝土保护层（内配双向φ4@200） 3. 无纺布（或塑料薄膜）隔离层 4. 硬质聚氨酯泡沫塑料 5. 防水涂膜2mm厚 6. 轻集料混凝土（陶粒混凝土）找坡 7. 结构层	1. 设计不用块材或地砖面层时，采用40厚C20细石混凝土面随捣随抹光 2. 坡度大于等于2%最薄处30厚
水泥砂浆找坡上人屋面		1. 块材或地砖铺面（1:3水泥砂浆结合层） 2. 40厚C20细石混凝土保护层（内配双向φ4@200） 3. 无纺布（或塑料薄膜）隔离层 4. 硬质聚氨酯泡沫塑料 5. 防水涂膜2mm厚 6. 1:3水泥砂浆或C15细石混凝土找坡 7. 结构层	1. 设计不用块材或地砖面层时，采用40厚C20细石混凝土面随捣随抹光 2. 仅用于面积较小的平屋面 3. 水泥砂浆找坡最薄处20厚 4. 细石混凝土找坡最薄处30厚
轻集料混凝土找坡泊车屋面		1. 80~100厚15铺路混凝土块或广场地砖 2. 30厚　粗砂垫层（加堵头） 3. 无纺布（或塑料薄膜）隔离层 4. 硬质聚氨酯泡沫塑料 5. 防水涂膜2mm厚 6. 轻集料混凝土（陶粒混凝土）找坡 7. 结构层	1. 用于广场及地下室屋面 2. 坡度大于等于2%，最薄处30厚 3. 若为结构找坡，找坡层改为找平层

十二、防水等级Ⅰ级保温屋面构造

名　称	构造简图	构造做法	备　注
结构找坡上人屋面		1. 块材或地砖铺面（1:3水泥砂浆结合层） 2. 40厚C20细石混凝土保护层（内配双向φ4@200） 3. 无纺布（或塑料薄膜）隔离层 4. 防水涂膜2mm厚 5. 硬质聚氨酯泡沫塑料 6. 防水涂膜2mm厚 7. 20厚1:3水泥砂浆找平层 8. 结构层	1. 设计不用块材或地砖面层时，采用40厚C20细石混凝土面随捣随抹光 2. 若结构层浇捣混凝土表面较为平整，可略去20厚1:3水泥砂浆找平层
轻集料混凝土找坡上人屋面		1. 块材或地砖铺面（1:3水泥砂浆结合层） 2. 40厚C20细石混凝土保护层（内配双向φ4@200） 3. 无纺布（或塑料薄膜）隔离层 4. 防水涂膜2mm厚 5. 硬质聚氨酯泡沫塑料 6. 防水涂膜2mm厚 7. 轻集料混凝土（陶粒混凝土）找坡 8. 结构层	1. 设计不用块材或地砖面层时，采用40厚C20细石混凝土面随捣随抹光 2. 坡度大于等于2%，最薄处30厚
轻集料混凝土找坡泊车屋面		1. 80~100厚15铺路混凝土块或广场地砖 2. 30厚　粗砂垫层（加堵头） 3. 无纺布（或塑料薄膜）隔离层 4. 防水涂膜2mm厚 5. 硬质聚氨酯泡沫塑料 6. 防水涂膜2mm厚 7. 轻集料混凝土（陶粒混凝土）找坡 8. 结构层	1. 用于广场及地下室屋面 2. 坡度大于等于2%，最薄处30厚 3. 若为结构找坡，找坡层改为找平层

十三、保温隔热防水上人屋面构造

名　称	构造简图	构造做法	备　注
有保温隔热上人屋面（面层为配筋混凝土保护层）		1. 混凝土整体保护层（40 厚 C20 细石混凝土，配ϕ6 或冷拔ϕ4 的一级钢筋，双向中距150，钢筋网片绑扎或点焊） 2.10 厚低标号砂浆隔离层 3. 防水层 4.20 厚 1:3 水泥砂浆找平层 5. 保温或隔热层 6. 最薄30 厚 LC5.0 轻集料混凝土2% 找坡层 7. 钢筋混凝土屋面板	钢筋混凝土屋面板若结构找坡，则建筑找坡层取消
有保温隔热上人屋面（面层为铺块材保护层）		1. 铺块材（防滑地砖、仿石砖、水泥砖等），干水泥擦缝 2.10 厚低标号砂浆隔离层 3. 防水层 4.20 厚 1:3 水泥砂浆找平层 5. 保温或隔热层 6. 最薄30 厚 LC5.0 轻集料混凝土2% 找坡层 7. 钢筋混凝土屋面板	1. 面层块材种类、规格及厚度由设计选定 2. 钢筋混凝土屋面板若结构找坡，则建筑找坡层取消

十四、倒置屋面防水保温构造

名　称	构造简图	构造做法	备　注
聚氨酯硬泡保温隔热不上人屋面（面层为涂料保护层）倒置式		1. 涂料保护层（如喷涂聚脲等） 2. 喷涂成型聚氨酯硬泡保温隔热层 3. 防水层 4.20 厚 1:3 水泥砂浆找平层 5. 最薄30 厚 LC5.0 轻集料混凝土2% 找坡层 6. 钢筋混凝土屋面板	1. 保护层为 1～2 厚弹性紫外线涂料 2. 钢筋混凝土屋面板若结构找坡，则建筑找坡层取消
聚氨酯硬泡保温隔热上人屋面（面层为铺块材保护层）倒置式		1. 铺块材（防滑地砖、仿石砖、水泥砖等），干水泥擦缝 2. 聚合物水泥砂浆粘贴 3. 喷涂成型聚氨酯硬泡保温隔热层 4. 防水层 5.20 厚 1:3 水泥砂浆找平层 6. 最薄30 厚 LC5.0 轻集料混凝土2% 找坡层 7. 钢筋混凝土屋面板	1. 面层块材种类、规格及厚度由设计选定 2. 钢筋混凝土屋面板若结构找坡，则建筑找坡层取消

第二节　挤塑板倒置屋面防水保温隔热系统

一、说明

所谓倒置法屋面，是将正置屋面构造中的保温层与防水层颠倒设置，即保温层设在防水层之上。保温层可用喷涂聚氨酯硬泡或铺设其他材质保温板。保温层上应采用块体材料、水泥砂浆或卵石做保护层，在保护层与保温层之间应铺设纤维织物隔离保护（隔离层）。

1. 倒置法保温屋面特点

（1）具有良好的隔热效果

倒置式屋面施工是屋面为外隔热保温形式，当在高温季节时，防水层上面保温材料、卵石隔热的热阻作用，对室外综合温度进行了衰减，减少太阳光的直接照射，屋面所蓄有的热量始终低于传统屋面保温隔热方式，向室内散热也小，降低空调费用。

（2）具有良好的保温效果

在冬季时，倒置式屋面处在外冷内热状态，热能由内向外传导，因防水材料上层有保护层的保护，阻挡室内热量损失，外冷的低温又被保温层阻挡而不能进入室内，减少能耗。

（3）可有效延长屋面防水层寿命

保护层（保温层）设在防水层之上，减少防水层受太阳直接照射的影响，使其表面温度变化明显减小、不易老化，并免受紫外线照射及外界撞击等因素而破坏，防水层基本长期处于相对恒定柔软状态，因而延长使用年限。

应用在有湿度的结构保温屋面，可取消传统保温屋面内加设的排汽道及排汽孔。

（4）倒置式屋面构造简单、维修容易。

（5）板材施工不受季节、环境温度限制。

2. 适用范围

适用民用住宅、工业建筑，也用于特别重要、重要的高层建筑屋面的防水保温工程，特别适合在我国南方地区采用。

3. 施工要点

（1）检查防水层施工无渗漏或积水现象，确认防水层施工完全达到标准并经验收后，方可进行保温施工。

（2）在非上人屋面可在基层采用干铺或粘贴保温板，在上人屋面应采用粘贴方式铺设保温板。

（3）保温板不需留伸缩缝，遇到屋面凸出处应将泡沫板量好尺寸并切割后再铺设。为避免在后续施工中发生移位影响整体施工，可以在泡沫板与防水层间采用适当点粘固定。

（4）板材拼缝处可以灌入密封材料或用同类材料碎屑使其连成整体，拼缝要严密，表面平整，找坡正确。

（5）保护层施工：

1）非上人屋面

采用抗裂水泥砂浆抹面：砂浆厚度宜为2cm，分格缝间距2m，缝宽3～5mm，在保温层上直接铺到所设计的厚度，在所设置的分格缝填嵌密封材料；

采用走道板或砾石做覆盖保护：采用干铺卵石，粒径宜在10mm以上，分布均匀，檐口边做500mm×500mm×40mm预制混凝土挡板，四角用水泥砂浆固定，使卵石单位面积内的荷载量符合设计要求，防止过载；

在卵石与保温层之间应加铺耐穿刺、耐久性及防腐性能好的纤维织物衬垫材料为隔离层。在穿屋面管、女儿墙泛水的竖向防水层，收头高度超过镇压层25cm。

2）上人屋面

在上人屋面做保护层可采用两种方式，一种是铺砌块，如石材、瓷砖、预制混凝土砖等，另一种为现浇细石混凝土内加钢筋。

当采用不配筋的细石混凝土为保护层时，厚度4cm，留分格缝，间距1.2～1.5m，缝宽5mm，最后将分格缝用密封膏密封。保护层内加钢筋时，厚度按设计要求确定，并在灌浆时钢筋网应适当垫高，确保抗拉作用；

采用混凝土块材为保护层时，应用水泥砂浆坐浆平铺，缝用砂浆勾缝处理。

二、倒置隔热屋面构造示意图

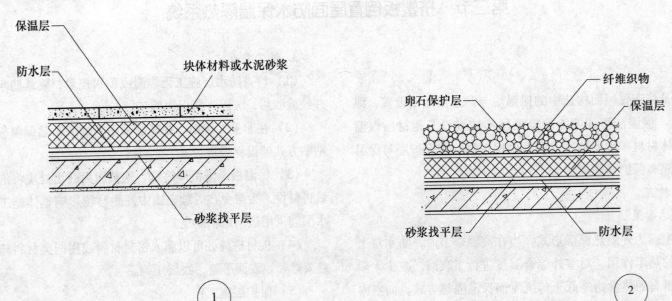

① ②

三、屋面构造

简 图	层 次	构 造 说 明
卵石面层,不上人屋面	1.	50厚卵石,粒径>10,檐口边做500×500×40预制混凝土挡板,四角用水泥砂浆固定
	2.	平铺无纺聚酯纤维布一层
	3.	挤塑聚苯乙烯板,厚度见单体设计
	4.	防水层见单体设计
	5.	20厚1:3水泥砂浆找平层
	6.	1:6水泥焦渣或其他轻骨料混凝土找坡层,最薄处30
	7.	钢筋混凝土屋面板
水泥砖块材面层,上人屋面	1.	40厚混凝土预制板300×300内配ϕ4双向钢筋,每100
	2.	20厚1:3水泥砂浆
	3.	挤塑聚苯乙烯板,厚度见单体设计
	4.	防水层,见单体设计
	5.	20厚1:3水泥砂浆找平层
	6.	1:6水泥焦渣或其他轻骨料混凝土找坡层,最薄处30
	7.	钢筋混凝土屋面板

简 图	层 次	构 造 说 明
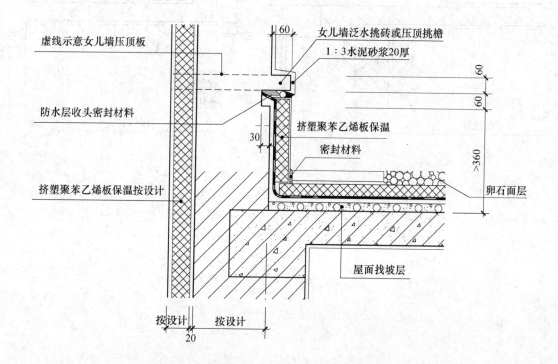 地砖铺面，上人屋面	1. 2. 3. 4. 5. 6. 7. 8.	10 厚地面砖或缸砖面层，干水泥擦缝 20 厚 1:3 水泥砂浆加 15% 108 胶结合层 40 厚 C20 细石混凝土，φ4 钢筋双向，每 200 挤塑聚苯乙烯板，厚度见单体设计 防水层，见单体设计 20 厚 1:3 水泥砂浆找平层 1:6 水泥焦渣或其他轻骨料混凝土找坡层，最薄处 30 钢筋混凝土屋面板
坡顶保温屋面 坡度≥30°	1. 2. 3. 4. 5. 6.	轻质装饰瓦或涂料面层 25 厚 1:3 水泥砂浆加 108 胶 15%，内设 16 号镀锌钢丝网一层网孔 25×25 挤塑聚苯乙烯板，厚度见单体设计，聚合物胶泥粘贴 防水层，见单体设计 20 厚 1:3 水泥砂浆找平层 现浇钢筋混凝土屋面板

注：1. 挤塑聚苯乙烯板的周边，应做出宽 12，高 5 的缺口。
　　2. 屋面由结构找坡时，找坡层取消。

四、女儿墙泛水构造

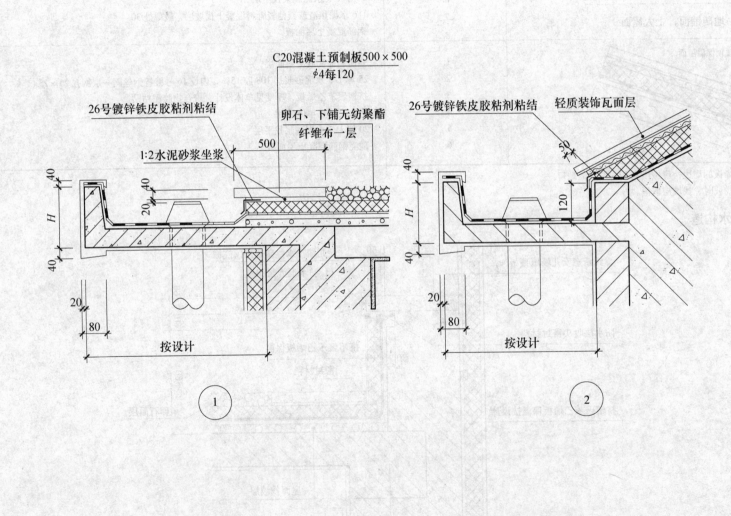

C20混凝土预制板500×500
$\phi 4$每120

26号镀锌铁皮胶粘剂粘结

卵石、下铺无纺聚酯
纤维布一层

1:2水泥砂浆坐浆

500

26号镀锌铁皮胶粘剂粘结

轻质装饰瓦面层

40

20 40

H

40

20

80

按设计

①

40

H

40

120

50

20

80

按设计

②

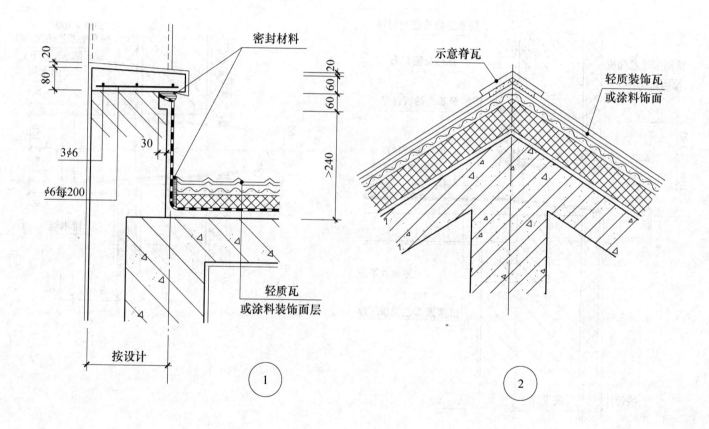

密封材料

80 20

3φ6

30

φ6每200

按设计

①

密封材料

20
60 60

>240

轻质瓦
或涂料装饰面层

示意脊瓦

轻质装饰瓦
或涂料饰面

②

七、女儿墙外水落口构造

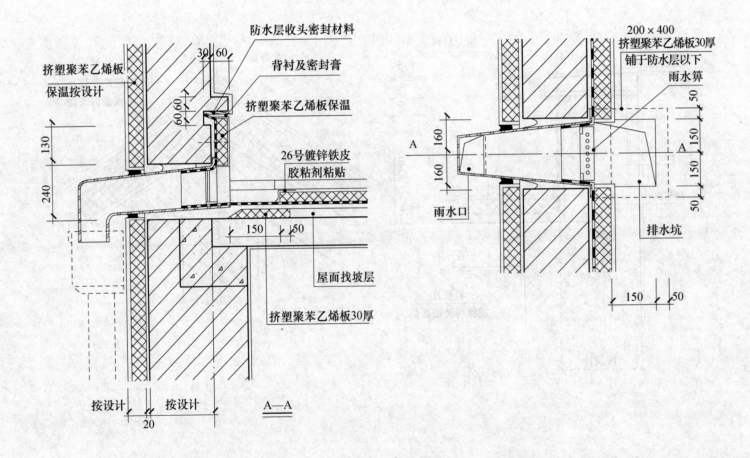

防水层收头密封材料

挤塑聚苯乙烯板
保温按设计

背衬及密封膏

挤塑聚苯乙烯板保温

26号镀锌铁皮
胶粘剂粘贴

屋面找坡层

挤塑聚苯乙烯板30厚

按设计   按设计

A—A

200×400
挤塑聚苯乙烯板30厚
铺于防水层以下

雨水箅

雨水口

排水坑

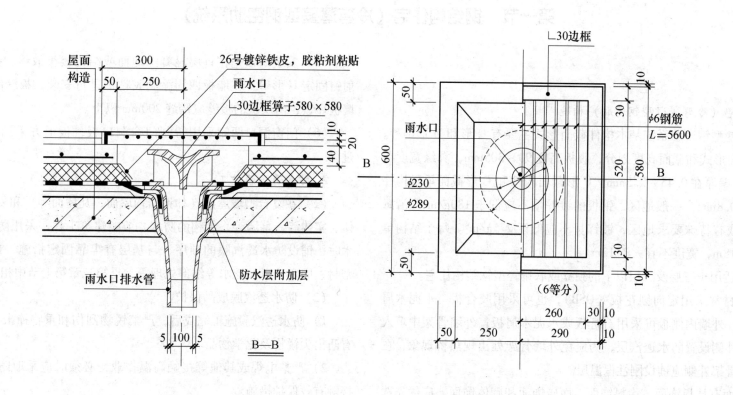

屋面构造

300
50　250

26号镀锌铁皮，胶粘剂粘贴

雨水口

∟30边框算子580×580

10
20
40

雨水口排水管

防水层附加层

5　100　5

B—B

∟30边框

50

雨水口

600

∅230
∅289

50

∅6钢筋
L=5600

10
30

520
580

30
10

（6等分）

50　250

260　30　10
290　10

313

第七章　钢结构系统构造

第一节　钢结构住宅（冷弯薄壁型钢密肋系统）

一、说明

1. 钢结构住宅（冷弯薄壁型钢密肋）构造

（1）冷弯薄壁型钢密肋系统基本构件截面形式主要有 C 形和 U 形两种。构件的规格按截面形式和截面高度划分，腹板高度 90～305mm，翼缘宽度在 30～40mm 之间，壁厚在 0.45～2.5mm。U 形截面构件和 C 形截面承重构件的厚度不宜小于 0.8mm，一般地区，钢板的镀锌量不应低于 $180g/m^2$，沿海地区、高腐蚀性或有特殊要求地区，镀锌量不应低于 $275g/m^2$。每个结构单元长度不宜大于 18m，宽度不宜大于 12m。

（2）该系统适用于三层及三层以下的独立或联排轻型钢结构住宅。

（3）结构板材常采用定向刨花板（OSB），也可采用胶合板、水泥木屑板作为结构板材；外墙内侧板可采用石膏板或水泥木屑板；外墙骨架中填入柔性保温棉毡，外侧设置防水透汽层，为避免外墙骨架处出现热桥现象，在采暖地区的外墙骨架外侧应铺设刚性保温层。

（4）外墙饰面有挂板饰面、涂料饰面、面砖饰面和砌体饰面。应优先选用木质、金属、水泥纤维或 PCV 挂板。当采用砌筑砖石饰面时，饰面内侧应留有不少于 25mm 的空隙作为通风层，且饰面层与骨架间应设置可靠连接。

（5）安装墙板先在首层混凝土地面或结构楼板放线，按间距 600mm 以射钉固定 U 形卡，在墙板四周涂满胶粘剂进行安装，板缝间胶粘剂应饱满，墙板靠紧，两层板的板缝应错缝 200mm 以上。

（6）门窗洞口两侧采用特制门窗洞口板，板上方采用横置的墙板作为过梁。

2. 防水透汽膜施工

（1）在复合型坡屋面（如钢结构屋面、瓦屋面等）和复合型墙体（如砌体、实体墙、幕墙等）结构的防水、节能建筑工程，采用防水透汽膜施工技术时，铺设防水透汽膜的顺序、与基层有牢靠固定措施、预留或搭接尺寸、密封、固定，以及泛水等细部处理等参见第三章第七节中相关内容。

（2）防水透汽膜成品保护

1）防水透汽膜施工完成后，严禁锐物刮伤和重物撞击。不得堆放重物、有凸出尖锐物及化学物品。

2）严禁电焊或其他等接触高温作业，必须时应采取防止与防水透汽膜接触有效保护措施。

3）防水透汽膜受意外破损，应及时用同类膜修补、密封。

二、有保温基础勒脚

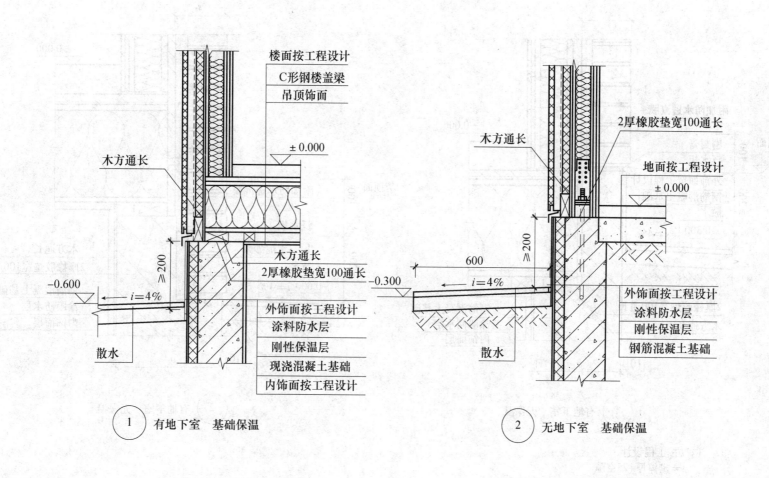

楼面按工程设计
C形钢楼盖梁
吊顶饰面

木方通长

± 0.000

木方通长
2厚橡胶垫宽100通长

外饰面按工程设计
涂料防水层
刚性保温层
现浇混凝土基础
内饰面按工程设计

-0.600
i=4%
散水
≥200

2厚橡胶垫宽100通长

木方通长

地面按工程设计
± 0.000

≥200
-0.300
600
i=4%
散水

外饰面按工程设计
涂料防水层
刚性保温层
钢筋混凝土基础

① 有地下室　基础保温

② 无地下室　基础保温

三、砌体饰面勒脚

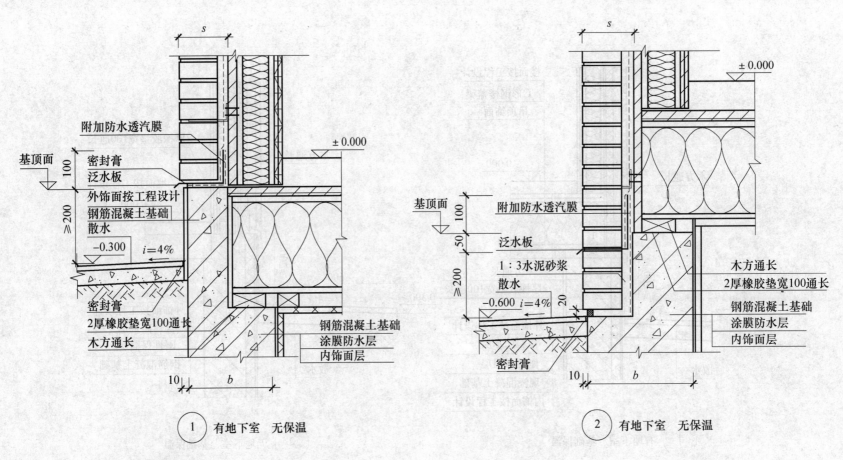

注：b 按工程设计。
　　$s=$ 砌体厚+25空隙。

四、勒脚泛水节点

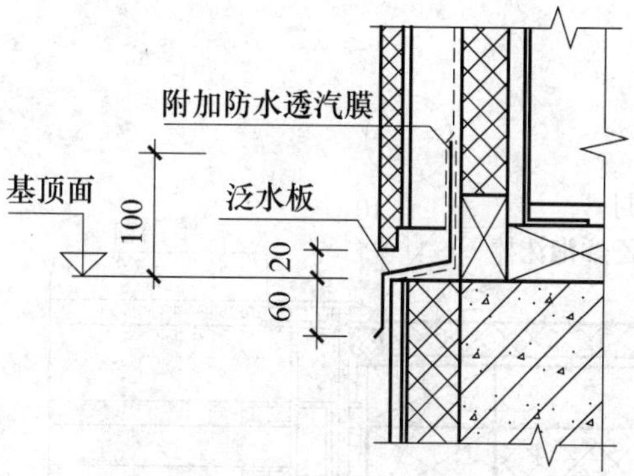
附加防水透汽膜
基顶面
泛水板
100
20
60

1 挂板外饰面

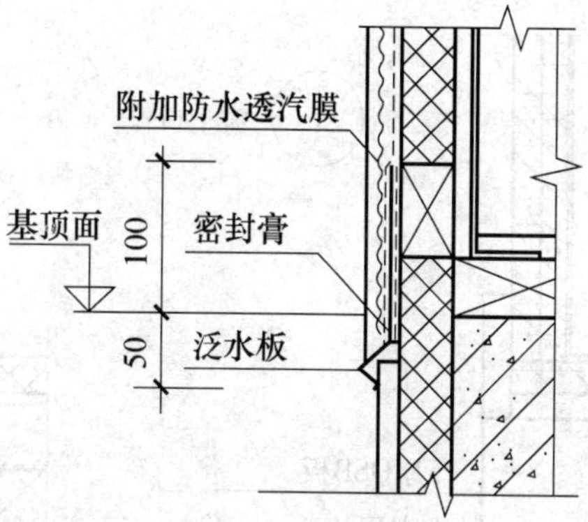
附加防水透汽膜
基顶面
密封膏
泛水板
100
50

2 涂料外饰面

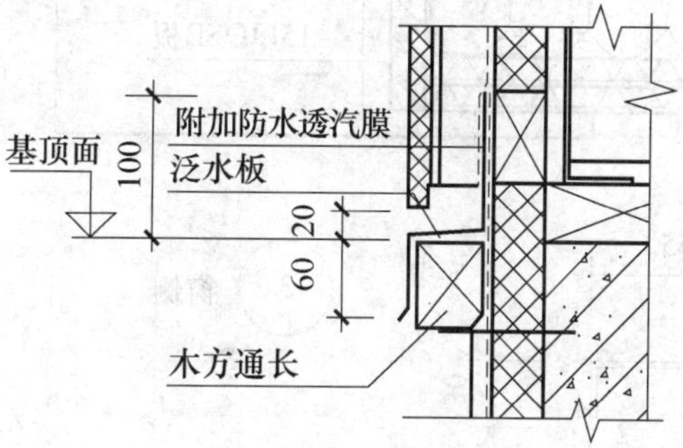
基顶面
附加防水透汽膜
泛水板
木方通长
100
20
60

3 挂板外饰面

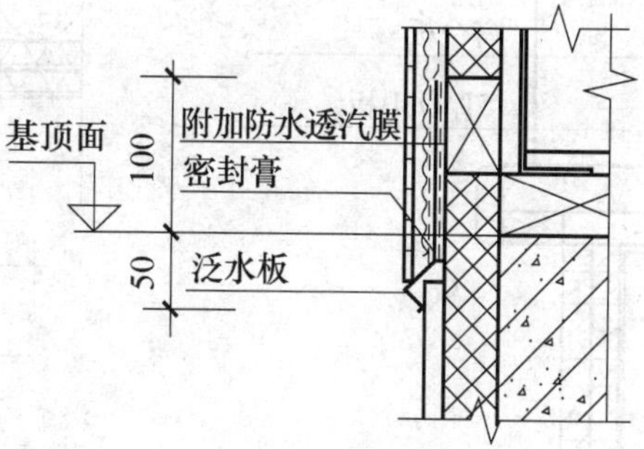
基顶面
附加防水透汽膜
密封膏
泛水板
100
50

4 面砖外饰面

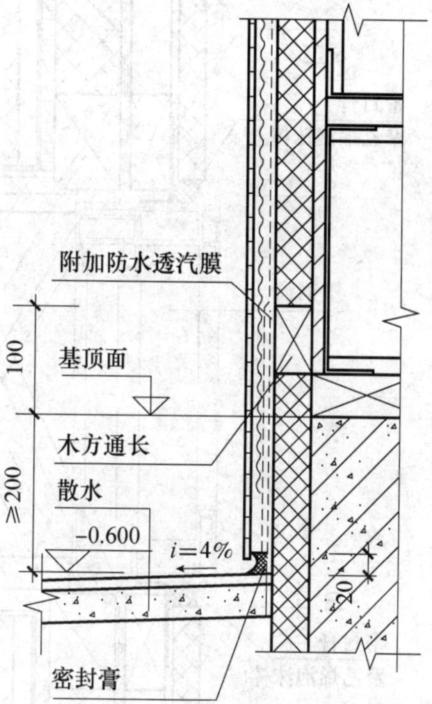
附加防水透汽膜
基顶面
木方通长
散水
−0.600
i=4%
密封膏
100
≥200
20

5 面砖外饰面

五、挂板居中排外饰面窗洞口

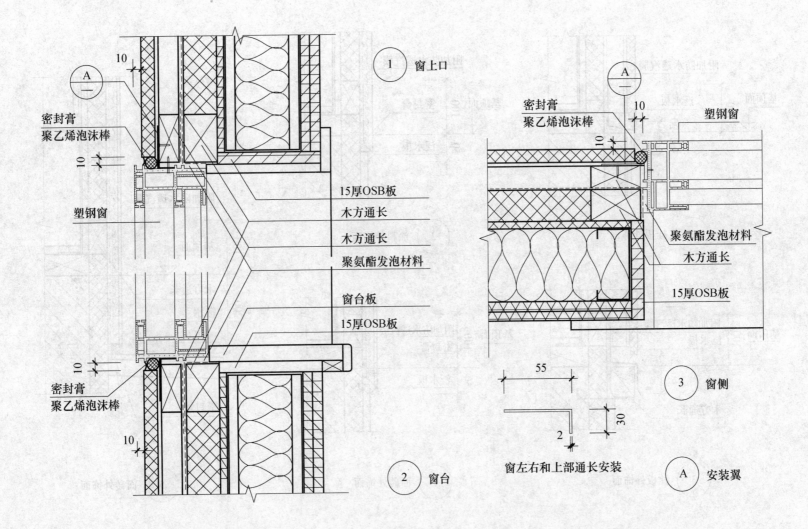

密封膏
聚乙烯泡沫棒

塑钢窗

密封膏
聚乙烯泡沫棒

① 窗上口

15厚OSB板

木方通长

木方通长

聚氨酯发泡材料

窗台板

15厚OSB板

② 窗台

密封膏
聚乙烯泡沫棒

塑钢窗

聚氨酯发泡材料

木方通长

15厚OSB板

③ 窗侧

55

30

2

窗左右和上部通长安装

Ⓐ 安装翼

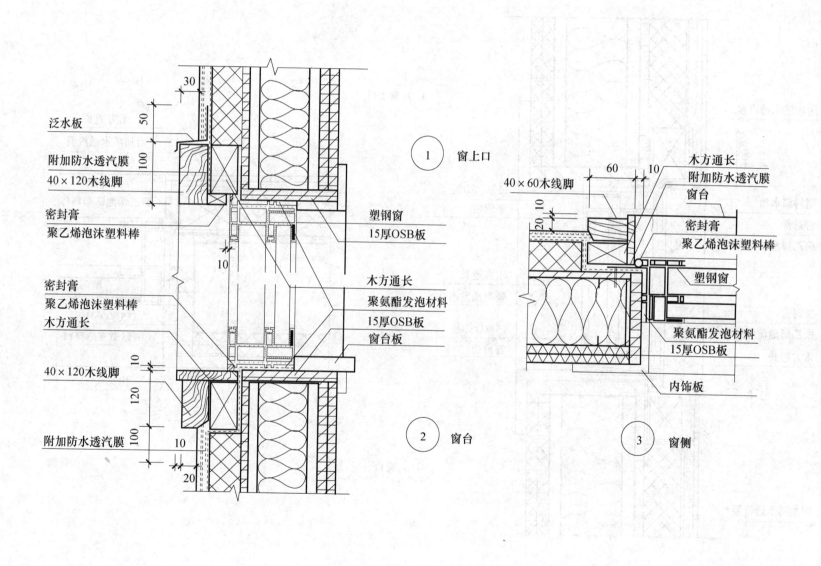

泛水板

附加防水透汽膜
40×120木线脚

密封膏
聚乙烯泡沫塑料棒

密封膏
聚乙烯泡沫塑料棒
木方通长

40×120木线脚

附加防水透汽膜

30

50

100

10

10

120

100

10

20

塑钢窗
15厚OSB板

木方通长
聚氨酯发泡材料
15厚OSB板
窗台板

1 窗上口

2 窗台

40×60木线脚

20 10

60 10

木方通长
附加防水透汽膜
窗台

密封膏
聚乙烯泡沫塑料棒

塑钢窗

聚氨酯发泡材料
15厚OSB板

内饰板

3 窗侧

七、面砖外饰面窗洞口节点

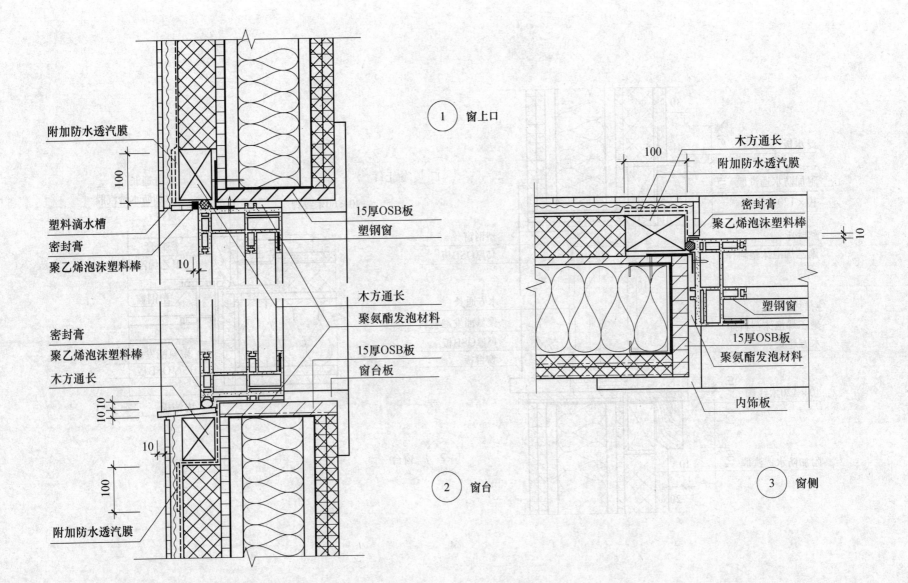

附加防水透汽膜

100

塑料滴水槽

密封膏

聚乙烯泡沫塑料棒

10

① 窗上口

15厚OSB板

塑钢窗

木方通长

聚氨酯发泡材料

15厚OSB板

窗台板

密封膏

聚乙烯泡沫塑料棒

木方通长

10 10

10

100

② 窗台

附加防水透汽膜

100

木方通长

附加防水透汽膜

密封膏

聚乙烯泡沫塑料棒

10

塑钢窗

15厚OSB板

聚氨酯发泡材料

内饰板

③ 窗侧

八、油毡瓦屋面山墙节点

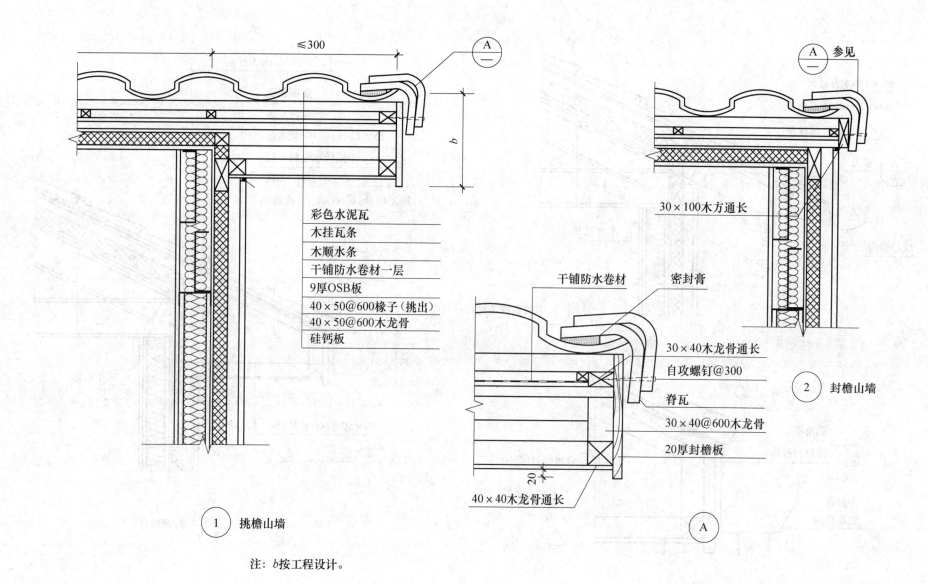

≤300

A

彩色水泥瓦
木挂瓦条
木顺水条
干铺防水卷材一层
9厚OSB板
40×50@600椽子（挑出）
40×50@600木龙骨
硅钙板

b

A 参见

30×100木方通长

2 封檐山墙

干铺防水卷材　密封膏

30×40木龙骨通长
自攻螺钉@300
脊瓦
30×40@600木龙骨
20厚封檐板

40×40木龙骨通长

20

A

① 挑檐山墙

注：b按工程设计。

九、彩钢瓦屋面檐口节点

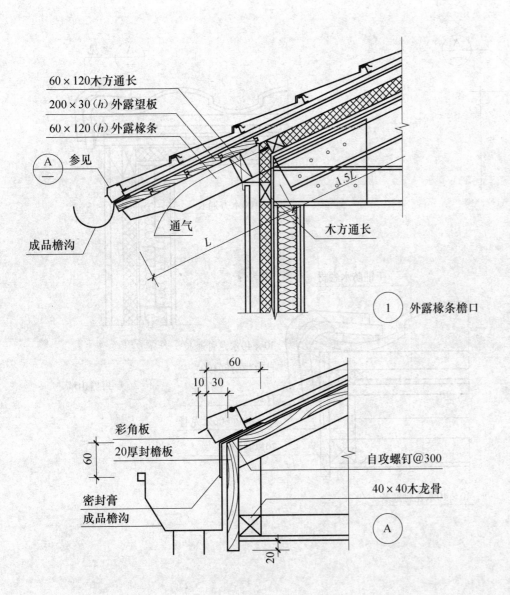

60×120木方通长
200×30（h）外露望板
60×120（h）外露椽条
A —— 参见
通气
成品檐沟
1.5L
L
木方通长

① 外露椽条檐口

彩角板
20厚封檐板
60
密封膏
成品檐沟
10 30
60
自攻螺钉@300
40×40木龙骨
20
Ⓐ

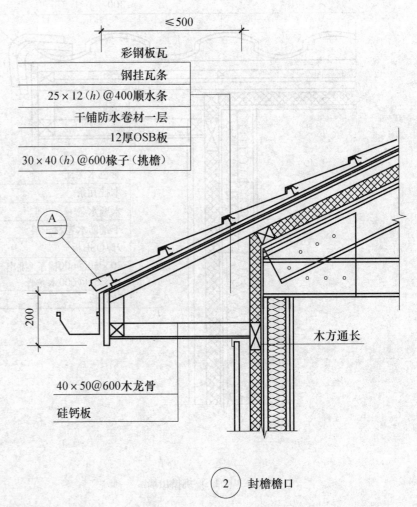

≤500
彩钢板瓦
钢挂瓦条
25×12（h）@400顺水条
干铺防水卷材一层
12厚OSB板
30×40（h）@600椽子（挑檐）
A ——
200
木方通长
40×50@600木龙骨
硅钙板

② 封檐檐口

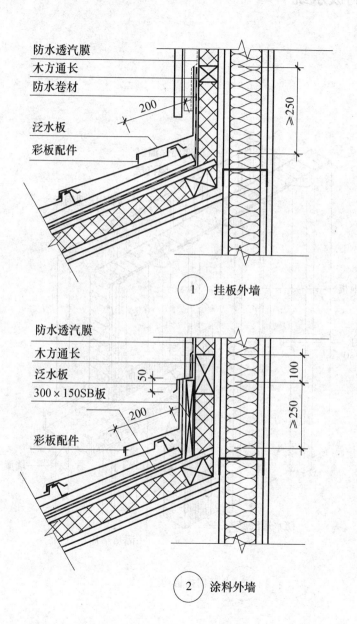

防水透汽膜
木方通长
防水卷材

泛水板
彩板配件

200

≥250

① 挂板外墙

防水透汽膜
木方通长
泛水板
300×150SB板

彩板配件

50

200

100

≥250

② 涂料外墙

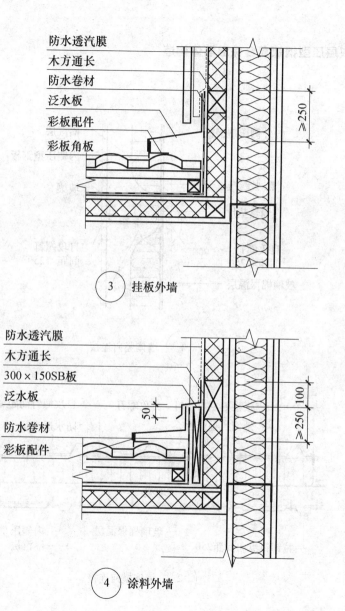

防水透汽膜
木方通长
防水卷材
泛水板
彩板配件
彩板角板

≥250

③ 挂板外墙

防水透汽膜
木方通长
300×150SB板
泛水板

防水卷材
彩板配件

50

100

≥250

④ 涂料外墙

第二节　双层压型钢板系统

一、双层压型钢板复合保温墙体构造

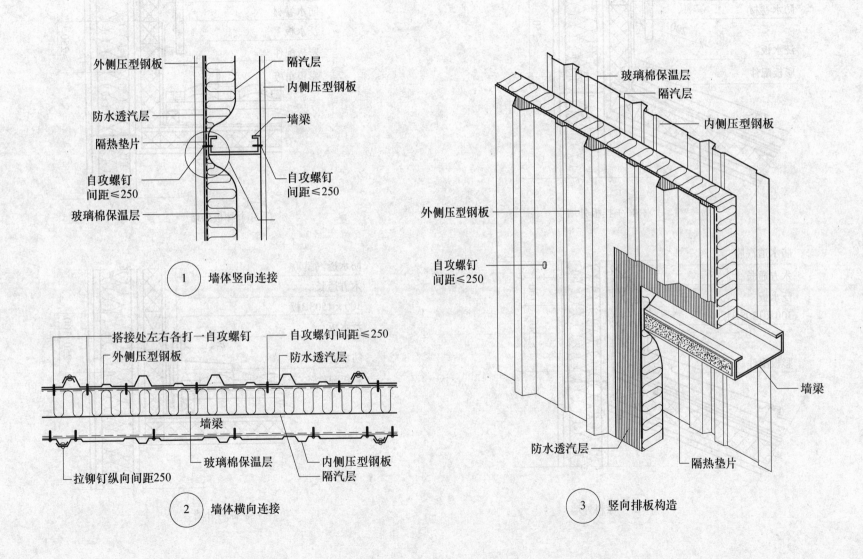

外侧压型钢板

防水透汽层

隔热垫片

自攻螺钉间距≤250

玻璃棉保温层

隔汽层

内侧压型钢板

墙梁

自攻螺钉间距≤250

① 墙体竖向连接

搭接处左右各打一自攻螺钉

外侧压型钢板

自攻螺钉间距≤250

防水透汽层

墙梁

玻璃棉保温层

内侧压型钢板

隔汽层

拉铆钉纵向间距250

② 墙体横向连接

玻璃棉保温层

隔汽层

内侧压型钢板

外侧压型钢板

自攻螺钉间距≤250

防水透汽层

墙梁

隔热垫片

③ 竖向排板构造

二、双层压型钢板复合保温隔热屋面构造（檩条暗藏型）

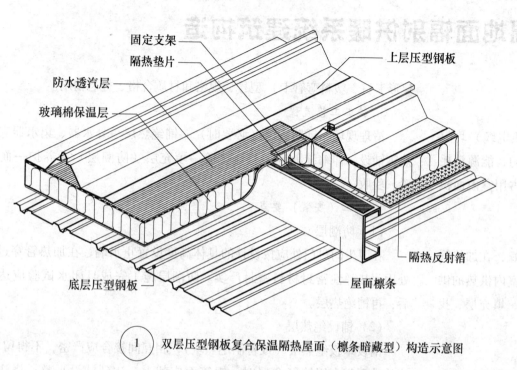

固定支架
隔热垫片
防水透汽层
玻璃棉保温层
上层压型钢板
底层压型钢板
隔热反射箔
屋面檩条

（1）双层压型钢板复合保温隔热屋面（檩条暗藏型）构造示意图

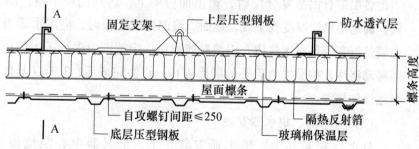

固定支架
上层压型钢板
防水透汽层
檩条高度
屋面檩条
自攻螺钉间距≤250
底层压型钢板
隔热反射箔
玻璃棉保温层

（2）屋面横向连接

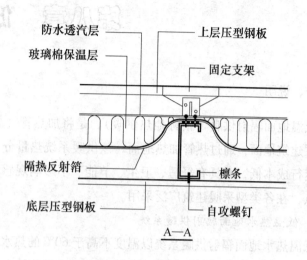

防水透汽层
上层压型钢板
玻璃棉保温层
固定支架
隔热反射箔
底层压型钢板
檩条
自攻螺钉

A—A

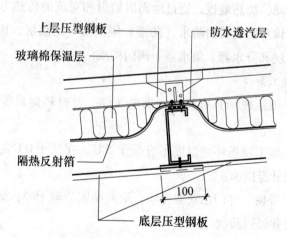

上层压型钢板
防水透汽层
玻璃棉保温层
隔热反射箔
底层压型钢板
100

（3）屋面底层板纵向搭接

第八章 低温地面辐射供暖系统建筑构造

一、说明

低温地面辐射供暖（俗称地热供暖），是将加热管（含发热电缆）均匀铺设在建筑地面，通过热管加热地面，该供暖系统热量分布均匀、能源消耗少、运行成本低，并具有舒适、卫生、节能、不影响观感、不占用室内面积等优点，在各类型采暖建筑广泛采用。

1. 低温热水地面辐射供暖系统

低温热水地面辐射供暖系统以温度不高于60℃的热水为热媒，在加热管内循环流动，加热地板，通过地面以辐射和对流的传热方式向室内供热的供暖方式。该系统主要由防水（防潮）隔离层、绝热层、加热管、填充层、找平层、面层和分水器、集水器、阀门构成。

2. 施工条件

（1）施工现场具有供水、供电条件，有材料储放等设施，能满足施工需要。

（2）施工现场环境温度不宜低于5℃；在低于0℃的环境下施工时，现场应采取升温措施。

（3）外窗、外门已安装完毕，地面彻底清理干净；厨房、卫生间应做完闭水试验并经过验收。

（4）相关电气预埋等工程已完成。

（5）施工时不宜与其他工种交叉施工作业，所有地面留洞应在填充层施工前完成。

（6）铺设绝热层的地面应达到平整、干燥、无杂物；墙面根部应平直，且无积灰现象。

（7）绝热材料加热管、分水器、集水器、连接件及配套辅助材料（专用

U形卡钉、塑料弯管卡）型号、规格和材质合格、标志清晰。

3. 施工工艺流程

清理现场→铺防潮层（必要时）→铺绝热层→分水器、集水器安装→加热管铺设→伸缩缝处理→打压试验→填充层（防潮层）→养护→面层→试验、验收

4. 施工（安装）要点

（1）防潮层

在卫生间过门处应按设计的具体高度设置止水墙，在加热管穿过止水墙处用耐热弹性密封材料密封严实。防潮层施工完成且闭水试验应达到合格后，再铺绝热层。

（2）铺设绝热层

铺设苯板绝热层（或特制绝热块），相互间接合应严密，不得留有空隙。当绝热层带有铝箔复合层时，铝箔面应朝上，达到铺设平整；浇注发泡水泥，确定绝热层厚度找平线，地面、墙面根部干燥时，应用水适当浸湿。若内墙是石膏等易吸水材质，用塑料薄膜在一定范围内进行适当保护。每个房间移动浇注，按照先内后外的顺序进行。浇注完成后，3天以上自然养护方可铺设加热管。

（3）分水器、集水器安装

分水器安装在上，集水器安装在下，集水器中心距地面不应小于300mm。在墙上画线确定分水器、集水器安装位置及标高，安装固定膨胀螺栓、挂装并固定。接驳各分支环路地暖管道，与供回水主干管对接。

（4）加热管铺设

加热管从远到近逐个环圈铺设，同一通路的加热管应保持平直，防止管道弯曲，管间距误差不应大于10mm；弯曲管道圆弧的顶部用管卡进行固定

限制，不得有"死折"；塑料及铝塑复合管的弯曲半径不宜小于 6 倍管半径；铜质管的弯曲半径不宜小于 5 倍管外径，埋设于填充层内的加热管不得有接头。

加热管的环路布置不宜穿越填充层内的伸缩缝。必须穿越时，伸缩缝处应设长度不小于 200mm 的柔性套管，以便保证加热管在填充层内发生热胀冷缩变化时的自由度。加热管弯头两端和直管都应固定，加热管弯曲两端应用固定卡固定，防止浇捣填充层时产生位移。

在分水器、集水器附近、横梁、进门口、门洞等局部加热管排列间距小于 100mm 时，在加热管外部设置柔性套管；加热管出地面至分水器、集水器连接处，弯管部分不宜露出地面装饰层。加热管出地面至分水器、集水器下部球阀接口之间的明装管段，外部加套聚氯乙烯塑料套管，套管应高出装饰面 150～200mm，保护加热管。

（5）伸缩缝处理

在沿墙、沿柱处伸缩缝设置高发泡聚乙烯泡沫塑料条，搭接宽度不得小于 10mm，与地面绝热层、墙、柱连接应紧密。

（6）系统冲洗、打压试验

供暖管敷设安装完毕或在整个系统安装完毕冲洗、打压。直至增压到工作压力的 1.5 倍，且不小于 0.6MPa，稳压 1h，压力降不大于 0.05MPa，且不渗漏为合格，立即进行混凝土填充层浇注施工。

（7）混凝土填充层浇捣和养护

浇注混凝土时，加热管内的水压系统保持不小于 0.6MPa 的压力，防止加热管因挤压而变形，保证混凝土能充满有盘管地方的每一角落。

填充层在养护过程中，系统水压不应低于 0.4MPa，混凝土填充层在不加任何添加剂的情况下，必须达到 21d 足够的养护周期。在养护中不得在填充层上过早踩踏、加以重载、高温烘烤。

面层采用带龙骨的架空木地板时，加热管或发热电缆应敷设在木地板与龙骨之间的绝热层上；绝热层与地板间净空不宜小于 30mm。

（8）面层施工

在面层及其找平层施工时，不得剔凿填充层、打洞或向填充层楔入任何物件。

二、楼层地面、与土壤相邻地面基本构造示意图

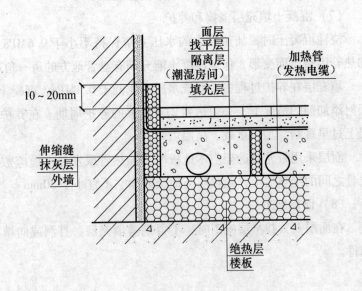

面层
找平层
隔离层
（潮湿房间）
填充层
加热管
（发热电缆）

10～20mm

伸缩缝
抹灰层
外墙

绝热层
楼板

① 楼层地面构造示意图

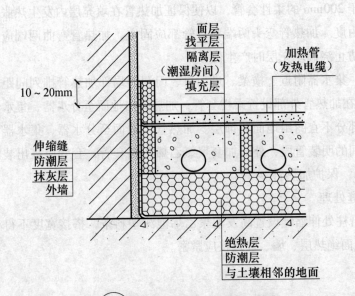

面层
找平层
隔离层
（潮湿房间）
填充层
加热管
（发热电缆）

10～20mm

伸缩缝
防潮层
抹灰层
外墙

绝热层
防潮层
与土壤相邻的地面

② 与土壤相邻地面构造示意图

注：1.与土壤相邻的地面，直接与室外空气相邻的楼板，必须设绝热层；与土壤或潮湿房间必须设置防潮层。

2.绝热层采用聚苯乙烯泡沫塑料板时，其厚度见表。

聚苯乙烯泡沫塑料板绝热层厚度（mm）

各楼层间楼板上部绝热层	≥20
与土壤或不采暖房间相邻的地板上部绝热层	≥30
与室外空气相邻的地板上部绝热层	≥40

三、防水层（隔离层）构造示意图

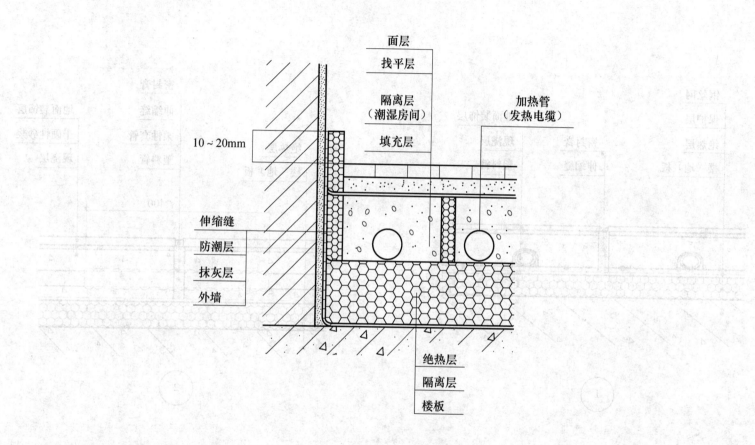

注：1.在直接与土壤接触或有潮气向上、下侵入的池面，在绝热层、填充层或伸缩缝施工完成后，应设置防水层（隔离层）。

2.石材、面砖在与内外墙、柱等垂直构件交接处，应留10mm宽伸缩缝；木地板铺设时，应留不小于14mm伸缩缝。

3.伸缩缝宜用高发泡聚苯乙烯泡沫，留设的伸缩缝应从绝热层的上边缘做到填充层的上边缘，且应从填充层的上边缘做到高出装饰层上表面10～20mm。

4.瓷砖、大理石、花岗石面层在伸缩缝处宜用干贴；木地板面层应在填充层和找平层完全干燥后施工。

四、伸缩缝做法

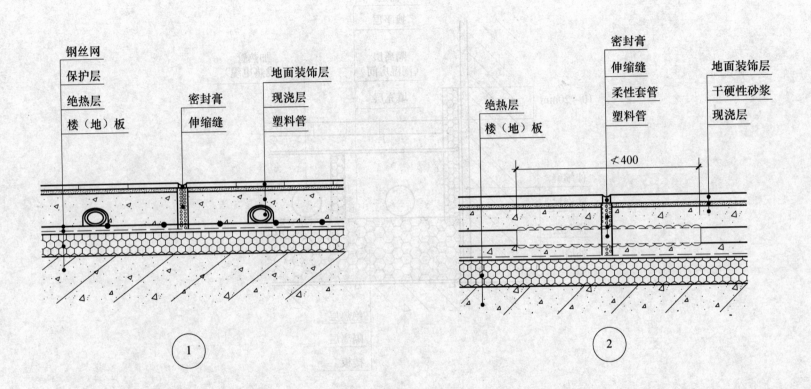

钢丝网
保护层
绝热层
楼（地）板

密封膏
伸缩缝

地面装饰层
现浇层
塑料管

①

密封膏
伸缩缝
柔性套管
塑料管

绝热层
楼（地）板

地面装饰层
干硬性砂浆
现浇层

≮400

②

注： 1.伸缩缝中填充材料应有5mm的压缩量。
　　 2.塑料管穿越伸缩缝时，应设置长度不小于400mm的柔性塑料套管，如PVC波纹管。

五、发泡水泥绝热层断面结构示意图

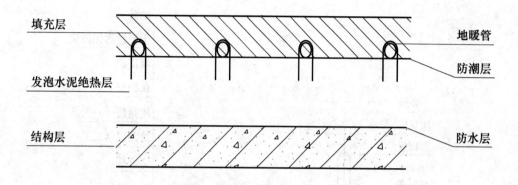

填充层

地暖管

发泡水泥绝热层

防潮层

结构层

防水层

注：1. 根据建筑的层高和荷载允许程度选择发泡水泥绝热层。

2. 在应用发泡水泥绝热层部位，应根据其干密度计算确定具体厚度，见下表。

发泡水泥绝热层厚度（mm）

应用部位	干体积密度 300±50（kg/m³）	干体积密度 400±50（kg/m³）	干体积密度 500±50（kg/m³）
各楼层间楼板上部	35	40	45
与土壤或不采暖房间相邻的地板上部	45	50	55
与室外空气相邻的地板上部	55	60	65

3. 水泥砂浆在加热管顶端不宜小于30mm厚度。地面荷载大于20kN/m²时，其厚度应经计算确定。

4. 发泡水泥绝热层浇注完成，并经3d以上自然养护后，方可铺设加热管。

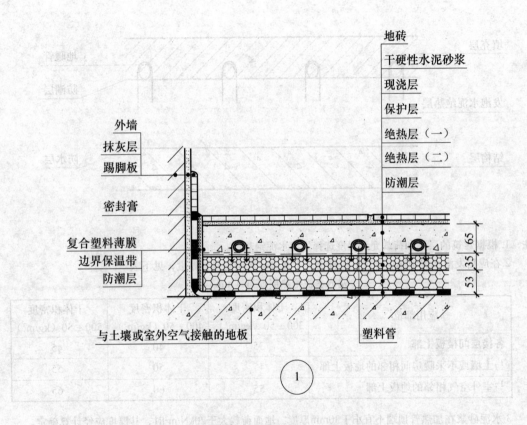

地砖

干硬性水泥砂浆

现浇层

保护层

绝热层（一）

绝热层（二）

防潮层

外墙

抹灰层

踢脚板

密封膏

复合塑料薄膜

边界保温带

防潮层

与土壤或室外空气接触的地板

塑料管

65

35

53

①

注：1.绝热层（一）：带复合保护层的聚苯乙烯板，规格为1000×1000×38/35。

　　2.绝热层（二）：为双面复合铝箔的聚氨酯板，规格为1000×1000×53。

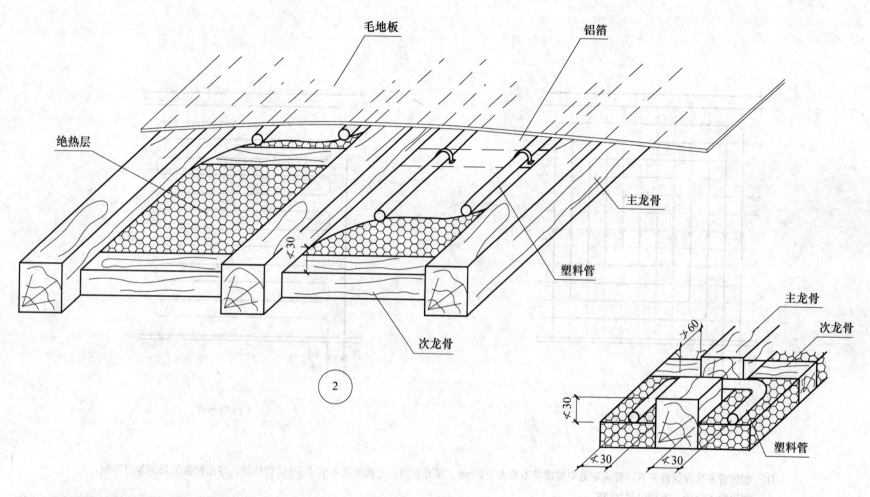

毛地板

铝箔

绝热层

主龙骨

塑料管

次龙骨

②

∠30

∠60

∠30

∠30

∠30

主龙骨

次龙骨

塑料管

注：1.塑料管尽量避免穿越主龙骨，可采用塑料管端部连通的方式，如需穿过时做法见右图。
　　2.聚苯乙烯绝热层的厚度与次龙骨高度相同。
　　3.铝箔与毛地板之间用焦渣填实。

七、加热管布置示意图

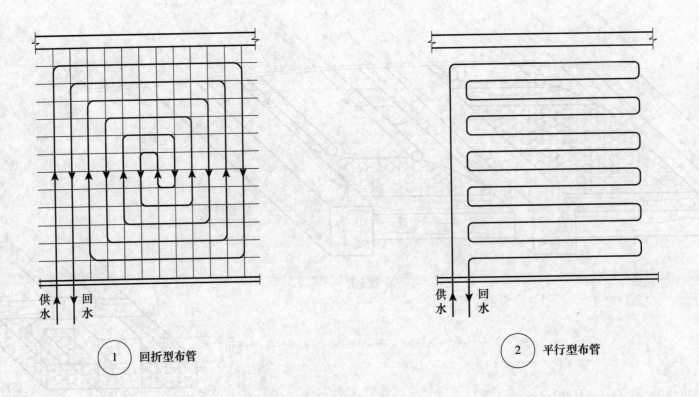

① 回折型布管	② 平行型布管

注：加热管安装应保持平直，管间距的安装误差不应大于10mm，防止扭曲；弯曲半径不宜小于6倍管外径，弯曲圆弧的顶部加以限制，并用管卡固定，不得出现"死角"。

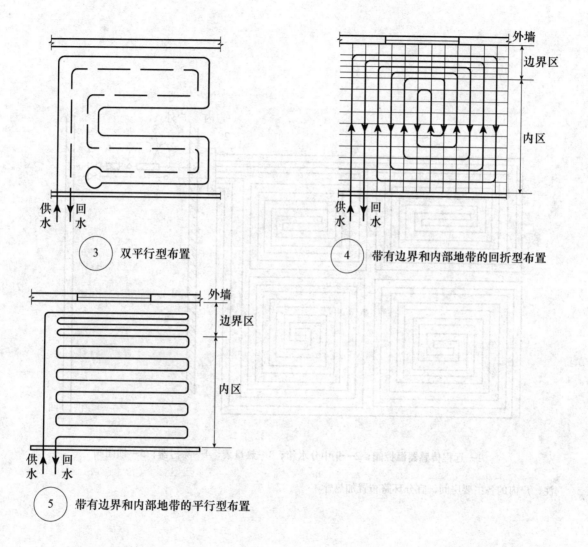

③ 双平行型布置

④ 带有边界和内部地带的回折型布置

⑤ 带有边界和内部地带的平行型布置

注: 加热管布置宜采用回折型（旋转型）或平行型（直列型）；地面的固定设备和卫生洁具下，不应布置加热管。

八、一户一表式辐射采暖系统示意图

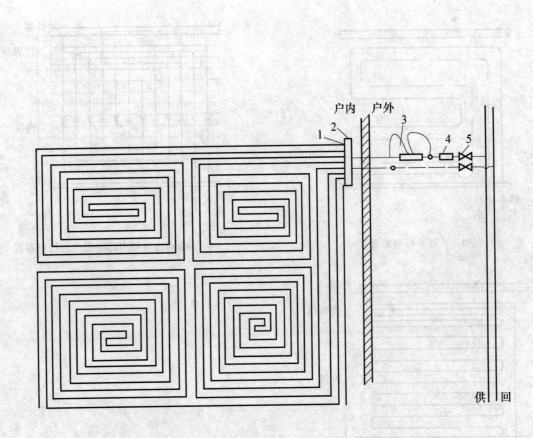

1—远程传感器温控阀；2—集中分水箱；3—热量表；4—除污器；5—锁闭阀

注：户内的各主要房间，宜分环路布置加热管。

九、塑料管固定方式

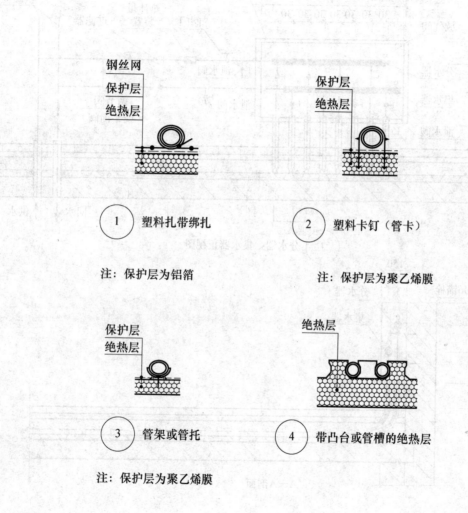

钢丝网
保护层
绝热层

保护层
绝热层

① 塑料扎带绑扎

② 塑料卡钉（管卡）

注：保护层为铝箔

注：保护层为聚乙烯膜

保护层
绝热层

绝热层

③ 管架或管托

④ 带凸台或管槽的绝热层

注：保护层为聚乙烯膜

十、分水器、集水器布置示意图

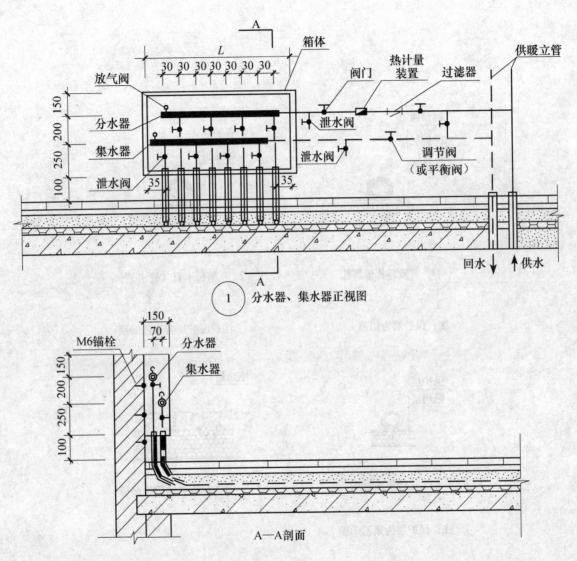

① 分水器、集水器正视图

A—A剖面

注：1.每个分水器、集水器分支环路不宜多于8路。每个分支环路供回水管均应设置可关断阀门。连接在同一分水器、集水器上的同一管径的各环路，其加热管的长度宜接近，并不宜超过120m；分水器安装在上，集水器安装在下，中心距宜为200mm，集水器中心距地面不应小于300mm。

2.在分水器之前的供水连接管上，顺水流方向应安装阀门、过滤器及泄水管；在集水器之后的回水连接管上，安装泄水管并加装平衡阀或其他可关断调节阀；分水器、集水器上均应设置手动或自动排气阀。

338

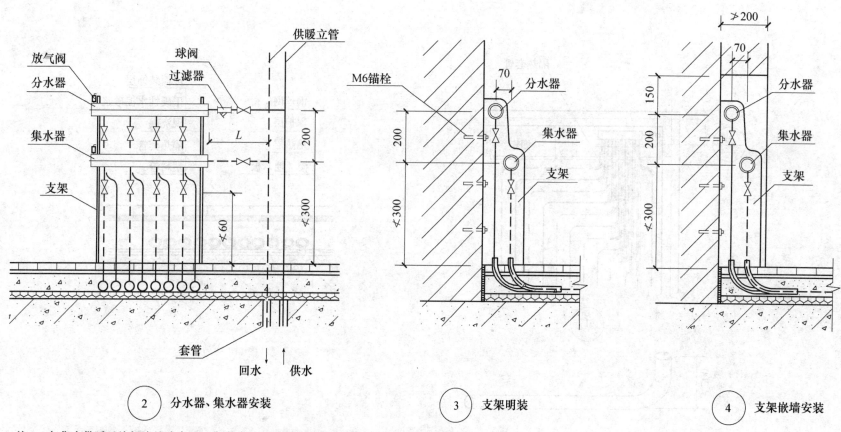

② 分水器、集水器安装	③ 支架明装	④ 支架嵌墙安装

注：1.与集中供暖系统相连的分水器、集水器，宜设置过滤器及球阀。管道未经冲洗时，应关闭球阀。

2.分水器、集水器为支架固定，也可采用托钩固定方式，嵌墙或箱罩安装。

3.L不宜小于200mm，需设置热量表等装置时，应能满足装置的工作要求。

十一、管道密集处隔热做法

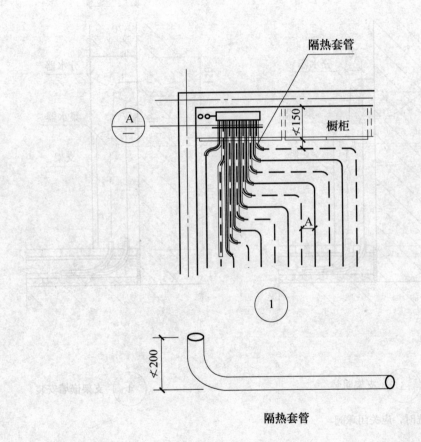

隔热套管

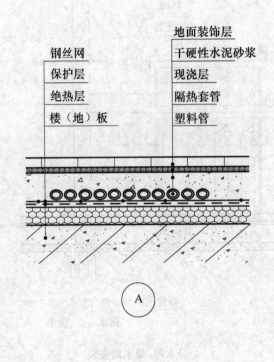

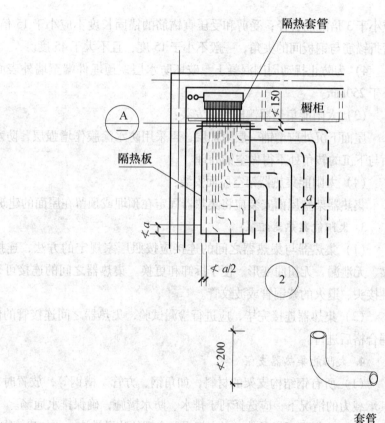

隔热套管

橱柜

≤150

A

隔热板

a

≤a

≤a/2

②

≤200

套管

地面装饰层

钢丝网　干硬性水泥砂浆

保护层　现浇层

绝热层　隔热板

楼（地）板　塑料管

5~10

A

341

第九章 太阳能集热系统

一、说明

太阳能集热器是吸收太阳辐射并将产生的热能传递到传热工质的装置，按其结构形式和材料可分为真空管型和平板型；太阳能热水器（系统）是将太阳能转换成热能，以加热水所需的部件和附件组成的完整装置，主要包括太阳能集热器、贮水箱、管路、控制系统和辅助能源等。太阳能热水系统的设计要与建筑同步进行，根建筑物类型、使用要求确定太阳能热水系统类型、安放位置，各专业应相互配合。

1. 推荐

（1）太阳能集热器类型应根据太阳能热水系统在一年中的运行时间、运行期内最低环境温度等因素确定。

（2）贮水箱容积小于 $0.6m^3$ 为家用太阳能热水器；容积大于 $0.6m^3$ 的贮水箱为太阳能热水系统使用。

（3）太阳能热水系统设计应以节水节能、经济实用、安全简便、便于计量等为原则。

2. 太阳能集热系统安装

（1）在平屋面上安装太阳能集热系统，应安装在具有足够强度和经防水增强处理的集热器基础上。

（2）太阳能集热器通过预埋件固定安装时：

1）受力预埋件的锚筋不宜少于 4 根，且直径不宜小于 8mm，受剪预埋件的直锚筋采用 2 根，锚筋应位于构件的外层主筋内侧。

2）受力预埋件的锚板宜采用 HPB235 级钢板。钢板厚度宜大于锚筋直径的 0.6 倍，受拉和受弯预埋件的锚板厚度宜大于 $b/8$（b 为锚筋间距）。对受拉和受弯预埋件，其锚筋的间距和锚板构件边缘的距离，均不应小于 3 倍配筋直径或 45mm。

3）受拉直锚筋和弯折锚筋的锚固长度应不小于受拉钢筋锚固长度，且不应小于 3 倍配筋直径；受剪和受压直锚筋的锚固长度不应小于 15 倍配筋直径；弯折锚筋与钢板间的夹角，一般不小于 15 度，且不大于 45 度。

4）为防止扰动周围混凝土，破坏防水层，预埋件端至墙外表面厚度不得小于 250mm。

（3）太阳能集热器镶嵌屋面安装：

屋面下沉处应增铺一层附加层，再采用防水涂膜作增强层，防水涂膜在屋面与下沉的转角处不得做空铺处理。

（4）太阳能集热器架空屋面安装：

集热器架空屋面安装应将集热器固定在预埋或预留在屋面的建筑构件上。

3. 太阳能集热器组装

（1）集热器与集热器之间的连接应按照厂家规定的方法，连接应密封可靠、无泄漏、无扭曲变形、便于拆卸和更换。集热器之间的连接可采用橡胶柔性接头、退火的紫铜管或波纹管。

（2）集热器连接完毕，应进行检漏试验，集热器之间连接管的保温应在检漏合格后进行。

4. 太阳能集热器支架

（1）所有钢结构支架的材料，如角钢、方管、槽钢等，放置时，在不影响其承载力的情况下，应选择利于排水、防水措施，确保排水通畅。

（2）应根据现场条件，对支架采取合理的防风措施，并与建筑物牢靠固定。

（3）钢结构支架焊接完毕，应按照国家有关标准规范做防腐处理。

（4）集热器支架在混凝土基础上安装时，应先按图纸和集热器实物，对土建施工的基础进行核对。

（5）安装集热器支架时，丝扣应高出螺母 1~1.5 扣的高度。集热器混凝土基础表面要平整，各立柱支腿基础标高应在同一水平标高上，高度允差 ±20mm，分角中心距误差 ±2mm。

二、平屋面紧凑式家用太阳能热水器安装详图

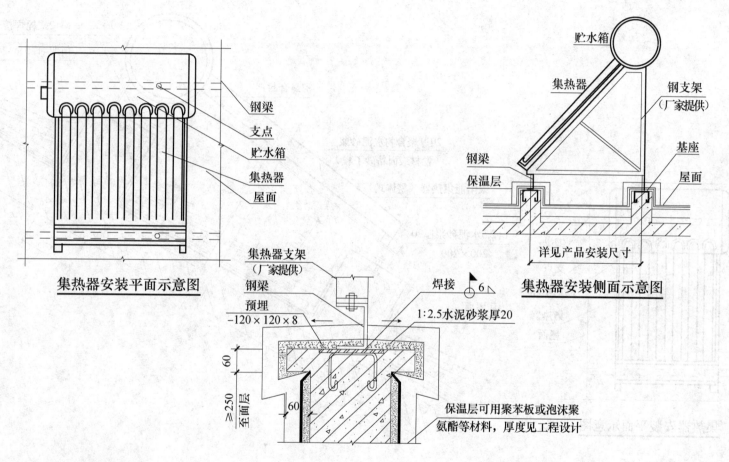

集热器安装平面示意图

钢梁
支点
贮水箱
集热器
屋面

集热器支架
（厂家提供）
钢梁
预埋
—120×120×8

焊接 6

1:2.5水泥砂浆厚20

60

≥250 至面层

60

保温层可用聚苯板或泡沫聚
氨酯等材料，厚度见工程设计

贮水箱
集热器
钢支架
（厂家提供）
钢梁
保温层
基座
屋面

详见产品安装尺寸

集热器安装侧面示意图

说明： 1.预留支座按构造配筋。
　　　 2.屋面具体做法详见个体工程设计。
　　　 3.钢梁尺寸由结构设计人员根据热水器荷载确定。

三、坡屋面紧凑式家用太阳能热水器安装详图

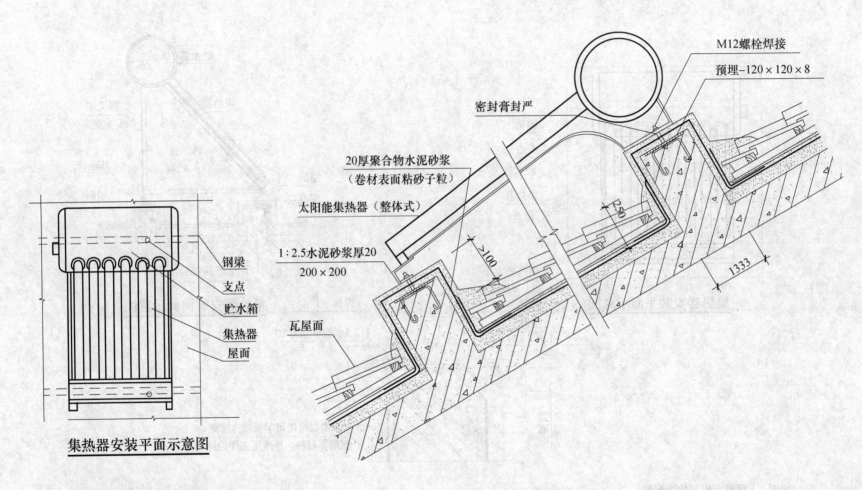

集热器安装平面示意图

钢梁
支点
贮水箱
集热器
屋面

M12螺栓焊接
预埋-120×120×8
密封膏封严
20厚聚合物水泥砂浆
（卷材表面粘砂子粒）
太阳能集热器（整体式）
1:2.5水泥砂浆厚20
200×200
瓦屋面
250
≥100
1333

说明：1.预留支座按构造配筋。
2.屋面具体做法详见个体工程设计。
3.钢梁尺寸由结构设计人员根据热水器荷载确定。

四、平屋面（有保温上人屋面）太阳能集热器安装

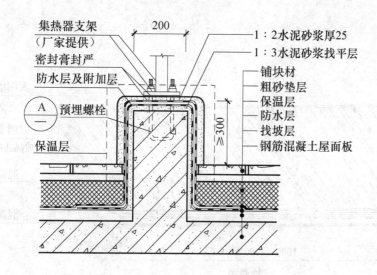

集热器支架
（厂家提供）
密封膏封严
防水层及附加层
A — 预埋螺栓
保温层

200

1:2水泥砂浆厚25
1:3水泥砂浆找平层

铺块材
粗砂垫层
保温层
防水层
找坡层
钢筋混凝土屋面板

≥300

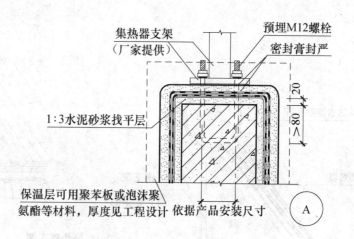

集热器支架
（厂家提供）
预埋M12螺栓
密封膏封严
1:3水泥砂浆找平层

≥80
20

保温层可用聚苯板或泡沫聚
氨酯等材料，厚度见工程设计 依据产品安装尺寸

A

五、平屋面（无保温上人屋面）太阳能集热器安装

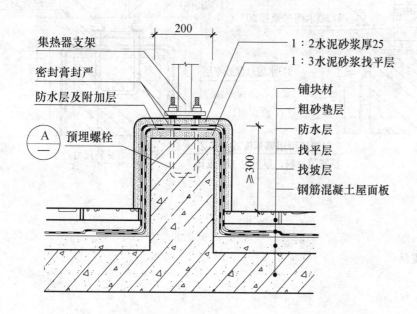

集热器支架
密封膏封严
防水层及附加层
A — 预埋螺栓

200

1:2水泥砂浆厚25
1:3水泥砂浆找平层

铺块材
粗砂垫层
防水层
找平层
找坡层
钢筋混凝土屋面板

≥300

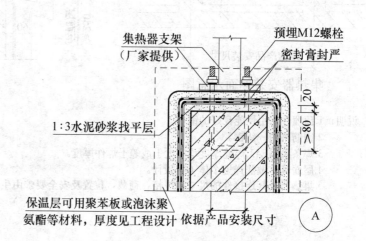

集热器支架
（厂家提供）
预埋M12螺栓
密封膏封严
1:3水泥砂浆找平层

≥80
20

保温层可用聚苯板或泡沫聚
氨酯等材料，厚度见工程设计 依据产品安装尺寸

A

345

六、平屋面太阳能集热器安装详图

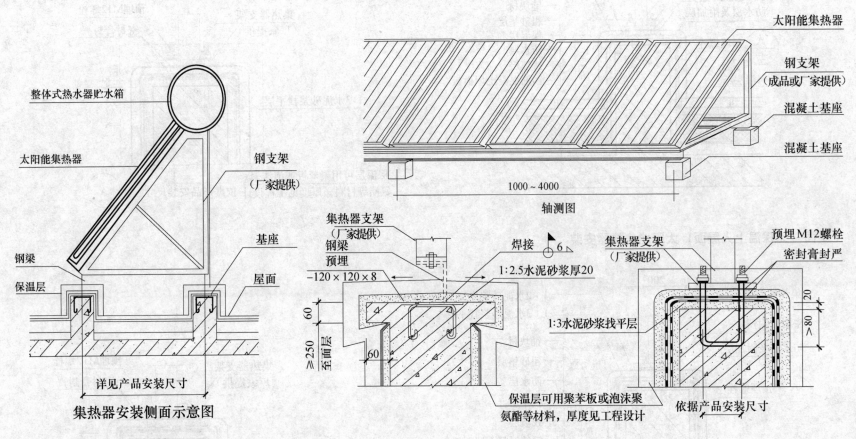

整体式热水器贮水箱

太阳能集热器

钢支架
（厂家提供）

钢梁

保温层

基座

屋面

详见产品安装尺寸

集热器安装侧面示意图

太阳能集热器

钢支架
（成品或厂家提供）

混凝土基座

混凝土基座

1000～4000

轴测图

集热器支架
（厂家提供）

钢梁
预埋

焊接 ⌀ 6

－120×120×8

1:2.5水泥砂浆厚20

≥250

至面层

60

60

保温层可用聚苯板或泡沫聚
氨酯等材料，厚度见工程设计

集热器支架
（厂家提供）

预埋M12螺栓

密封膏封严

1:3水泥砂浆找平层

20

＞80

依据产品安装尺寸

说明：1.预埋件采用性能良好的钢材。
　　　2.钢筋采用一级钢。
　　　3.焊条采用E43,焊缝厚度均应大于或等于焊件厚度。
　　　4.屋面具体做法详见个体工程设计。
　　　5.集热器及其连接件的尺寸、规格、荷载、位置及安全要求由生产家提供。

七、坡屋面（无保温）太阳能集热器安装详图

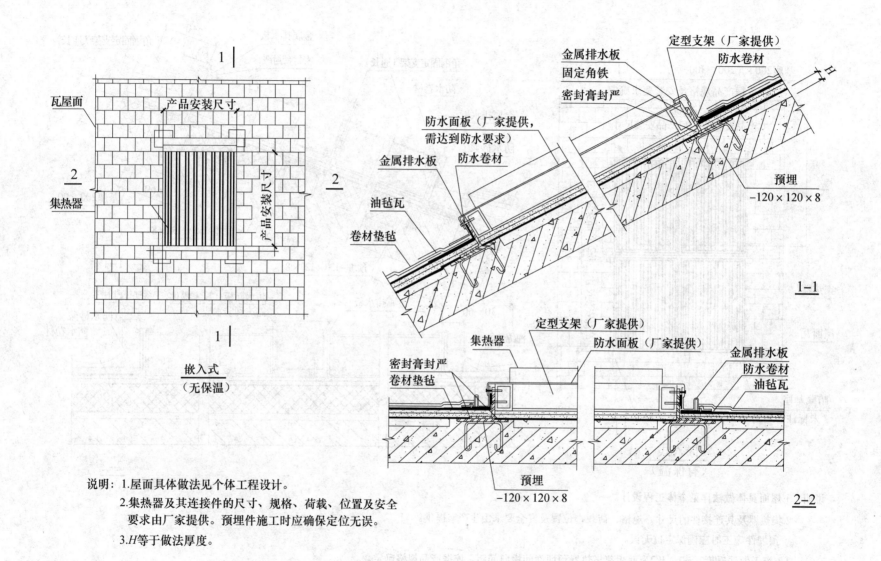

瓦屋面

产品安装尺寸

集热器

产品安装尺寸

嵌入式
（无保温）

定型支架（厂家提供）

金属排水板

防水卷材

固定角铁

密封膏封严

防水面板（厂家提供，
需达到防水要求）

金属排水板

防水卷材

油毡瓦

卷材垫毡

预埋
$-120 \times 120 \times 8$

1—1

定型支架（厂家提供）

集热器

防水面板（厂家提供）

密封膏封严

卷材垫毡

金属排水板

防水卷材

油毡瓦

预埋
$-120 \times 120 \times 8$

2—2

说明：1.屋面具体做法见个体工程设计。
　　　2.集热器及其连接件的尺寸、规格、荷载、位置及安全
　　　　要求由厂家提供。预埋件施工时应确保定位无误。
　　　3.H等于做法厚度。

347

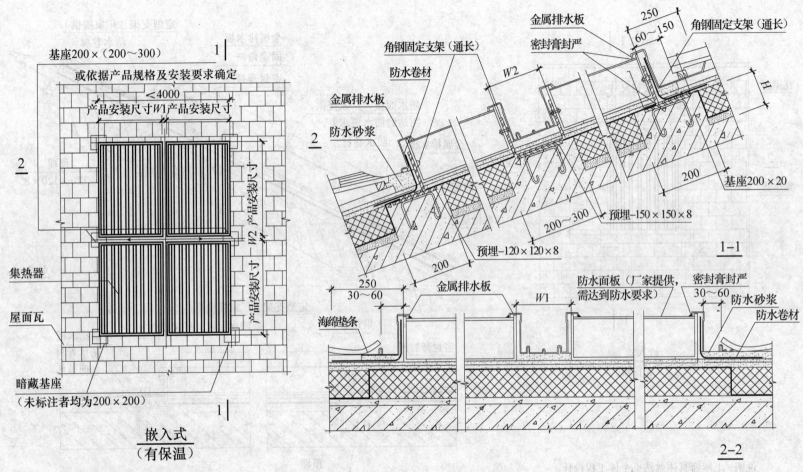

基座200×（200～300）
或依据产品规格及安装要求确定

<4000

产品安装尺寸W1产品安装尺寸

产品安装尺寸－W2 产品安装尺寸

产品安装尺寸－W2 产品安装尺寸

集热器

屋面瓦

暗藏基座
（未标注者均为200×200）

嵌入式
（有保温）

金属排水板
角钢固定支架（通长）
密封膏封严

角钢固定支架（通长）
防水卷材

金属排水板

防水砂浆

250
60 150

H

W2

200

基座200×20

预埋-150×150×8

预埋-120×120×8

200

1-1

250
30～60

金属排水板

W1

防水面板（厂家提供，
需达到防水要求）

密封膏封严
30～60

防水砂浆
防水卷材

海绵垫条

2-2

说明：1.屋面具体做法详见个体工程设计。

2.集热器及其连接件的尺寸、规格、荷载、位置及安全要求由生产家提供。
预埋件施工时应确保定位无误。

3.H等于做法厚度。W1、W2为两相邻集热器预埋件间横向间距，依据产品规格确定。

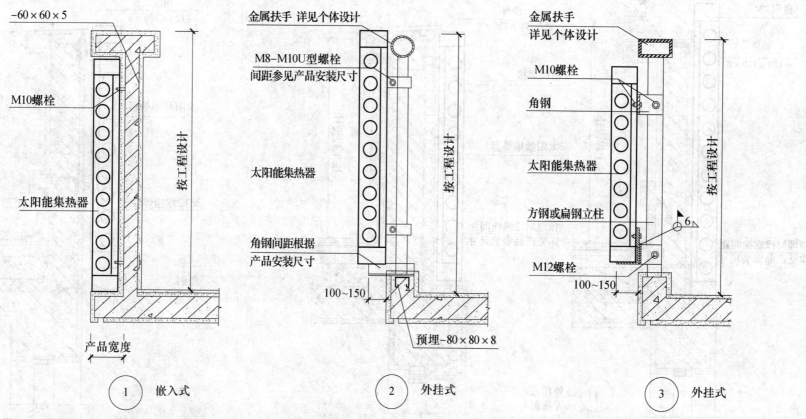

| ① 嵌入式 | ② 外挂式 | ③ 外挂式 |

说明: 1.集热器及其连接件的尺寸、规格、荷载、位置及安全要求等由厂家提供。
　　　　预埋件的型号和长度等详见个体设计;施工时要确保定位无误。
　　　2.集热器应选取安全且不易破碎的类型。
　　　3.金属连接件一律刷防锈漆两遍,磁漆2~4遍,颜色由设计人定。
　　　4.既有建筑的阳台栏杆需经结构计算确保安全后方可安装集热器。

十、女儿墙太阳能集热器安装详图

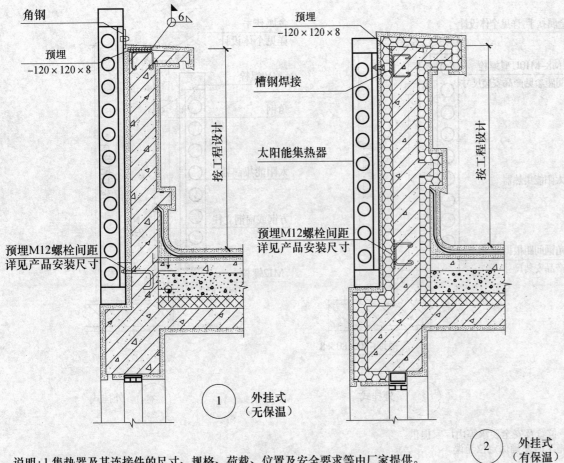

角钢

预埋
－120×120×8

预埋M12螺栓间距
详见产品安装尺寸

预埋
－120×120×8

槽钢焊接

太阳能集热器

预埋M12螺栓间距
详见产品安装尺寸

按工程设计

1 外挂式
（无保温）

2 外挂式
（有保温）

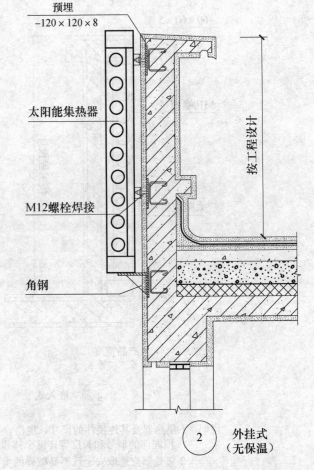

预埋
－120×120×8

太阳能集热器

M12螺栓焊接

角钢

按工程设计

2 外挂式
（无保温）

说明：1.集热器及其连接件的尺寸、规格、荷载、位置及安全要求等由厂家提供。
　　　　预埋件的型号和长度等详见个体设计；施工时要确保定位无误。
　　　2.屋面、墙面具体做法详见个体设计、有预埋件的墙体如厚度小于100应局部加厚。
　　　3.金属连接件一律刷防锈漆两遍，磁漆2～4遍，颜色由设计人定。

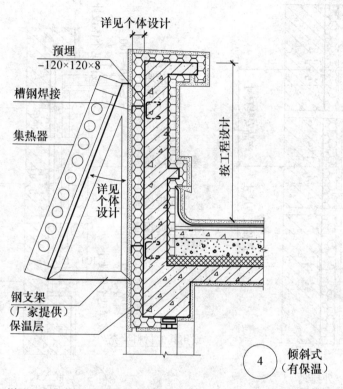

详见个体设计

预埋
—120×120×8

槽钢焊接

集热器

详见个体设计

接工程设计

钢支架
（厂家提供）

保温层

④ 倾斜式
（有保温）

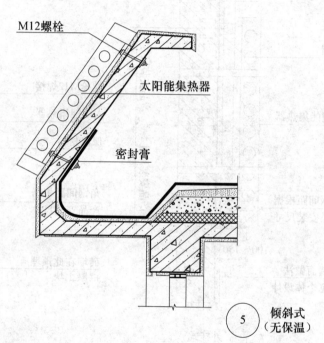

M12螺栓

太阳能集热器

密封膏

⑤ 倾斜式
（无保温）

说明：1.集热器及其连接件的尺寸、规格、荷载、位置及安全要求等由厂家提供。
     预埋件的型号和长度等详见个体设计；施工时确保定位无误。
     2.屋面、墙面具体做法详见个体设计。有预埋件的墙体如厚度＜100应局部加厚。
     3.金属连接件一律刷防锈漆两遍，磁漆2～4遍，颜色由设计人定。

十一、混凝土墙、砖墙面集热器安装详图

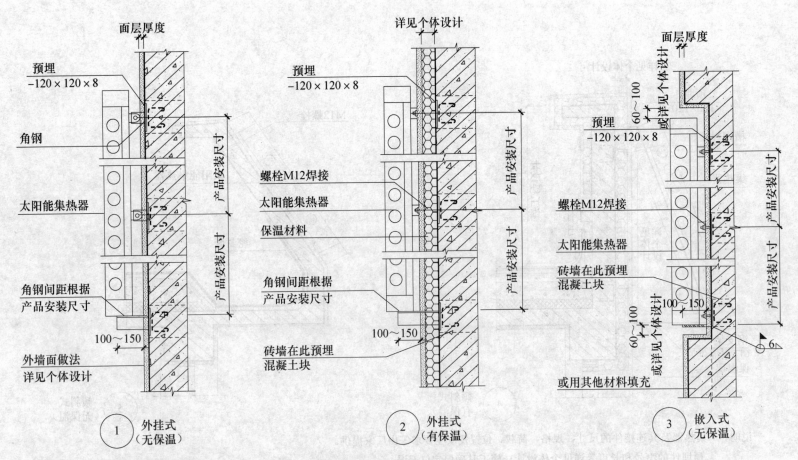

预埋 −120×120×8
角钢
太阳能集热器
角钢间距根据产品安装尺寸
100〜150
外墙面做法详见个体设计
面层厚度
产品安装尺寸

（1）外挂式（无保温）

详见个体设计
预埋 −120×120×8
螺栓M12焊接
太阳能集热器
保温材料
角钢间距根据产品安装尺寸
100〜150
砖墙在此预埋混凝土块
产品安装尺寸

（2）外挂式（有保温）

面层厚度
或详见个体设计
60〜100
预埋 −120×120×8
螺栓M12焊接
太阳能集热器
砖墙在此预埋混凝土块
60〜100
或详见个体设计
100〜150
或用其他材料填充
产品安装尺寸
6

（3）嵌入式（无保温）

说明：1.集热器及其连接件的尺寸、规格、荷载、位置及安全要求等由厂家提供，预埋件的型号、长度等详见个体工程设计。

2.墙面具体做法详见个体工程设计。

3.金属连接件一律刷防锈漆一遍，磁漆2〜4遍，颜色由设计定。

4.本图做法适用于新建建筑。砖墙应在金属预埋件相应位置预埋混凝土块。

附录　居住建筑和公共建筑保温材料厚度选用表

附录表1　居住建筑和公共建筑喷涂聚氨酯硬泡外墙外保温系统厚度选用表

墙体传热系数 K [W/(m²·K)]	基层墙体													
	钢筋混凝土墙 (200)		混凝土空心砌块墙 (190)		灰砂砖墙 (240)		黏土多孔砖墙				黏土实心砖墙			
							DM (190)		KP1 (240)		(240)		(370)	
	厚度 (mm)	D	厚度 (mm)	D	厚度 (mm)	D	厚度 (mm)	D	厚度 (mm)	D	厚度 (mm)	D	厚度 (mm)	D
0.40	60	2.92	55	2.25	55	3.66	50		50		55		50	
0.45	50	2.82	50		45		45		40		45		40	
0.50 (0.52)	45		40		40		35		35		40		35	
0.55 (0.56)	40		35		35		30		30		35		30	
0.60	35		35		30		30		25		30		25	
0.65 (0.68)	30		30	1.98	30		25		20		25		20	
0.70	30		25	1.93	25		20		20		25		20	
0.75 (0.78)	25	2.55	25		20		20		15		20		15	
0.80	25	2.55	20		20		15		15		20		15	
0.85	20	2.50	20		20		15		15		15		10	
0.90 (0.92)	20	2.50	15		15		10		10		15		10	
1.00	15	2.44	15		15		10		10		10		10	
1.10	15	2.44	10		10		10		10		10		10	
1.15 (1.16)	10	2.39	10		10		10		10		10		10	
1.20	10		10		10		10		10		10		10	>3.0
1.25 (1.28)	10		10		10		10	>3.0	10	>3.0	10		—	
1.40	10		10		10		—		—		10	>3.0	—	
1.50	10		10		10	>3.0					—		—	
1.80	10		10		—									
2.00	10													

附录表 2 居住建筑和公共建筑聚氨酯硬泡复合装饰板材外墙外保温系统厚度选用表

墙体传热系数 K [W/ (m² · K)]	基层墙体													
	钢筋混凝土墙 (200)		混凝土空心砌块墙 (190)		灰砂砖墙 (240)		黏土多孔砖墙				黏土实心砖墙			
							DM (190)		KP1 (240)		(240)		(370)	
	厚度 (mm)	D	厚度 (mm)	D	厚度 (mm)	D	厚度 (mm)	D	厚度 (mm)	D	厚度 (mm)	D	厚度 (mm)	D
0.40	65	2.97	60	2.25	60		55		55		60		55	
0.45	55		55		50		50		45		50		45	
0.50 (0.52)	50		45		45		40		40		45		40	
0.55 (0.56)	45		40		40		35		35		40		35	
0.60	40		40		35		35		30		35		30	
0.65 (0.68)	35		35		35		30		30		30		25	
0.70	35		30		30		25		25		30		25	
0.75 (0.78)	30		30		25		25		20		25		20	
0.80	30		25		25		20		20		25		20	
0.85	25		25		25		20		20		20		15	
0.90 (0.92)	25	2.50	20		20		15		15		20		15	
1.00	20		20		20		15		15		15		10	
1.10	20		15		15		10		10		15		10	
1.15 (1.16)	15		15		15		10		10		10		10	
1.20	15		15		15		10		10		10		10	> 3.0
1.25 (1.28)	15		15		10		10		10		10		—	
1.40	15		10		10		10		10		10		—	
1.50	10		10		10		10	> 3.0	10	> 3.0	10		—	
1.80	10		10		10		—		—		—		—	
2.00	10		10		10	> 3.0	—		—		—		—	

附录表3　居住建筑和公共建筑挤塑聚苯乙烯泡沫塑料厚度选用表

墙体传热系数 K [W/(m²·K)]	基层墙体													
	钢筋混凝土墙 (200)		混凝土空心砌块墙 (190)		灰砂砖墙 (240)		黏土多孔砖墙				黏土实心砖墙			
							DM (190)		KP1 (240)		(240)		(370)	
	厚度 (mm)	D	厚度 (mm)	D	厚度 (mm)	D	厚度 (mm)	D	厚度 (mm)	D	厚度 (mm)	D	厚度 (mm)	D
0.40	80		80	2.46	75		70		70		75		70	
0.45	70		70		65		60		60		65		60	
0.50 (0.52)	65		60		60		55		50		55		50	
0.55 (0.56)	55		55		50		50		45		50		45	
0.60	50		50		45		40		40		45		40	
0.65 (0.68)	45		45		40		40		35		40		35	
0.70	40		40		40		35		30		35		30	
0.75 (0.78)	40		35		35		30		30		30		25	
0.80	35		35		30		25		25		30		25	
0.85	35		30		30		25		25		25		20	
0.90 (0.92)	30		30		25		20		20		25		20	
1.00	25		25		25		20		15		20		15	
1.10	25	2.50	20		20		15		15		15		10	
1.15 (1.16)	20		20		20		15		10		15		10	
1.20	20		20		15		10		10		15		10	
1.25 (1.28)	20		15		15		10		10		15		10	
1.40	15		15		15		10		10		10		10	
1.50	15		10		10		10		10	>3.0	10	>3.0	10	>3.0
1.80	10		10		10		10	>3.0	—		—		—	
2.00	10		10		10	>3.0	—		—		—		—	

注：1. 居住建筑和公共建筑聚氨酯硬泡厚度选用表分别摘录《外墙外保温建筑构造（三）》（国家建筑标准设计图集06J121－3，2006年）。

2. 表中墙体传热系数 K 值根据相关设计标准列出（括号内的 K 值，可套用相似 K 值），并据此计算出各种墙体所需的保温材料厚度（其中聚氨酯硬泡保温装饰复合板的厚度均指净厚度，不含面板厚）。

3. 在表中列出各种墙体的部分热惰性指标 D 值，供夏热冬冷地区和夏热冬暖地区选定 K 值使用。

4. 尚未制定节能设计标准的其他类建筑，可依据《民用建筑热工设计规范》（GB 50176－93）确定最小传热阻后套用表中相应的 K 值选用厚度。

5. 聚氨酯硬泡和挤塑聚苯乙烯泡沫塑料的厚度，凡计算结果不足 10mm 者，均可按 10mm 列入表内，表中厚度栏内"—"者，表示该墙体构造可不设聚氨酯硬泡或挤塑聚苯乙烯泡沫塑料。

6. 墙体聚氨酯硬泡和挤塑聚苯乙烯泡沫塑料选用厚度的最小限值定为 20mm，计算厚度不足 20mm 者，可按 20mm 选用，或选用其他类型的外墙外保温系统。

参 考 文 献

[1] 民用建筑热工设计规范 ［S］. GB 50176—1993.

[2] 公共建筑节能设计标准 ［S］. GB 50189—2005.

[3] 外墙外保温建筑构件（三）［S］. 国家建筑标准设计图集 06J 121－3，2006.